U0903618

普通高等教育计算机规划教材

ASP.NET 程序设计教程（C#版）上机指导与习题解答

第2版

崔 淼 关六三 彭 炜 主编

机 械 工 业 出 版 社

本书是《ASP.NET 程序设计教程（C#版）》（第 2 版）的配套上机指导图书，也可单独作为实例教程或者其他 ASP.NET 教程的配套图书使用。本书除了对主教材中所有习题进行了详细解答外，每章还增加了一个相对实用的上机实训项目。每个实训项目由“实训目的”、“实训要求”和“实训步骤”三部分组成，通过实例对本章重点内容进行了概括与总结。本书还增加了“三层架构程序设计实例”一章，对基本的面向对象程序设计方法、三层架构的概念等进行了详细的介绍。书中的代码除特殊声明外均可在 Visual Studio 2005/2008 下正常运行。

本书可作为高等院校计算机专业 ASP.NET 课程的练习册，也可作为广大计算机爱好者的自学用书和各类 ASP.NET（C#）程序设计培训班的教学辅导用书。

图书在版编目（CIP）数据

ASP.NET 程序设计教程（C#版）上机指导与习题解答 /崔淼，关六三，彭炜主编. —2 版. —北京：机械工业出版社，2010.7（2016.1 重印）
（普通高等教育计算机规划教材）
ISBN 978-7-111-31222-2

Ⅰ. ①A… Ⅱ. ①崔… ②关… ③彭… Ⅲ. ①主页制作－程序设计－高等学校－教学参考资料 ②C 语言－程序设计－高等学校－教学参考资料 Ⅳ. ①TP393.092 ②TP312

中国版本图书馆 CIP 数据核字（2010）第 129446 号

机械工业出版社（北京市百万庄大街 22 号　邮政编码 100037）
责任编辑：张宝珠　罗子超
责任印制：李　洋
北京振兴源印务有限公司印刷
2016 年 1 月第 2 版・第 6 次印刷
184mm×260mm・16.75 印张・410 千字
11401－13200 册
标准书号：ISBN 978-7-111-31222-2
定价：29.00 元

凡购本书，如有缺页、倒页、脱页，由本社发行部调换

电话服务
社服务中心：（010）88361066
销售一部：（010）68326294
销售二部：（010）88379649
读者购书热线：（010）88379203

网络服务
门户网：http://www.cmpbook.com
教材网：http://www.cmpedu.com

出版说明

信息技术是当今世界发展最快、渗透性最强、应用最广的关键技术，是推动经济增长和知识传播的重要引擎。在我国，随着国家信息化发展战略的贯彻实施，信息化建设已进入了全方位、多层次推进应用的新阶段。现在，掌握计算机技术已成为21世纪人才应具备的基础素质之一。

为了进一步推动计算机技术的发展，满足计算机学科教育的需求，机械工业出版社聘请了全国多所高等院校的一线教师，进行了充分的调研和讨论，针对计算机相关课程的特点，总结教学中的实践经验，组织出版了这套“普通高等教育计算机规划教材”。

本套教材具有以下特点：

（1）反映计算机技术领域的新发展和新应用。

（2）注重立体化教材的建设，多数教材配有电子教案、习题与上机指导或多媒体光盘等。

（3）针对多数学生的学习特点，采用通俗易懂的方法讲解知识，逻辑性强、层次分明、叙述准确而精炼、图文并茂，使学生可以快速掌握，学以致用。

（4）符合高等院校各专业人才的培养目标及课程体系的设置，注重培养学生的应用能力，强调知识、能力与素质的综合训练。

（5）适合各类高等院校、高等职业学校及相关院校的教学，也可作为各类培训班和自学用书。

机械工业出版社

前 言

许多人在刚开始学习程序设计类课程时，通常有“上课听得懂，下课不会做”的现象。为此我们编写了《ASP.NET 程序设计教程（C#版）》（第 2 版）的配套上机指导用书。本书共分为 13 章，主要包括 ASP.NET 与 Visual Studio 开发环境简介，网页设计基础，C#语法基础与程序设计方法，ASP.NET 常用控件、常用内置对象和状态管理，使用 ASP.NET AJAX，数据库基础与应用程序开发，LINQ to SQL 技术，基于角色的安全管理，三层架构程序设计方法等内容。本书每章均配有习题，以方便读者课后练习。本书利用习题或实训练习从实用的角度出发，对于主教材中没有详细介绍过的一些概念和使用技巧，进行了补充。

本书在实验和程序设计类习题解答讲解的处理上采用“任务驱动”方式，即先给出设计目标，然后介绍为实现该目标采取的设计方法。为初学者考虑，程序设计中的操作以详尽的表述结合图例来说明，并给出部分代码，以便读者清楚每一步操作。

本书在编写的主导思想上突出一个“用”字，避免繁琐的、长篇大论的理论阐述，紧紧抓住培养学生基本编程技能这个纲，以求达到学以致用的目的。针对初学者的特点，全书在编排上采用由简到繁、由浅入深和循序渐进的方法，力求通俗易懂、简捷实用。为了便于读者阅读，在所有习题的源代码中均加入了大量的注释，因此该书也非常适合作为 ASP.NET 编程实例教程单独使用。

本书适合作为高等院校计算机专业 ASP.NET 课程的练习册，同时也可作为广大计算机爱好者和各类 ASP.NET（C#）程序设计培训班的教学辅导用书。

本书由崔淼、关六三、彭炜任主编，参加编写的人员还有陈克坚、曾赟、王宁、陈红斌、朱一飞、李晓娟、魏蔚、臧顺娟、张丽娜、刘克纯、李智、李瑛、丁新旺、张国胜、刘大明、彭春艳、翟丽娟、庄建新、彭守旺、崔瑛瑛、李建彬、马春锋、岳香菊。全书由崔淼统稿，刘瑞新审。

由于编者水平有限，本书难免会出现一些错误或不当之处，恳请批评指正。

作 者

目　　录

第 1 章　ASP.NET 与 Visual Studio 开发平台

1.1　实训　创建一个简单课表查询网站

1.1.1　实训目的

通过本实训理解创建 ASP.NET 网站应用程序的 6 个基本步骤；掌握 Visual Studio 集成开发环境各子窗口的使用方法，理解它们的作用；掌握在 Visual Studio 环境中设置和更改控件属性的基本方法。

1.1.2　实训要求

本实训假设某学校有 3 个班级，要求设计一个能通过 IE 浏览器进行各学生班级课表查询的 ASP.NET 网站。

1.1.3　实训步骤

1．设计方法分析

网站由 4 个独立的 ASP.NET 网页组成（1 个网站主页和 3 个班级课表页），各网页之间通过超链接建立联系。

主页中包含分别指向不同课表内容页的 3 个 HyperLink 控件，各课表内容页由包含 Table 控件的网页构成。

2．创建 ASP.NET 网站项目

通过 Windows 的"开始"菜单启动 Visual Studio 后，在起始页中单击"创建"栏中的"网站"，打开"新建网站"对话框，在已安装的模板列表中选择"ASP.NET 网站"，并指定站点保存位置，最后单击"确定"按钮。

默认情况下，系统将网站保存在"文件系统"（本地硬盘）中，用户也可以直接将网站以 HTTP 或 FTP 方式保存在远程 Web 服务器中。本实训选择了适合初学者使用的"文件系统"方式，将网站创建在本地硬盘中。

为了方便在其他计算机中继续使用解决方案文件（.snl）管理尚未完全开发完成的 ASP.NET 网站，可在创建网站时通过单击"工具"菜单下的"选项"命令，打开 Visual Studio 选项设置对话框，在左窗口的项目列表中选择"项目和解决方案"项，将"Visual Studio 项目位置"栏中的路径设置为将要创建的网站位置。这样可以将解决方案文件和网站文件存放在同一个文件夹中，以方便用户使用 U 盘等移动存储设备将文件复制到其他计算机中使用。

Visual Studio 的 ASP.NET 网站开发环境与 Windows 应用程序开发环境基本相同，主要由工具箱、解决方案资源管理器、属性等子窗口组成。不同的是，在 Web 应用程序中不再有 Windows 窗体，取而代之的是一个名为 Default.aspx 的空白 Web 页面（也称为 Web 窗体）。它是 ASP.NET 网站的第一个页面，也称为默认主页（HomePage）。

3．设计 Web 页面

该环节的主要任务是对页面布局进行设计，并将需要的各控件添加到 Web 页面中。例如，本实训希望在默认主页中用 3 个超链接标签控件（HyperLink）显示各班级名称，当用户单击超链接文字时，跳转到适当的页面。为了页面的美观，可使用 HTML 表格对各控件进行定位。

设计步骤如下：

（1）在页面中添加文字

如图 1-1 所示，在 Default.aspx 的设计视图中，输入页面的标题行文字。例如，“曙光学校课程表查询”，单击工具栏中的“文字对齐”按钮右侧的“▼”标记，在弹出的菜单中执行“居中”命令，使文字处于页面的水平正中位置。用户可以像在 Word 中一样使用 Visual Studio 工具栏中的字体、字型和字号工具设置文字的格式。

（2）在页面中添加 HTML 表格

为布局页面用户可在网页中添加一个 HTML 表格。切换到设计视图，执行 Visual Studio“表”菜单下的“插入表”命令，打开如图 1-2 所示的“插入表格”对话框，按需要设置表格为 1 行 3 列及其他参数后单击“确定”按钮。

如果用户对 HTML 标记语言较为熟悉，可切换到网页的“源”视图，直接通过 HTML 代码进行表格和其他页面元素的设计。

图 1-1　设置标题行文字水平居中

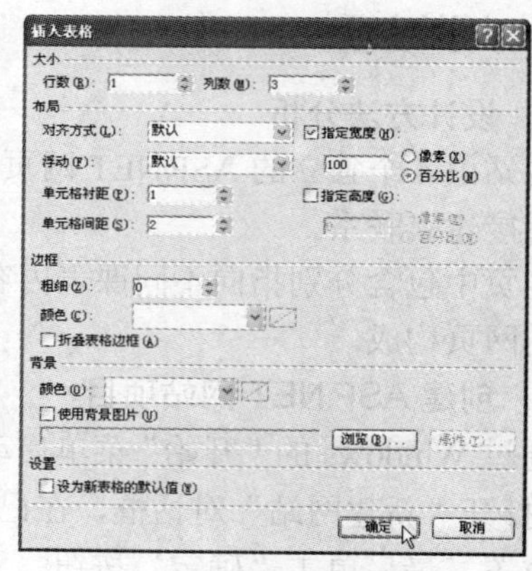

图 1-2　“插入表格”对话框

（3）在页面中添加控件

在页面的设计视图中，将光标分别定位到 HTML 的 3 个单元格中，双击工具箱的“标准”选项卡中的超链接控件图标 HyperLink，将其添加到单元格中。页面设计效果如图 1-3 所示。

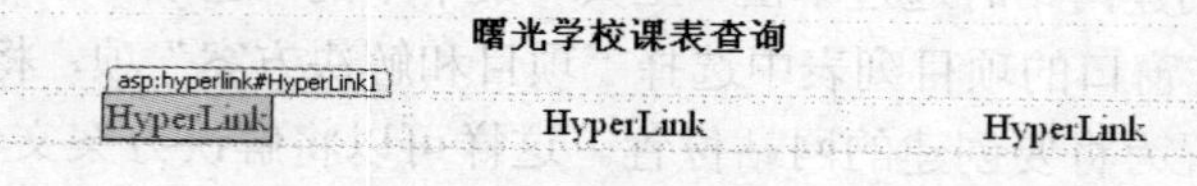

图 1-3　在表格中添加 HyperLink 控件

需要说明的是，在 Visual Studio 工具箱的“标准”选项卡中，所有的控件均为服务器端 Web 控件。这些控件与 HTML 控件或 HTML 表单（HTML Form）相比较，除了功能更加强大外，还有一个重要的区别，即它们是在服务器端运行的，用户在浏览器中看到的内容是程序在服务器端运行的结果。这就意味着客户端完全可以不安装.NET 框架，甚至可以不使用 Windows 操作系统（如 Linux 或 UNIX 等）。此外，对服务器端控件可以根据用户的操作（事件），编写响应事件的程序代码，这也是服务器端控件与 HTML 控件的一个关键不同点。

（4）在网站中添加新网页

按照设计目标，本实训网站除了具有系统默认创建的 Default.aspx 页面外，还需要手工添加 3 个用于显示各班级课表的页面，即 Class1.aspx、Class2.aspx 和 Class3.aspx。

在“解决方案资源管理器”中，鼠标右键单击网站名称，在弹出的快捷菜单中单击“添加新项”命令。在弹出的如图 1-4 所示的“添加新项”对话框中选择“Web 窗体”模板，设置页面的“名称”为 Class1.aspx，设置完毕后单击“添加”按钮。

在“添加新项”对话框中有一个默认被选中的“将代码放在单独的文件中”复选框，表示采用页面外观设计和程序功能设计分离的方式创建新网页，即一个页面由表示外观设计的.aspx 文件和一个仅包含程序代码的.cs 文件来描述。使用这种代码分离方式设计页面，设计人员可按各自的特长（如外观设计和程序设计）进行分工，以提高网站的设计效率。

新网页添加到网站后，切换到设计视图，参照前面介绍的方法在页面中添加一个用于布局的 HTML 表格（4 行 5 列）和内容文字，设计效果如图 1-5 所示。其他班级的课表内容网页可用同样的方法创建，这里不再赘述。

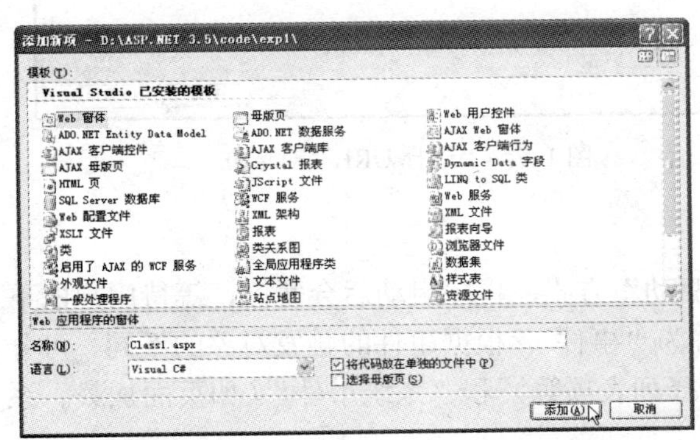

图 1-4　在网站中添加新页面

Class1.aspx*　Default.aspx*　起始页

2009～2010第一学期网络一班课程表				
星期一	星期二	星期三	星期四	星期五
计算机基础	高等数学	网络原理	电路基础	计算机基础
大学语文	政　　治	计算机基础	高等数学	网络原理
体　　育	网络原理	电路基础		大学语文

图 1-5　设计课表内容网页 Class1.aspx

由于其他班级的课表内容网页与 Class1.aspx 基本相同，为了减少工作量可在“解决方案资源管理器”中按住〈Ctrl〉键的同时，将 Class1.aspx 拖动到其他位置创建其副本，然后经过重命名、修改网页中的文字完成页面设计工作。

4．设置对象属性

添加到页面中的所有控件都被称为“对象”。对象的属性用来表示其外观特征和一些特殊参数。例如，本实训中添加到 Default.aspx 中的 3 个 HyperLink 控件就需要分别对其 Text 属性、NavigateUrl 属性和 Target 属性进行设置。

Text 属性用于控制 HyperLink 外观显示的文字信息；NavigateUrl 属性用于控制其超链接目标 URL；Target 用于控制超链接的目标框架。

在 Default.aspx 的设计视图中选择 HyperLink1 控件后，属性窗口将自动显示该控件的所有属性列表，如图 1-6 所示。用户可直接在 Text 属性栏中输入所需的文字，如“网络一班”。

单击 HyperLink1 的 Target 属性栏，可在系统提供的下拉列表中选择“_blank”，表示在新窗口中打开目标网页。

设置 HyperLink 的 NavigateUrl 属性时，可直接输入目标网页的 URL，也可单击按钮，在弹出的如图 1-7 所示的“选择 URL”对话框中选择超链接到的目标文件，单击“确定”按钮，由系统自动转换为的相对 URL 地址。

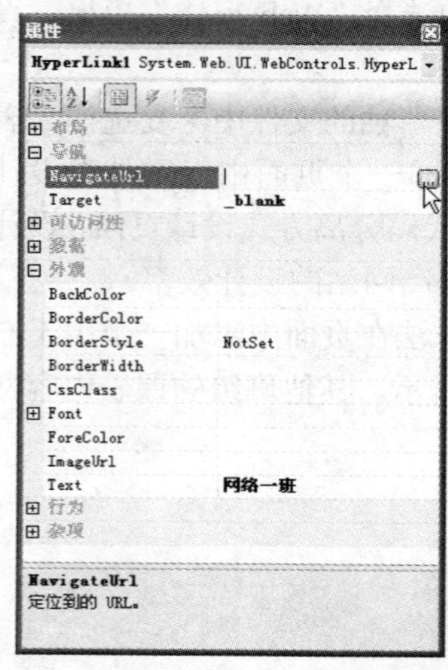

图 1-6　HyperLink 的属性窗口

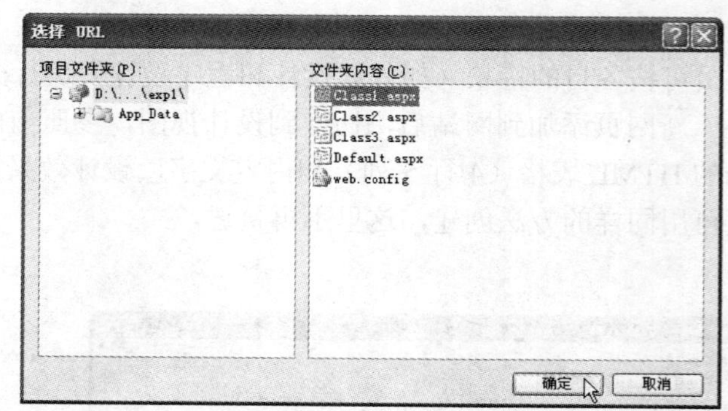

图 1-7　“选择 URL”对话框

5. 编写程序代码

ASP.NET 创建的应用程序采用了“事件驱动”方式，程序启动后会暂停，等待用户的下一步操作。用户的操作或系统对程序的控制称为“事件”。根据事件的触发对象的不同，可分为“用户事件”（如单击按钮、输入文字、选择列表项等）和“系统事件”（如页面加载、系统退出等）。

程序员的工作主要是编写用于响应各种系统事件和用户事件的程序代码，即当系统或用户触发了某个事件时执行的程序段。这些程序段能够实现某种特定的功能，如查询数据库并将符合指定条件的记录显示到屏幕上。

本实训希望在页面加载（Page_Load）事件发生时，在 IE 浏览器标题栏中显示“欢迎访问课表查询系统”的文字信息。

在设计视图中，双击 Web 窗体 Default.aspx 的空白处，进入其代码编辑窗口，系统自动为 Web 窗体创建 Page_Load 事件的框架，用户只需在框架中编写实现功能的代码即可，如图 1-8 所示。本实训中程序员书写的代码只有“this.Title = "欢迎访问课表查询系统"”一行，可以理解为：在页面显示到浏览器时，将浏览器标题栏中的文字改为指定信息，实际上是为页面对象“this”的“Title”属性赋值。

“//”之后呈绿色显示的内容为注释内容，不会被系统执行。

```
using System;
using System.Data;
using System.Configuration;
using System.Web;
using System.Web.Security;
using System.Web.UI;
using System.Web.UI.WebControls;
using System.Web.UI.WebControls.WebParts;
using System.Web.UI.HtmlControls;

public partial class _Default : System.Web.UI.Page
{
    protected void Page_Load(object sender, EventArgs e)
    {
        this.Title = "欢迎访问课表查询系统";  //设置显示在浏览器标题栏中的文字
    }
}
```

系统自动添加的引用

系统创建的Web窗体类

系统创建的事件过程

程序员编写的事件响应代码

图 1-8　编写事件代码

6．运行及调试程序

单击 Visual Studio 工具栏中的▶按钮或按〈F5〉键启动 ASP .NET 网站应用程序，首次运行时屏幕上会显示一个信息框，提示用户当前尚未启用调试。

若启用调试系统会将调试符号插入到已编译的页面中，这对网站的性能产生一些影响。因此，应在开发过程结束，准备将网站发布到 Web 服务器时禁用调试。若要关闭调试，用户可在"解决方案资源管理器"中双击打开站点配置文件 web.config，将其中"<compilation debug="true"/>"改为"<compilation debug="false"/>"。

若不希望调试而直接运行程序，可按〈Ctrl+F5〉组合键启动程序，此时将不再出现"未启用调试"对话框。

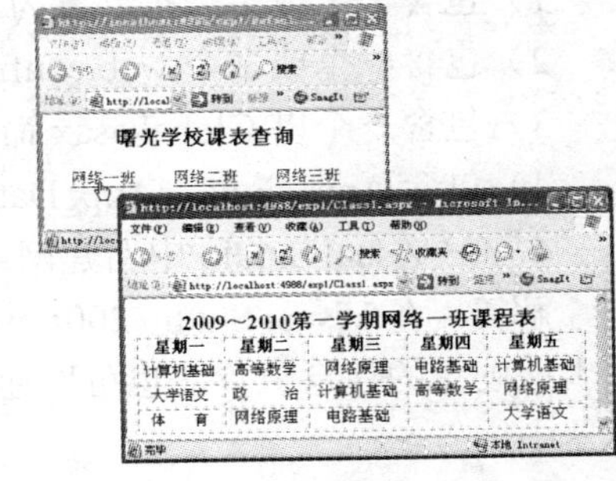

图 1-9　程序运行结果

网站启动后，应当认真测试每一项功能，仔细观察页面布局是否美观、大方，尽可能多地找出不完善之处，并加以修改。用户对出现的错误应根据提示并结合 Visual Studio 提供的调试工具进行相应的修改。本实训程序运行结果如图 1-9 所示。

1.2　习题解答

1．简述 C/S 架构和 B/S 架构应用的工作模式及主要不同点。

解答：

1）在 C/S 架构中，需要将开发完成的软件安装在某计算机（客户机）中，将数据库安装在专用的服务器（数据库服务器）中，用户通过安装在客户机中的软件和网络进行各种数据库操作。这种架构要求客户机中必须安装客户端程序，否则，无法工作。在 C/S 架构中主要的数据分析处理工作需要在客户机中完成，这就要求客户机有较高的硬件配置。常用的聊天工具，如 QQ、MSN 及一些网络游戏都属于 C/S 架构的应用程序。

2）B/S 架构体系由客户机、Web 服务器和数据库服务器 3 个部分组成。在中小型应用系统中，Web 服务器可以与数据库服务器安装在同一台物理服务器中。与 C/S 架构相比，它不需要在客户机上安装专门的客户端软件，用户在使用程序时仅需要通过安装在客户机上的浏览器访问指定的 Web 服务器即可。目前，绝大多数微机都使用集成了 Internet Explorer（IE 浏览器）的 Windows 操作系统。也就是说，只要客户机能够通过网络访问指定的 Web 服务器，即可使用 B/S 架构的应用程序。此外，在 B/S 架构中主要的数据分析处理工作是在应用服务器中完成的。客户端主要用来下达指令和接收结果，所以客户机的配置要求不高。B/S 架构非常适合“瘦客户端”的运行环境。

2．B/S 架构应用程序的编程语言主要有哪些？ASP 和 ASP.NET 程序在执行时有何区别？

解答：

1）目前，在 B/S 架构应用程序开发中主要使用 4 种语言，即 ASP、ASP.NET、PHP 和 JSP。

2）ASP 程序中使用非编译的 VBScript 和 JavaScript 脚本语言编写程序，运行时每次都要执行一次编译处理，运行效率低。ASP.NET 在发布网站到 Web 服务器时已对程序代码部分进行了预编译，生成可执行的.dll 文件，程序运行效率大幅提升。

3．一个 ASP.NET 网站通常由哪些文件、文件夹组成？

解答：一个使用 Visual Studio 开发出来的 ASP.NET 网站，通常包含以下内容：

1）包含一个或多个扩展名为.aspx 的网页文件，网站中也允许包含.htm 或.asp 文件。

2）包含一个或多个 web.config 配置文件。

3）包含一个以 Global.asax 命名的全局文件（可选）。

4）包含 App_Code、App_Data 等 ASP.NET 专用目录。

4．在 Visual Studio 中新建网站的保存位置有哪些可选项？它们都适合那种开发环境？

解答：在 Visual Studio 2005 中可以使用“文件系统”方式，将新建的 ASP.NET 网站存放在本地硬盘的任意位置，也可以通过 HTTP 或 FTP 方式将站点直接创建在本地或远程 IIS 服务器中。

使用“文件系统”方式仅需要指定一个用于存放站点文件的本地文件夹，而不需要在本计算机中安装 IIS 服务器，系统能自动为该站点配置一个“开发服务器”（ASP.NET Development Server），用来模拟 IIS 服务器对 ASP.NET 程序运行时的支持。这种方式十分适合独立设计者或学习时使用。

如果在远程或本地 IIS 服务器中已创建并设置好了站点的虚拟目录，并在服务器中安装了 FTP 服务器或安装 Microsoft FrontPage 服务器扩展，则可使用 FTP 方式或 HTTP 方式。这两种方式特别适合团队开发时使用。

5．Visual Studio 集成化开发环境中主要有哪些子窗口？它们的主要作用是什么？

解答：Visual Studio 集成化开发环境中主要的子窗口有解决方案管理器窗口、属性窗口、工具箱和代码窗口等。

1）“解决方案资源管理器”子窗口中显示了 Visual Studio 解决方案的树型结构，单击项名称前面的⊞或⊟可以使该项展开或折叠。在“解决方案资源管理器”中可以像 Windows 资源管理器那样，浏览组成解决方案的所有项目和每个项目中的文件，可以对解决方案的各元素进行各种操作，如打开文件、添加内容、重命名、删除等。

2）“属性”子窗口用于设置解决方案中各对象的属性。当选择 Web 窗体的设计视图、解决方案、类视图中的某一项时，“属性”子窗口将以两列表格的形式显示该子项的所有属性。

3）“工具箱”用于向 Web 应用程序或 Windows 应用程序添加控件。它使用选项卡分类管理其中的控件，打开工具箱将显示 Visual Studio 项目中使用的控件列表。根据当前正在使用的设计器或编辑器，工具箱中可用的选项卡和控件会有所变化。

4）“代码窗口”用于编写程序代码，其中包含对命名空间的引用、类的声明及各种事件过程。代码窗口的作用就是为编写实现程序功能的代码提供一个环境。

集成化开发环境中主要的子窗口有解决方案管理器窗口、属性窗口、工具箱和代码窗口等。

6．默认情况下，Visual Studio 将解决方案文件（.snl）保存在什么位置？如何更改其保存位置？

解答：默认情况下，系统并没有将解决方案文件（.snl）保存在站点文件夹中，而是将其存放在“C:\Documents and Settings\当前系统登录用户名\My Documents\Visual Studio 2008\Projects”文件夹下的同名子文件夹中。

执行“工具”菜单下的“选项”命令，选择“项目和解决方案”下的“常规”选项，在打开的对话框中可更改默认的保存位置。

7. 怎样使用 Visual Studio 的动态帮助功能？MSDN 提供了哪几种帮助形式？怎样使用这些形式的帮助？Visual Studio 的智能感知有哪几种形式？

解答：“动态帮助”对用户当前操作提供相关的帮助主题列表。当用户在 Visual Studio 环境中进行某一项操作时，“动态帮助”将搜索 MSDN 库（Microsoft Developer Network），查找与该操作相关的帮助主题，以超链接显示在动态帮助窗口，并把它认为可能最有用的主题列在第一位。单击一个主题链接后，此主题将会显示在 Visual Studio 的帮助窗口中。

MSDN 帮助窗口由两个区域组成，左边的区域为导航区，右边的区域为帮助内容显示区。导航区域下有“目录”、“索引”与“帮助收藏夹”3 个标签，用于选择不同的帮助方式。在显示区域有一个独立存在的“搜索”选项卡，用于搜索帮助内容。“目录”适合系统浏览帮助内容；“索引”适合用于明确的帮助标题；“帮助收藏夹”用于存放经常要浏览的帮助内容标题；“搜索”适合以关键字的方式搜寻相关帮助内容。

智能感知的形式有：提示类名或对象名、提示类成员或对象成员、提示方法的使用说明、实例化提示。实际上，在 Visual Studio 环境中设计程序代码，只要不是进行命名操作，智能感知总能提供可用的帮助信息。

8．在 Visual Studio 环境中创建一个 ASP.NET 网站，一般需要经过哪些基本步骤？

解答：在 Visual Studio 中创建一个 ASP.NET 网站，一般需要经过以下 6 个步骤：

1）根据用户需求进行问题分析，构思出合理的程序设计思路。

2）创建一个新的 ASP.NET 网站。

3）设计网站包含的所有 Web 页面的外观。

4）设置页面中所有控件对象的初始属性值

5）编写用于响应系统事件或用户事件的代码。

6）试运行并调试程序，纠正存在的错误，调整程序界面，提高容错能力和操作的便捷性，使程序更符合用户的操作习惯。通常将这一过程称为提高程序的“友好性”。

第 2 章　网页设计基础

2.1　实训　页面布局综合练习

2.1.1　实训目的

通过本实训理解在 Visual Studio 环境中创建、编辑和引用 CSS 样式表文件的基本步骤；理解层元素在页面布局中的重要作用及使用方法；综合运用 CSS+DIV 布局技术，设计出实用的网站主页。

2.1.2　实训要求

新建一个 ASP.NET 网站，在 Default.aspx 中使用 CSS+DIV 技术设计出如图 2-1 所示的网站主页效果。要求页面的导航栏、销售排行榜中的内容使用 ASP.NET 标准控件 HyperLink，商品名称、商品种类、用户名、密码栏使用 ASP.NET 标准控件 TextBox，所有按钮使用 ASP.NET 标准控件 Button，商品种类栏使用 ASP.NET 标准控件 DropDownList。

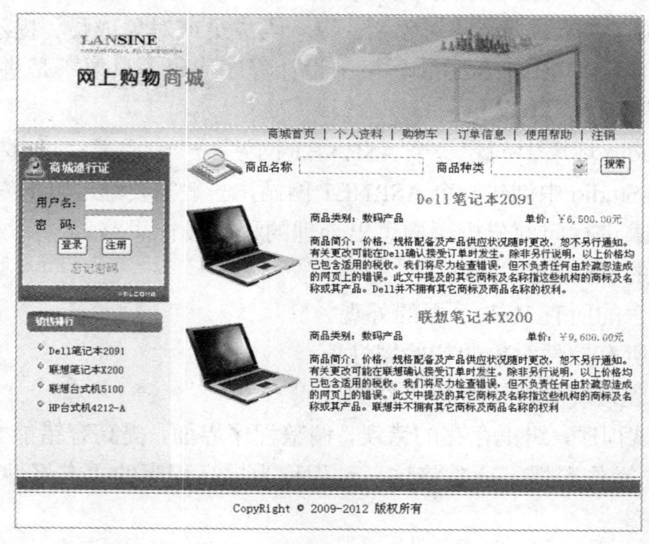

图 2-1　网站主页设计效果

2.1.3　实训步骤

1．准备需要的图片文件

任何一个网页的页面设计都会用到一些图片文件。一般情况下，这些图片文件可根据设计需要，事先使用 Photoshop 等图片编辑软件制作出来。用户也可以通过搜索引擎（如

www.baidu.com、www.google.cn 等）从 Internet 中下载。本实训页面设计中需要的图片文件如图 2-2 所示。

新建一个 ASP.NET 网站，在站点文件夹中创建一个名为“images”的子文件夹，将本实训中需要的所有图片文件复制到该文件夹中。如果在“解决方案资源管理器”中不能看到新建的文件夹，可用鼠标右键单击网站名称，在弹出的快捷菜单中执行“刷新文件夹”命令，使其显示出来。

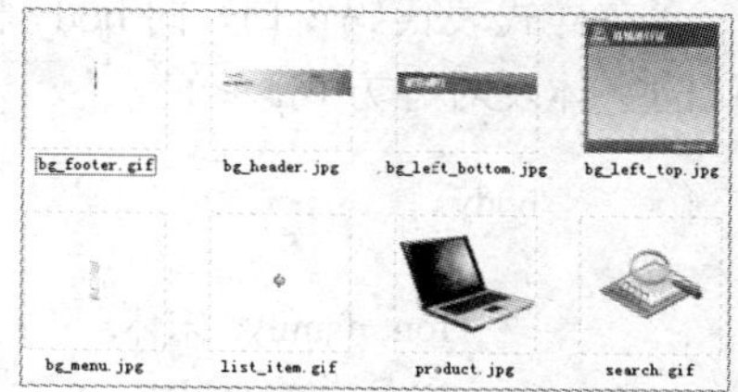

图 2-2　页面设计中需要的图片文件

2．设计页面布局

如图 2-3 所示，根据设计效果需要可将页面划分为若干个层，商品描述信息分别放置在两个表中。

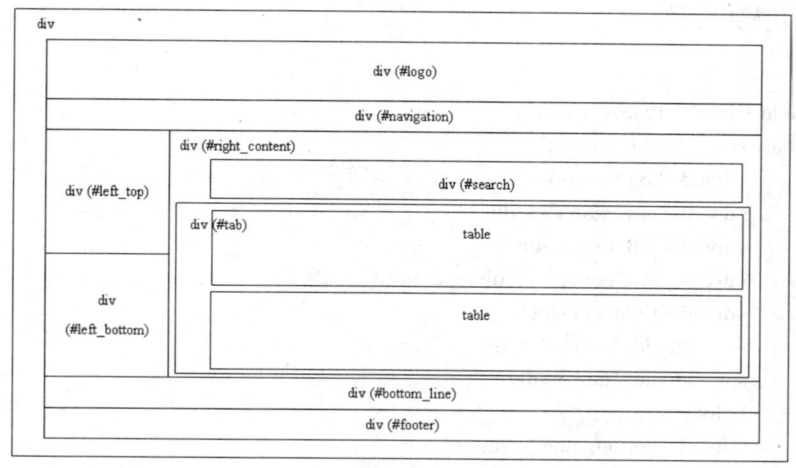

图 2-3　页面布局规划

各元素说明如下。

div：表示整个页面所在区域。

div (#logo)：表示页面 Logo 栏（网站标题栏）区域。

div (#navigation)：表示导航栏区域。

div (#left_top)：表示“商城通行证”区域。

div (#left_bottom)：表示“销售排行榜”区域。

div (#right_content)：表示页面右侧信息显示区域。

div (#search)：表示搜索栏区域，包含在 div (#right_content)区域中。

div (#tab)：表示商品信息显示区域，包含在 div (#right_content)区域中。

table：表示商品信息显示区域，两条信息使用两个表格，包含在 div (#tab)区域中。

div (#bottom_line)：表示页面底部分隔线区域。

div (#footer)：表示页面底部版权栏区域。

3．分区域页面设计

（1）页面整体样式控制

在页面中添加一个 CSS 样式表文件，从“解决方案资源管理器”中将 CSS 样式表文件拖动到页面的设计视图，创建页面与 CSS 样式表的关联。

在样式表代码窗口，向 body 样式规则中添加如下样式控制代码，用于定义整个网页中默认的字体及对齐方式。

```
body
{
    font-family: 宋体;
    text-align: center;
    margin-top: 0px;      /*使网页上部边距为 0，不留空白*/
    font-size: 11pt;
}
```

切换到 Default.aspx 页面的源视图，设置整个页面的宽度，并将布局页面需要的所有层定义添加到页面代码中。

```
......
<form id="form1" runat="server">
    <div style="width: 778px;">
        <div id="logo"></div>
        <div id="navigation"></div>
        <div id="left_top"></div>
        <div id="left_bottom"></div>
        <div id="right_content">
            <div id="search"></div>
            <div id="tab"></div>
        </div>
        <div id="bottom_line"></div>
        <div id="footer"></div>
    </div>
    </form>
......
```

（2）设计 Logo 栏

在 CSS 样式表文件中添加用于页面 Logo 栏样式控制的代码如下：

```
#logo
{
    background-image: url(images/bg_header.jpg);
    background-repeat: no-repeat;      /*设置背景图像不平铺*/
    width: 100%;
    height: 144px;
}
```

（3）设计导航栏

向 CSS 样式表文件中添加用于页面导航栏样式控制的代码如下：

```
#navigation
```

```
{
    background-image: url(images/bg_menu.jpg);
    width: 100%;
    height: 24px;
    text-align: right;
}
#navigation a:link, #navigation a:visited, #navigation a:active
{
    text-decoration: none;    /*不设置文字特效*/
    color: #003366;
}
#navigation a:hover      /*鼠标指针指向导航栏中超链接时，以红色、带下画线样式显示热点文字*/
{
    color: Red;
    text-decoration: underline;
}
```

说明：上述代码的最后两个选择符中使用了样式规则的层次结构，用于设置导航栏中各种情况下超链接文字的显示效果。

a:link：表示正常的，未被访问过的超链接。

a:visited：表示已经访问过的超链接。

a:active：表示正在点击的超链接。

a:hover：表示鼠标正在指向的超链接。

切换到 Default.aspx 的源视图，在“<div id=" navigation">”标记和配套的“</div>”标记之间添加 XHTML 代码如下：

```
<div id="navigation">
    <asp:HyperLink ID="HyperLink1" runat="server" NavigateUrl="~/Default.aspx">商城首页
      </asp:HyperLink>|
    <asp:HyperLink ID="HyperLink2" runat="server" NavigateUrl="~/1.aspx">个人资料
      </asp:HyperLink>|
    <asp:HyperLink ID="HyperLink3" runat="server" NavigateUrl="~/2.aspx">购物车
      </asp:HyperLink>|
    <asp:HyperLink ID="HyperLink4" runat="server" NavigateUrl="~/3.aspx">订单信息
      </asp:HyperLink>|
    <asp:HyperLink ID="HyperLink5" runat="server" NavigateUrl="~/4.aspx">使用帮助
      </asp:HyperLink>|
    <asp:HyperLink ID="HyperLink6" runat="server" NavigateUrl="~/5.aspx">注销
      </asp:HyperLink>   
</div>
```

上述代码在导航栏中添加了 6 个 ASP.NET 标准控件 HyperLink（超链接控件），其 ID 属性分别为 HyperLink1～HyperLink6，目标 URL（NavigateUrl 属性值）分别为显示不同内容的其他页面（这里主要介绍主页的设计方法，其他页面并未包含在网站中），各控件之间通过“|”符号分隔。

（4）设计“商城通行证栏”

在 CSS 样式表文件中添加用于“商城通行证”栏的样式控制的代码如下：

```
#left_top
{
    width: 192px;
    height: 144px;
    /*层内元素顶部留 56px 的空白，实际上是“用户名”行距该层顶部的距离*/
    padding-top: 56px;
    float: left;
    clear: left;
    background-image: url(images/bg_left_top.jpg);
    background-repeat: no-repeat;
}
.textbox          /*用于设置文本框控件的样式，由控件的 CssClass 属性调用*/
{
    margin-top: 4px;
}
.button           /*用于设置命令按钮控件的样式，由控件的 CssClass 属性调用*/
{
    margin-top: 6px;
    margin-bottom: 8px;
}
#left_top a:link, #left_top a:visited, #left_top a:active
{
    text-decoration: none;
    color: #3399ff;
}
#left_top a:hover
{
    color: #ff0000;
    text-decoration: underline;
}
```

切换到 Default.aspx 的源视图，在<div id="left_top">标记和配套的</div>标记之间添加 XHTML 代码如下：

```
<div id="left_top">用户名：
    <asp:TextBox ID="TextBox1" CssClass="textbox" runat="server" Width="80px">
        </asp:TextBox><br />
    密  码：
    <asp:TextBox ID="TextBox2" CssClass="textbox" runat="server" Width="80px"></asp:TextBox>
    <br />
    <asp:Button ID="Button1" runat="server" CssClass="button" Text="登录" /> 
    <asp:Button ID="Button2" runat="server" CssClass="button" Text="注册" />
    <br />
    <asp:HyperLink ID="HyperLink7" runat="server" NavigateUrl="~/6.aspx">忘记密码
```

```
        </asp:HyperLink>
    </div>
```

说明：

1）“商城通行证”栏中包含有两个文本框 ASP.NET 控件（TextBox1 和 TextBox2）、两个命令按钮 ASP.NET 控件（Button1 和 Button2）和一个超链接 ASP.NET 控件（HyperLink7）。

2）ASP.NET 标准控件的样式设置由控件的 CssClass 属性决定，相当于 XHTML 元素的 Class="类名选择符"。

（5）设计“销售排行榜”栏

在 CSS 样式表文件中添加如下用于“销售排行榜”栏的样式控制代码：

```
#left_bottom
{
    width: 192px; height: 168px;
    float: left; clear: left;
    /*设置背景图片的位置。图片水平居中，图片上方留层高度 6%的空白*/
    background-position: center 6%;
    background-image: url(images/bg_left_bottom.jpg);          /*设置背景图片*/
    background-repeat: no-repeat;
    background-color: #ececec;
    font-size: small;
    list-style-image: url(images/list_item.gif);       /*设置项目列表中每条项目前使用的图标*/
    line-height: 18pt;
    padding-top: 50px;                                 /*项目列表第一行距层顶端的距离*/
    text-align: left;
}
```

切换到 Default.aspx 的源视图，在<div id="left_bottom">标记和配套的</div>标记之间添加如下 XHTML 代码：

```
<div id="left_bottom">
    <ul>
        <li><asp:HyperLink ID="HyperLink8" runat="server" Width="96px">Dell 笔记本 2091
            </asp:HyperLink>
        </li>
        <li><asp:HyperLink ID="HyperLink9" runat="server">联想笔记本 X200
            </asp:HyperLink>
        </li>
        <li><asp:HyperLink ID="HyperLink10" runat="server">联想台式机 5100
            </asp:HyperLink>
        </li>
        <li><asp:HyperLink ID="HyperLink11" runat="server">HP 台式机 4212-A
            </asp:HyperLink>
        </li>
    </ul>
</div>
```

说明：<ul>标记和</ul>标记表示一组无序项目列表，类似于在 Word 中使用“项目符号”功能。<li>标记和</li>标记表示列表中的一个项目。本实训中每个项目用一个 ASP.NET 超链接控件（HyperLink）表示。

（6）右侧信息显示区样式控制

在 CSS 样式表文件中添加如下用于右侧信息显示区域的样式控制代码：

```
#right_content
{
    width: 584px; height: 416px;
    float: right; clear: left;
    margin-top: 0px;
}
```

（7）设计搜索栏

在 CSS 样式表文件中添加如下用于搜索栏区域的样式控制代码：

```
#search
{
    width: 100% height: 48px; clear: both;
    vertical-align: baseline;         /*层中元素在垂直方向按基线对齐*/
}
```

切换到 Default.aspx 的源视图，在<div id="search">标记和配套的</div>标记之间添加如下 XHTML 代码：

```
<div id="right_content">
    <div id="search">
        <img src="images/search.gif" alt="搜索" style="vertical-align: middle" />商品名称
        <asp:TextBox ID="TextBox3" runat="server" /> 商品种类
        <asp:DropDownList ID="DropDownList1" runat="server" Width="120px" /> 
        <asp:Button ID="Button3" runat="server" Text="搜索" />
    </div>
</div>
```

说明：下列代码表示一个 ASP.NET 下拉列表框控件。

```
<asp:DropDownList ID="DropDownList1" runat="server" Width="120px" />
```

下拉列表框中的选项可在控件的属性窗口中通过 Items 属性集合进行设置。

（8）商品信息显示区样式控制

在 CSS 样式表文件中添加如下用于商品信息显示区域的样式控制代码：

```
#tab
{
    width: 100%; height: 360px;
    float: right; text-align: center;
    font-size: 10pt; background-color: #f3fbfe;
```

```
}
```

（9）设计商品信息显示表格

切换到 Default.aspx 的源视图，在<div id="tab">标记和配套的</div>标记之间添加如下 XHTML 代码：

```
<div id="tab">
    <table border="0" cellpadding="0" cellspacing="0" style="width: 100%">
      <tr>
        <td rowspan="4" style="width: 171px">
          <img src="images/product.jpg" alt="图片" /><br />
        </td>
      </tr>
      <tr>
        <th colspan="2" style="color: #3366ff; font-size: 14pt;">Dell 笔记本 2091</th>
      </tr>
      <tr>
        <td align="left" style="width: 42%">商品类别：数码产品</td>
        <td>单价：<span style="color: #ff0066">￥6,500.00 元</span></td>
      </tr>
      <tr>
        <td align="left" colspan="2">
         商品简介：价格……的权利。
        </td>
      </tr>
    </table>
    <table border="0" cellpadding="0" cellspacing="0" width="100%">
      <tr>
        <td rowspan="4" style="width: 171px">
          <img src="images/product.jpg" alt="图片" /><br />
        </td>
      </tr>
      <tr>
        <th colspan="2" style="color: #3366ff; font-size: 14pt;">联想笔记本 X200</th>
      </tr>
      <tr>
        <td align="left" style="width: 43%">商品类别：数码产品</td>
        <td>单价：<span style="color: #ff0066">￥9,600.00 元</span></td>
      </tr>
      <tr>
        <td align="left" colspan="2">
         商品简介：价格……的权利
        </td>
      </tr>
    </table>
</div>
```

（10）设计底部分隔线和版权栏

在 CSS 样式表文件中添加如下用于底部分隔线和版权栏区域的样式控制代码：

```
#bottom_line
{
    width: 100%; height: 24px;
    clear: both;
    background-image: url(images/bg_footer.gif);
    background-repeat: repeat-x;
}
#footer
{
    width: 100%; height: 24px;
    padding-top: 10px;
}
```

切换到 Default.aspx 的源视图，在<div id="footer">标记和配套的</div>标记之间添加如下 XHTML 代码：

```
<div id="footer">CopyRight &copy; 2009-2012 版权所有</div>
```

说明：替换符“©”在浏览器中显示为版权符号“©”。

至此，整个页面的全部设计工作完成。在 Visual Studio 中，按〈F5〉键打开网页将得到预期的设计效果。

2.2 习题解答

1．简述在 HTML 中，用于设置字体格式的标记有哪些？简述其基本功能。

解答：

在 HTML 中，用于设置字体格式的标记主要有以下几个。

<font>标记：用于设置文字的字体、字号、字型及颜色，其格式为

```
<font size=数字 face=字体名 color=颜色>被设置的文字</font>
```

<hn>标记：n 为整数，表示使用 hn 标题样式显示字体。

<b>标记：用于设置字体为粗体显示。

<i>标记：用于设置字体为斜体显示。

<u>标记：用于设置字体带有下画线。

2．在 Visual Studio 源视图中，使用 XHTML 1.0 Transitional 标记语言，制作如图 2-4 所示的课程表。具体要求如下：

1）字体：标题，华文行楷；表栏名，黑体；表体，楷体。

2）字号：标题，xx-large。

3）表格：宽度，800 像素（px）；行高，30px；文本居中对齐；1px 黑色实线网格；相对浏览器窗口水平居中。

4）网页标题“使用 XHTML 编写网页代码”

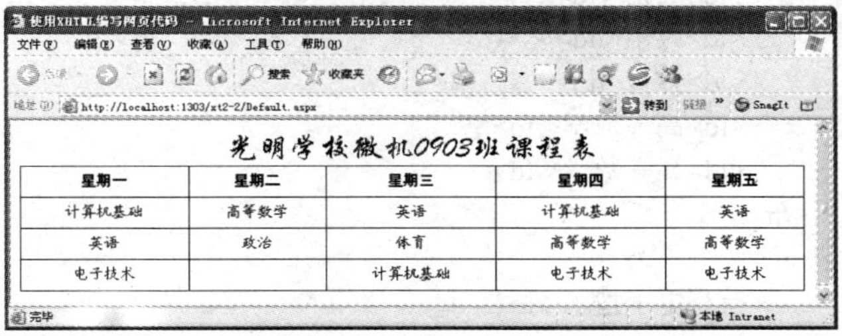

图 2-4　使用 XHTML 编写网页代码

解答：新建一个 ASP.NET 网站，切换到 Default.aspx 页面的源视图，按如下所示编写页面的 XHTML 代码。在编写过程中，应注意使用 Visual Studio 提供的智能感知功能。

```
<html xmlns="http://www.w3.org/1999/xhtml">
<head runat="server">
    <title>使用 XHTML 编写网页代码</title>
    <style type="text/css" >
        td
        {
            line-height:30px; border:1px solid black;           /*为所有<td>元素设置样式*/
        }
    </style>
</head>
<body>
    <form id="form1" runat="server">
    <div style="text-align:center">
        <table style="width:800px; text-align: center; font-family:楷体_GB2312;
         border-collapse: collapse">      <!--“border-collapse: collapse”表示折叠表格边框-->
        <caption style="font-family:华文行楷; font-size:xx-large">
            光明学校微机 0903 班课程表
        </caption>
            <tr style="font-family:黑体">
                <td>星期一</td>
                <td>星期二</td>
                <td>星期三</td>
                <td>星期四</td>
                <td>星期五</td>
            </tr>
            <tr>
                <td>计算机基础</td>
                <td>高等数学</td>
                <td>英语</td>
                <td>计算机基础</td>
                <td>英语</td>
            </tr>
```

```
            <tr>
                <td>英语</td>
                <td>政治</td>
                <td>体育</td>
                <td>高等数学</td>
                <td>高等数学</td>
            </tr>
            <tr>
                <td>电子技术</td>
                <td></td>
                <td>计算机基础</td>
                <td>电子技术</td>
                <td>电子技术</td>
            </tr>
        </table>
    </div>
    </form>
</body>
</html>
```

3．CSS 规定了几种样式定义方法？CSS 规定了几种选择符类型？

解答：CSS 规定了 3 种样式定义方法：内联式、嵌入式和外部链接式。

内联式：所谓“内联式”样式控制，是指直接将样式控制代码（style 属性设置代码）放置在具体的 XHTML 元素标记中。

嵌入式：所谓“嵌入式”样式控制，是将页面中所有样式控制代码集中放置在<head></head>之间，其语法格式为

```
<head>
    <style type="text/css">
        选择符 1{属性:值; 属性:值; ……; 属性:值}              /*注释内容*/
        选择符 2{属性:值; 属性:值; ……; 属性:值}
        ……
        选择符 n{属性:值; 属性:值; ……; 属性:值}
    </style>
</head>
```

外部链接式：所谓“外部链接式”样式控制，是将样式控制代码单独存放在一个以.css 为扩展名的文本文件内，通过<link>标记引用其中对样式的定义，其语法格式为

```
<head>
    <link type="text/css" href="样式文件名.css" rel="stylesheet">
</head>
```

CSS 规定了 3 种选择符：元素选择符、类名选择符和元素 ID 选择符。

4．如果在某网页中同时使用了多种 CSS 定义方法，其优先级是如何规定的。

解答：如果网页中既有内联式和嵌入式样式定义，又有外部链接式样式定义，而且这 3

种定义中还存在针对某特定元素的定义冲突。在这种情况下，浏览器将采用“就近使用”的优先原则，即采用与该元素位置最近的样式定义。

显然，内联式样式定义在任何情况下都最靠近元素位置，所以其优先级是最高的。也就是说，内联式样式定义将覆盖嵌入式和外部链接式样式定义。而对于嵌入式和外部链接式样式定义的优先级，要看<link>标记和<style>标记的书写位置谁更靠近元素的位置。

5．简述在 Visual Studio 环境中如何创建、编辑和引用 CSS 级联样式表文件。

解答：

（1）创建 CSS 样式表

在“解决方案资源管理器”中右键单击网站名称，在弹出的快捷菜单中执行“添加新项”命令，在打开的对话框中选择“样式表”模板并为样式表文件指定名称及保存位置，单击“添加”按钮即可创建一个空白级联样式表文件。

（2）编辑 CSS 样式表

在 CSS 样式表代码窗口中可借助 Visual Studio 提供的“智能感知”功能直接编辑 CSS 样式表文件的内容。

在 CSS 样式表代码窗口中，右键单击“{……}”之间的任何位置，在弹出的快捷菜单中执行“生成样式”命令，打开“样式生成器”对话框。通过该对话框可编辑 CSS 样式表的样式控制代码。在任意一对大括号之外单击右键，在弹出的快捷菜单中执行“添加样式规则”命令，可在打开的对话框中为样式表添加新的选择符条目。

（3）引用 CSS 样式表

1）在网页的设计视图中将 CSS 样式表文件直接拖动到页面中，系统将自动生成引用样式表文件必须的<link>语句。

2）从“解决方案资源管理器”中将 CSS 样式表文件拖动到<head>和</head>标记之间，系统将自动生成引用样式表文件必须的<link>语句。

3）在页面的源视图中手工添加引用样式表文件必须的<link>语句。

6．使用 CSS+DIV 技术设计出如图 2-5 所示的页面布局。

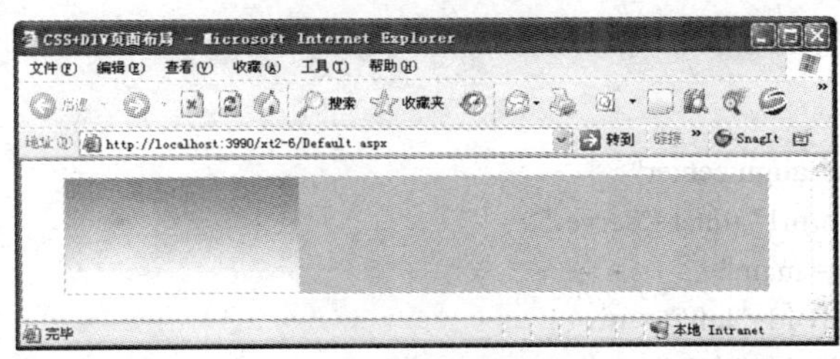

图 2-5　CSS+DIV 页面布局效果

具体要求如下：

1）页面由横向排列的两个层组成，左边层以由蓝到白渐变色为背景，右边层以纯灰色为背景。

2）左边层的宽度为 200px，高度为 100px；右边层的宽度为 400px，高度为 100px。

3）整个布局相对浏览器窗口居中，带有灰色、1px 边框线。

4）设置网页标题为“CSS+DIV 页面布局”。

解答：左边层渐变色背景可以通过设置背景图片的方法来实现。新建一个 ASP.NET 网站，在站点文件夹内创建一个名为“images”的子文件夹。

在图片编辑软件 Photoshop 中创建一个宽度任意，100px 高的图片，为图片填充由蓝到白渐变色，使用单列选择工具从图片中选择一列（1px 宽）并粘贴到一个新图片文件中，将新图片以.jpg 格式保存到前面创建的“images”文件夹内。

将背景图片切割成 1px 宽是为了减少图片的大小，从而提高打开网页的速度。页面在浏览器中默认是以“平铺”的方式显示图片的，因此，用户能看到正确的显示效果。

切换到 Default.aspx 页面的源视图，按如下所示编写页面的 XHTML 代码：

```
<html xmlns="http://www.w3.org/1999/xhtml">
<head runat="server">
    <title>CSS+DIV 页面布局</title>
    <style type="text/css">
        #left
        {
            background-image:url("images/background.jpg");        /*指定背景图片 URL*/
            height:100px; width:200px;
            float:left;
        }
        #right
        {
            height:100px;width: 400px;
            float:left;
            background-color:Silver;
        }
        #main
        {
            width:600px; height:100px;margin:0 auto;        /*"margin:0 auto"使元素居中对齐*/
            border:1px solid Silver;
        }
    </style>
</head>
<body style="text-align:center">
    <form id="form1" runat="server">
        <div id="main">
            <div id="left"></div>
            <div id="right"></div>
        </div>
    </form>
</body>
</html>
```

7．页面元素的定位方式分为哪几种？

解答：页面元素定位分为流布局定位（static）、坐标绝对定位（absolute）和坐标相对定位（relative）3 种形式。

1）流布局定位（static）：static 定位方式使页面中所有元素按照从左到右、从上到下的顺序显示，各元素之间不重叠。这种定位方式是 XHTML 默认的定位方式。实现布局页面时需要配合 float 属性和 clear 属性使用。

2）坐标绝对定位（absolute）：absolute 定位方式使元素显示在页中的位置由 style 样式中的 left、right、top 和 bottom 以及 z-index 属性值决定。具有相同 z-index 属性值的元素可以重叠，其效果就像多张透明纸按顺序叠放在一起一样，z-index 属性值较大者显示在上层。

3）坐标相对定位（relative）：relative 定位方式使页面元素显示在页中的位置由 style 样式中的 left、top 和 z-index 属性值决定。与绝对定位不同，具有相同 z-index 属性值的元素不会重叠。

第 3 章　主题与母版页

3.1 实训　使用母版页和内容页

3.1.1　实训目的

通过本实训理解在 Visual Studio 环境中创建、编辑和引用母版页、内容页的基本步骤；理解母版页和内容页之间的关系；综合运用母版页、内容页和 CSS+DIV 布局技术设计出实用的、具有统一风格的网站页面体系。

3.1.2　实训要求

本实训要求使用母版页技术控制站内其他网页的外观风格。其中，母版页设计效果如图 3-1 所示，引用了母版页的 Default.aspx、QA.aspx 内容页在浏览器中呈现类似如图 3-2 所示的效果。引用了母版页的 Slight.aspx 内容页呈现如图 3-3 所示的效果。

图 3-1　母版页 MasterPage.master 设计效果

图 3-2　引用母版后的 Default.aspx 内容页效果

图 3-3　引用母版页后的 Sight.aspx 内容页效果

3.1.3　实训步骤

1. 准备需要的图片文件

任何一个网页的页面设计都会用到一些图片文件，一般情况下，这些图片文件可根据设计需要，事先使用 Photoshop 等图片编辑软件制作出来。用户也可以通过搜索引擎（如

www.baidu.com）从 Internet 中下载。

本实训页面设计中需要的图片文件有标题栏背景图片 logo.jpg、版权栏背景图片 bottom.jpg 和 Slight.aspx 中使用的 3 张图片，即 1.jpg、2.jpg 和 3.jpg。

新建一个 ASP.NET 网站，在站点文件夹中创建一个名为“images”的子文件夹，将本实训中需要的所有图片文件复制到该文件夹中。如果在“解决方案资源管理器”中不能看到新建的文件夹，可右键单击网站名称，在弹出的快捷菜单中执行“刷新文件夹”命令使其显示出来。

2．设计母版页

在网站中添加一个母版页 MasterPage.master，添加一个级联样式表文件 StyleSheet.css。母版页由用于显示标题图片的 logo 层、显示左侧专栏的 left 层、显示具体专栏内容的 leftcolumn 层和显示底部版权信息的 bottom 层组成。其中，leftcolumn 层包含在 left 层内部，层内包含一个 4 行 1 列的表格，用于说明文字和 3 个超链接标签控件的定位。

MasterPage.master 的 XHTML 代码如下：

```
<html xmlns="http://www.w3.org/1999/xhtml">
<head runat="server">
    <title>曙光大学网站</title>
    <link href="~/StyleSheet.css" rel="stylesheet" type="text/css" />
    <asp:ContentPlaceHolder id="head" runat="server">
    </asp:ContentPlaceHolder>
</head>
<body>
    <form id="form1" runat="server">
    <div id="page">
        <div id="logo"></div>
        <div id="left">
            <div id="leftcolumn">
                <table>
                    <tr>
                        <td style="font-size:medium; background-color:White;
                          font-family: 楷体_GB2312; font-weight: bold;
                          color: #000099;" >学校专栏
                        </td>
                    </tr>
                    <tr>
                        <td>
                            <asp:HyperLink ID="HyperLink1"
                             runat="server" NavigateUrl="~/Default.aspx">
                             学校简介</asp:HyperLink>
                        </td>
                    </tr>
                    <tr>
                        <td>
                            <asp:HyperLink ID="HyperLink2"
```

```
                        runat="server" NavigateUrl="~/sight.aspx">
                        校园风光</asp:HyperLink>
                    </td>
                </tr>
                <tr>
                    <td>
                        <asp:HyperLink ID="HyperLink3"
                        runat="server" NavigateUrl="~/QA.aspx">
                        考生问答</asp:HyperLink>
                    </td>
                </tr>
            </table>
        </div>
    </div>
    <asp:ContentPlaceHolder id="ContentPlaceHolder1" runat="server">
    </asp:ContentPlaceHolder>
    <div id="bottom">曙光大学 · 版权所有 · 2009-2010</div>
</div>
</form>
</body>
</html>
```

说明：3 个标签控件的 NavigateUrl 属性值（用户单击超链接后跳转到的目标 URL）可以在源视图中通过代码设置，也可以在设计视图中选中控件后，在属性窗口中设置。

3. 设计母版页使用的样式表

在“解决方案资源管理器”中，将 StyleSheet.css 拖动到 MasterPage.master 的<head>和</head>标记之间完成对样式表的引用。

StyleSheet.css 的代码如下：

```
body
{
    text-align:center;
}
#page        /*包含整个页面的层*/
{
    width:750px;border:solid 1px Silver;
    text-align: left;
}
#logo
{
    background-image: url(images/logo.jpg);
    text-align: center;
    width:750px; height:123px;border:solid 1px Silver;
}
#bottom
{
```

```
        width:750px; height:19px;
        padding-top:27px;
        background-image: url(images/bottom_bg.gif);
        border:solid 1px Silver;
        text-align:center;
        vertical-align: text-bottom;
        font-size:small;
    }
    #left
    {
        float:left;
        width:185px; height:150px;
        background-color:#4D87D6;
    }
    #leftcolumn
    {
        margin: 10px;
        width: 165px; height: 130px;
        background-color: #99CCFF;
    }
    #left table         /*left 层中<table>元素的样式*/
    {
        height:100%; width:100%;
    }
    #left td            /*left 层中所有<td>元素的样式*/
    {
        text-align:center;
        font-size:small;
    }
```

4．设计内容页

在“解决方案资源管理器”中删除系统创建的默认 Default.aspx 页面。右键单击网站名称，在弹出的快捷菜单中执行“添加新项”命令，在打开的对话框中选择“Web 窗体”模板，将文件命名为 Default.aspx，并选中“选择母版页”复选框，单击“添加”按钮，在打开的对话框中选择前面创建的 MasterPage.master 为网页的母版。

切换到 Default.aspx 的设计视图，执行菜单“表”下的“插入表”命令，向由系统自动创建的 Content2 控件中添加一个 2 行 1 列的表格（第 1 行输入内容标题，第 2 行输入具体内容），适当调整第 2 行的高度，使整个表格的高度与 left 层的高度相等，并通过设置第 2 行<td>元素的 line-height 属性适当调整文字的行距。

表格设计完毕后，向其中录入需要的文本。按〈F5〉键在浏览器中打开页面，将能看到预期的设计效果。

另一内容页 QA.aspx 的设计可参照上述方法完成，也可在“解决方案资源管理器”中直接将 Default.aspx 页面拖动到网站名称上得到其副本，将副本文件重命名为 QA.aspx 后修改其中内容来完成页面设计。

用于显示图片列表的内容页 Slight.aspx 需要在 Content2 控件中添加一个<div>元素和 3 个 Image 控件，在每个 Image 控件中显示一幅事先准备好的存放在 images 文件夹下的图片。

Slight.aspx 的 XHTML 代码如下：

```
<asp:Content ID="Content2" ContentPlaceHolderID="ContentPlaceHolder1" Runat="Server">
    <div style="height: 150px; text-align:center; padding-top:2px;">
        <asp:Image ID="Image1" runat="server" Height="147px" Width="170px"
            ImageUrl="~/images/1.jpg" />
         <asp:Image ID="Image2" runat="server" Height="147px" Width="170px"
            ImageUrl="~/images/2.jpg" />
         <asp:Image ID="Image3" runat="server" Height="147px" Width="170px"
            ImageUrl="~/images/3.jpg" />
    </div>
</asp:Content>
```

设计完毕后按〈F5〉键在浏览器中打开页面，将能看到预期的设计效果。

3.2 习题解答

1．CSS 样式表与本章所介绍的主题、外观、母版页在应用范围上有怎样的区别？

解答：利用 CSS 级联样式表可以较好地控制页面中 XHTML 元素的显示方式，但 CSS 主要还是应用在单个网页上的样式控制技术，而且它还不能做到对所有 ASP.NET 控件实现有效地样式控制。Visual Studio 提供的主题、外观和母版页技术是一种面向全局的，针对一批具有相同风格网页设计和维护的最佳解决方案。

2．简述向 ASP.NET 网站中添加主题的操作方法。

解答：在“解决方案资源管理器”中，用鼠标右键单击网站名称，在弹出的快捷菜单中执行“添加 ASP.NET 文件夹”下的“主题”命令，系统将判断网站中是否已存在一个名为“App_Themes”的文件。若存在，直接在该文件夹创建一个默认名称为“主题 1”的子文件，“主题 1”即为新建主题的名称。若网站中尚未创建任何主题，则命令执行后系统首先会创建“App_Themes”文件夹，而后创建“主题 1”文件夹。

3．向 ASP.NET 页面中引用已设计完成的主题时，可在页面的@Page 指令中设置 Theme 属性或 StyleSheetTheme 属性，简述两者的区别。

解答：Theme 和 StyleSheetTheme 都是用来引用主题的，但 Theme 的优先级更高一些。使用 StyleSheetTheme 属性引用外观文件时，其中的样式设置可以被控件的外观属性设置所覆盖。使用 Theme 属性引用外观文件时，控件的外观属性设置无效（被外观文件覆盖）。

4．简述.sink 文件与.css 文件的区别。

解答：外观文件（.skin）和级联样式表文件（.css）的主要区别有以下几个方面：

1）外观文件可以使页面中多个同类 ASP.NET 控件具有相同的外观样式，而级联样式表只能通过设置 CssClass 属性实现单个 ASP.NET 控件的外观样式控制。如果页面中控件较多、就会造成大量重复操作。

2）外观文件可以实现对所有 ASP.NET 控件的外观设置，而级联样式表文件并不是对所有 ASP.NET 控件都有效，其主要应用领域是 XHTML 元素。

3）在控制外观属性较多的 ASP.NET 控件时，需要在样式表文件中定义大量的类名选择符，使文件变得十分臃肿。而且若各 CSS 类之间的关系处理不好，还可能造成页面布局的混乱。

5．简述母版页和内容页的概念。

解答：母版页是指其他网页可以作为模板来引用的特殊网页，其文件扩展名为“.master”。在母版页中，界面被分为公用区域和可编辑区。公用区域的设计方法和普通网页的设计方法相同，可编辑区需要使用 ContentPlaceHolder 控件预留出来。一个母版页中可以有一个或多个可编辑区。

所谓内容页是指引用了母版页的.aspx 页面。在内容页中，母版页的 ContentPlaceHolder 控件预留可编辑区域会自动替换为 Content 控件，设计人员只要在其中填充需要显示的内容即可。在母版页中定义的公共区域元素将自动显示在内容页中。

6．如何将已设计完成的普通 ASP.NET 网页修改成引用某母版页的内容页。

解答：如果希望将现有的.aspx 页面修改成引用某母版页的内容页，除了需要在@Page 指令中添加<% @Page ……MasterPageFile="母版页名称" ……%>外，还需要删除页面中已包含在母版页中的<html>、<head>、<title>、<body>、<form>等标记，并添加<asp: Content……>标记和</ asp:Content>标记，将内容页的所有元素包含在 Content 控件之中。注意，Content 控件的 ContentPlaceHolderID 属性必须与母版页中相应控件的 ID 属性值对应。

7．如图 3-4 所示，ASP.NET 网页中包含有两个标签控件 Label 和 Label2、两个命令按钮控件 Button1 和 Button2、两个文本框控件 TextBox1 和 TextBox2。

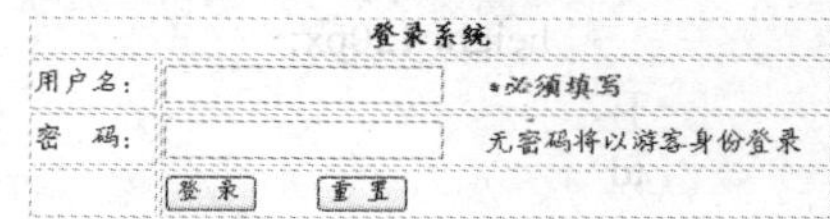

图 3-4　页面设计效果

要求设计一个名为“MyTheme”的主题，使引用该主题的 ASP.NET 页面中除 Label1 外所有文字（包括 XHTML 文字和 ASP.NET 控件中的文字）均以蓝色、楷体显示。Label1 中的文字以红色、楷体、粗体显示，文本“登录系统”为粗体显示。

解答：页面设计步骤如下。

（1）设计 Web 页面

新建一个 ASP.NET 网站，在设计视图中向 Default.aspx 中添加一个用于布局的 HTML 表格。按设计要求录入说明文字、添加需要的控件。

在属性窗口中设置 Label1 的 Text 属性为“*必须填写”，设置 SkinID 属性为“LabelforB”；设置 Label2 的 Text 属性为“无密码将以游客身份登录”；设置 Button1 和 Button2 的 Text 属性分别为“登录”和“重置”。

（2）创建主题文件夹

在“解决方案资源管理器”中，用鼠标右键单击网站名称，在弹出的快捷菜单中执行“添加 ASP.NET 文件夹”下的“主题”命令，并将新建的主题重命名为“MyTheme”。

（3）设计外观文件和 CSS 样式表文件

右键单击主题文件夹“MyTheme”，在添加的快捷菜单中执行“添加新项”命令，向主题中添加一个外观文件 Skinfile.skin 和一个 CSS 样式表文件 StyleSheet.css。

编写 SkinFile.skin 文件的样式控制代码如下：

```
<asp:Button runat="server"
```

```
        ForeColor="Blue"
        Font-Name=楷体_GB2312 />
    <asp:Label runat="server"
        SkinID="LabelforB"
        ForeColor="Red"
        Font-Bold="True"
        Font-Name=楷体_GB2312 />
```

编写 StyleSheet.css 文件的样式控制代码如下：

```
body
{
    text-align:center;
    font-family:楷体_GB2312;
    color:blue;
}
table
{
    width:450px;
    height:120px;
}
td
{
    border: solid 1px silver;
}
.tdforleft
{
    text-align:left;            /*引用该类选择符的<td>元素中文本左对齐*/
}
```

（4）修改 Default.aspx 的 XHTML 代码

修改后的 Default.aspx 的 XHTML 代码如下：

```
<body>
    <form id="form1" runat="server">
    <div>
        <table>
            <tr>
                <td colspan="2"><b>登录系统</b></td>
            </tr>
            <tr>
                <td>用户名：</td>
                <td class="tdforleft">
                    <asp:TextBox ID="TextBox1" runat="server"></asp:TextBox>
                    <asp:Label ID="Label1" runat="server"
                        Text="*必须填写" SkinID="LabelforB"></asp:Label>
                </td>
```

```
            </tr>
            <tr>
                <td>
                    密 码：</td>
                <td class="tdforleft">
                    <asp:TextBox ID="TextBox2" runat="server"></asp:TextBox>
                    <asp:Label ID="Label2" runat="server"
                        Text="无密码将以游客身份登录"></asp:Label>
                </td>
            </tr>
            <tr>
                <td></td>
                <td class="tdforleft">
                    <asp:Button ID="Button1" runat="server" Text="登 录" />  
                    <asp:Button ID="Button2" runat="server" Text="重 置" />
                </td>
            </tr>
        </table>
    </div>
    </form>
</body>
```

说明：页面中所有标签控件的 Text 属性都可以被<body>元素的样式代码控制，故外观文件 SkinFile.skin 中只设置 Label1 的样式控制。

需要注意的是，SkinFile.skin 中设置的 SkinID 属性必须与 Label1 的 SkinID 属性值相同，否则将无法实现预期效果。

8．设母版页中包含有一个由文本框、下拉列表框、命令按钮组成的搜索栏，内容页中包含一个标签控件。要求编写程序实现用户单击按钮时，将文本框中的搜索关键词和下拉列表框中选择搜索类型显示到内容页的标签控件中。程序运行结果如图 3-5 所示。

解答：程序设计步骤如下：

（1）设计母版页

新建一个 ASP.NET 网站，向网站中添加一个母版页 MasterPage.master，在设计视图中按设计要求向母版页添加必要的说明文字、一个文本框控件 TextBox1、一个下拉列表框控件 DropDownList1 和一个命令按钮控件 Button1。

在设计视图中选择 DropDownList1 控件，在属性窗口中单击控件 Item 属性栏右侧的…按钮，打开如图 3-6 所示的对话框，单击“添加”按钮，在右侧的 Text 栏中输入选项名称。重复上述操作，在下拉列表框控件中添加“文章标题”、“文章内容”和“作者姓名”3 个选项。设置完毕后单击“确定”按钮。

（2）设计内容页

在“解决方案资源管理器”中，删除由系统自动创建的 Default.aspx 文件，向网站添加一个引用上述母版页的内容页，并命名为 Default.aspx。

按设计要求向内容页添加一个<div>层设置该层的边框为“实线、灰色”显示。向<div>层中添加说明文字信息和一个标签控件 Label1。

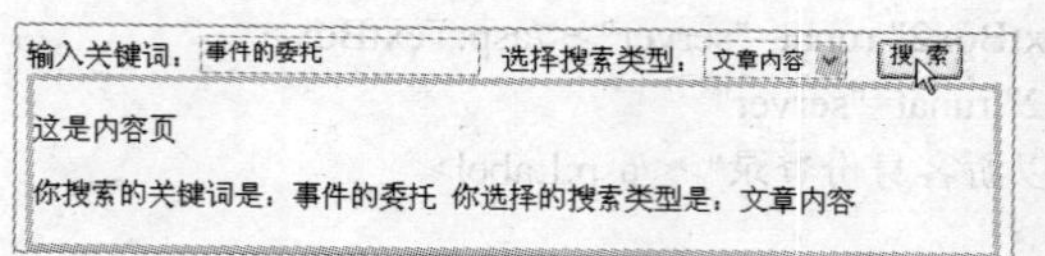

图 3-5　程序运行结果

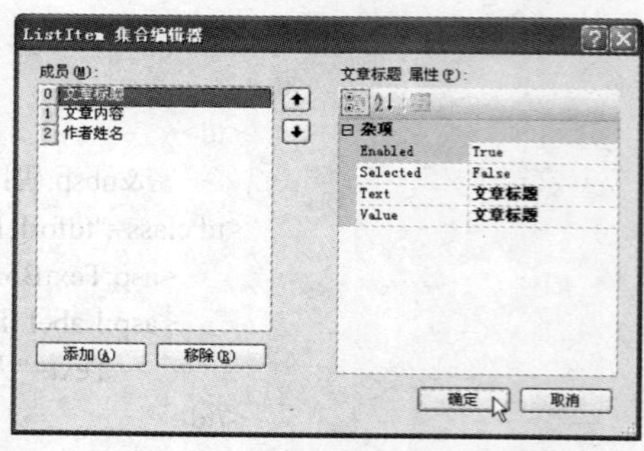

图 3-6　设置下拉列表框的供选项

（3）编写程序代码

在“解决方案资源管理器”中，双击 Default.aspx 项下的 Default.aspx.cs 文件进入页面的代码编辑窗口，按设计要求编写程序代码。

Default.aspx 页面装入时执行的事件代码如下：

```
protected void Page_Load(object sender, EventArgs e)
{
    //查找母版页中的 Button1 控件，并赋值给 Button 类型变量 B1
    Button B1 = (Button)Master.FindControl("Button1");
    //将 B1 的单击事件委托给内容页中的 B1_Click 方法
    //在母版页中单击 Button1 时，由内容页 B1_Click 方法中包含的代码来处理（响应）
    B1.Click += new EventHandler(B1_Click);
}
```

用于响应母版页中 Button1 被单击时的事件处理方法代码如下：

```
protected void B1_Click(object sender, EventArgs e)    //创建 B1_Click()方法，
{
    TextBox TextName = (TextBox)Master.FindControl("TextBox1");
    DropDownList DropClass = (DropDownList)Master.FindControl("DropDownList1");
    //连接字符串，并将结果显示到标签 Label1 中
    Label1.Text ="你搜索的关键词是："+ TextName.Text +
                "你选择的搜索类型是：" + DropClass.Text;
}
```

说明：C#中字符串常量需要使用双引号括起来，使用“+”运算符可以将字符串常量或变量连接成一个新字符串。

例如，"我的校园" + "十分美丽"的运算结果为“我的校园十分美丽”。

第 4 章 C#语法基础与程序设计方法

4.1 实训 C#语法与结构化程序设计综合练习

4.1.1 实训目的

通过上机操作掌握 C#中的常用方法（如日期时间、数学、字符串、随机数）和结构化程序设计的基本方法；理解顺序结构、选择结构和循环结构的基本概念；掌握 if…else、switch、for 和 while 语句的使用方法。通过本实训进一步理解使用 C#创建 ASP.NET 网站的一般步骤和常用编程技巧。

4.1.2 实训要求

本实训为了避免将程序设计得过于复杂，又兼顾到实验的覆盖面，将实验分为以下 4 个独立的部分。

1）C#中的常用方法使用练习。

2）设计一个能根据用户输入的角度值，计算不同三角函数的程序。

3）设计一个能计算 1! + 2! + 3! +…+ n!的程序。

4）设计一个简单的商场收费程序。

4.1.3 实训步骤

1．C#中的常用方法使用练习

创建一个 ASP.NET 网站，用户访问网站时显示提示信息和 4 个按钮。单击不同的按钮，页面中将显示对应数据类型常用方法的使用示例。

图 4-1 是“日期时间”按钮被单击时显示的结果，图 4-2 是“数学”按钮被单击时显示的结果，图 4-3 是“字符串”按钮被单击时显示的结果，图 4-4 是“随机数”按钮被单击时显示的结果。

图 4-1 日期时间方法使用示例

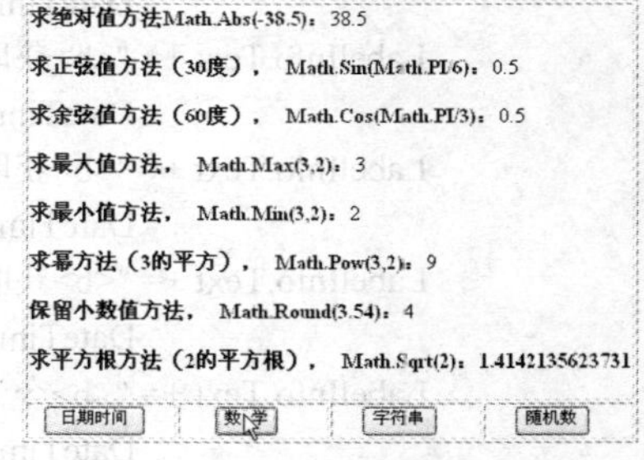

图 4-2 常用数学方法使用示例

查找指定子串在字符串中的位置， "abCDeFg".IndexOf("b",0)：1

在指定位置插入子串， "abCDeFg".Insert(3,"hij")：abChijDeFg

指定子串最后一次出现的位置，"abCDeFg".LastIndexOf("F")：5

字符串中的字符数， "abCDeFg".Length：7

移除子串， "abCDeFg".Remove(3,2)：abCFg

替换子串， "abCDeFg".Replace("eFg","hij")：abCDhij

截取子串， "abCDeFg".Substring(3,4)：DeFg

字符串转小写， "abCDeFg".ToLower()：abcdefg

字符串转大写， "abCDeFg".ToUpper()：ABCDEFG

日期时间 数学 字符串 随机数

图 4-3　常用字符串方法使用示例

图 4-4　常用随机数使用方法示例

程序设计步骤如下：

（1）设计 Web 界面

新建一个 ASP.NET 网站项目，切换到 Default.aspx 的设计视图。在页面中添加一个 2 行 4 列的 HTML 表格，设置边框为 1。合并第一行的 4 个单元格，向其中添加 1 个用于显示输出信息的标签控件 Label1。向第二行的 4 个单元格中各添加 1 个按钮控件 Button1～Button4。

（2）设置对象属性

在设计视图中选中 Label1 控件，在属性窗口中设置其 ID 属性为 LabelInfo，Text 属性为空；分别选中 4 个按钮控件，设置它们的 ID 属性分别为 ButtonDataTime、ButtonMath、ButtonSting 和 ButtonRandom，设置它们的 Text 属性分别为“日期时间”、“数学”、“字符串”和“随机数”。

（3）编写事件代码

页面装入时执行的事件代码如下：

```
protected void Page_Load(object sender, EventArgs e)
{
    this.Title = "常用数据类型及其方法";
    LabelInfo.Text = "<b>请单击相应的按钮</b>";
}
```

“日期时间”按钮被单击时执行的事件代码如下：

```
protected void ButtonDateTime_Click(object sender, EventArgs e)
{
    this.Title = "常用日期时间方法使用示例";
    LabelInfo.Text = "<b>获取当前日期字符串(1)， DateTime.Now.ToLongDateString()：</b> " +
                     DateTime.Now.ToLongDateString() + "<br><br>";
    LabelInfo.Text += "<b>获取当前日期字符串(2)， DateTime.Now.ToShortDateString()：</b> " +
                     DateTime.Now.ToShortDateString() + "<br><br>";
    LabelInfo.Text += "<b>获取当前时间字符串(1)， DateTime.Now.ToLongTimeString()：</b> " +
                     DateTime.Now.ToLongTimeString() + "<br><br>";
    LabelInfo.Text += "<b>获取当前时间字符串(2)， DateTime.Now.ToShortTimeString()：</b> " +
                     DateTime.Now.ToShortTimeString() + "<br><br>";
    LabelInfo.Text += "<b>今天是星期几， DateTime.Now.DayOfWeek：</b>" +
                     DateTime.Now.DayOfWeek + "<br><br>";
    LabelInfo.Text += "<b>今天是一年中的第几天， DateTime.Now.DayOfYear：</b> " +
                     DateTime.Now.DayOfYear + "<br><br>";
```

```
        LabelInfo.Text += "<b>增减天数后的日期， DateTime.Now.AddDays(1.5)：</b> " +
                            DateTime.Now.AddDays(1.5) + "<br><br>";
    }
```

“数学”按钮被单击时执行的事件代码如下：

```
    protected void ButtonMath_Click(object sender, EventArgs e)
    {
        this.Title = "常用数学方法使用示例：";
        LabelInfo.Text = "<b>求绝对值方法 Math.Abs(-38.5)：</b>" + Math.Abs(-38.5) + "<br><br>";
        LabelInfo.Text += "<b>求正弦值方法（30 度）， Math.Sin(Math.PI/6)：</b>" +
                            Math.Sin(Math.PI / 6) + "<br><br>";
        LabelInfo.Text += "<b>求余弦值方法（60 度）， Math.Cos(Math.PI/3)：</b>" +
                            Math.Cos(Math.PI / 3) + "<br><br>";
        LabelInfo.Text += "<b>求最大值方法， Math.Max(3,2)：</b>" + Math.Max(3, 2) + "<br><br>";
        LabelInfo.Text += "<b>求最小值方法， Math.Min(3,2)：</b>" + Math.Min(3, 2) + "<br><br>";
        LabelInfo.Text += "<b>求幂方法（3 的平方）， Math.Pow(3,2)：</b>" +
                            Math.Pow(3, 2) + "<br><br>";
        LabelInfo.Text += "<b>保留小数值方法， Math.Round(3.54)：</b>" +
                            Math.Round(3.54) + "<br><br>";
        LabelInfo.Text += "<b>求平方根方法（2 的平方根）， Math.Sqrt(2)：" + Math.Sqrt(2) +
                            "<br><br>";
    }
```

“字符串”按钮被单击时执行的事件代码如下：

```
    protected void ButtonString_Click(object sender, EventArgs e)
    {
        this.Title = "字符串方法及属性使用示例：";
        LabelInfo.Text = "<b>查找指定子串在字符串中的位置， \"abCDeFg\".IndexOf(\"b\",0)：</b>" +
                        "abCDeFg".IndexOf("b", 0) + "<br><br>";
        LabelInfo.Text += "<b>在指定位置插入子串， \"abCDeFg\".Insert(3,\"hij\")：</b>" +
                          "abCDeFg".Insert(3, "hij") + "<br><br>";
        LabelInfo.Text += "<b>指定子串最后一次出现的位置，\"abCDeFg\".LastIndexOf(\"F\"))：</b>"
                          + "abCDeFg".LastIndexOf("F") + "<br><br>";
        LabelInfo.Text += "<b>字符串中的字符数， \"abCDeFg\".Length：</b>" +
                          "abCDeFg".Length + "<br><br>";
        LabelInfo.Text += "<b>移除子串， \"abCDeFg\".Remove(3,2)：</b>" +
                          "abCDeFg".Remove(3, 2) + "<br><br>";
        LabelInfo.Text += "<b>替换子串， \"abCDeFg\".Replace(\"eFg\",\"hij\")：</b>" +
                          "abCDeFg".Replace("eFg", "hij") + "<br><br>";
        LabelInfo.Text += "<b>截取子串， \"abCDeFg\".Substring(3,4)：</b>" +
                          "abCDeFg".Substring(3, 4) + "<br><br>";
        LabelInfo.Text += "<b>字符串转小写， \"abCDeFg\".ToLower( )：</b>" +
                          "abCDeFg".ToLower() + "<br><br>";
        LabelInfo.Text += "<b>字符串转大写， \"abCDeFg\".ToUpper( )：</b>" +
                          "abCDeFg".ToUpper() + "<br><br>";
    }
```

"随机数"按钮被单击时执行的事件代码如下：

```
protected void ButtonRandom_Click(object sender, EventArgs e)
{
    Random rn = new Random();
    this.Title = "随机数方法使用示例";
    LabelInfo.Text = "<b>产生随机整数，  rn.Next(): </b>" + rn.Next() + "<br><br>";
    LabelInfo.Text += "<b>产生 0～100 之间的随机整数，  rn.Next(100): </b>" +
                rn.Next(100) + "<br><br>";
    LabelInfo.Text += "<b>产生-100～100 之间的随机整数，  rn.Next(-100, 100): </b>" +
                rn.Next(-100, 100) + "<br><br>";
    LabelInfo.Text += "<b>产生 0.0～1.0 之间的随机实数，  rn.NextDouble(): </b>" +
                rn.NextDouble() + "<br><br>";
}
```

2．设计三角函数计算器

设计一个 Web 应用程序，程序启动后显示如图 4-5 所示的界面，用户在输入一个角度值后单击"sin"、"cos"、"tan"或"cot"按钮，可得到对应的三角函数值；单击"重置"按钮，可清除用户上次的输入及计算结果，并将插入点光标移到文本框中。

如果用户没有输入角度值而单击了任一个三角函数按钮，将显示如图 4-6 所示的出错提示信息。

图 4-5　程序运行结果

图 4-6　未输入角度值时的出错提示

程序设计步骤如下：

（1）设计 Web 页面

新建一个 ASP.NET 网站，切换到设计视图。首先向页面中添加一个用于页面布局的 HTML 表格，适当调整表格的行列数。

在表格中输入标题和其他必要的文字，及添加 1 个文本框控件 TextBox1、5 个按钮控件 Button1～Button5、1 个单选按钮组控件 RadioButton1 和 1 个标签控件 Label1。以页面布局美观为原则，适当调整各控件的大小及位置。

（2）设置对象属性

页面中各控件的初始属性设置见表 4-1。

表 4-1　各控件对象的属性设置

控　件	属　性	值	说　明
TextBox1	ID	TextAngle	文本框在程序中使用的名称
Button1～Button5	ID	ButtonSin、ButtonCos、ButtonTg、ButtonCtg、ButtonReset	按钮控件在程序中使用的名称
	Text	sin、cos、tan、cot、重置	按钮控件上显示的文本
RadioButton1	ID	RadioAngle	单选按钮组在程序中使用的名称
	Items	角度（Selected）、弧度	单选按钮组提供的选项
Label1	ID	LabelResult	标签控件在程序中使用的名称
	Text	空	

为美化程序界面，可将 HTML 表格的 Border（边框）属性设置为 1，还可以通过各控件的 Font 属性集对显示字体进行必要的设置。

（3）创建 4 个三角函数按钮的共享单击事件

切换到 Default.aspx 的源视图，在 4 个三角函数按钮的<asp: Button ……>标记内将默认的单击事件处理程序名统一更改为“OnClick = "ButtonFx_Click"”。这样当任何一个三角函数按钮被单击时，都会触发相同的事件“ButtonFx_Click”。

（4）编写事件代码

在页面装入时执行的事件代码如下：

```
protected void Page_Load(object sender, EventArgs e)
{
    this.Title = "三角函数计算器";
    TextAngle.Focus();
}
```

“Sin”、“Cos”、“tg”、“ctg”按钮的共享单击事件代码如下：

```
protected void ButtonFx_Click(object sender, EventArgs e)
{
    if (TextAngle.Text == "")                          //如果用户没有输入角度值
    {
        LabelResult.Text = "请输入一个角度值！";
        return;                                        //不再执行后续代码
    }
    double Angle = 0,Val = 0;
    Angle = double.Parse(TextAngle.Text);
    if (RadioAngle.SelectedIndex == 0)                 //如果用户是按角度制输入的角度值
    {
        Angle = Angle * (2 * 3.1415926 / 360);         //将角度值转换为弧度值
    }
    //声明一个 Button 类型变量 btn，获取触发单击事件的那个按钮
    Button btn = (Button)sender;
    switch (btn.Text)                                  //判断被单击按钮的 Text 属性值
    {
        case "Sin":
            Val = Math.Sin(Angle);
            break;
        case "Cos":
            Val = Math.Cos(Angle);
            break;
        case "tg":
            Val = Math.Tan(Angle);
            break;
        case "ctg":
            Val = 1 / Math.Tan(Angle);
            break;
```

```
    }
    Val = Math.Round(Val,4);                    //计算结果保留4为小数
    if (RadioAngle.SelectedIndex == 0)
    {
        LabelResult.Text = Btn.Text + TextAngle.Text + "° = " + Val.ToString();
    }
    else
    {
        LabelResult.Text = Btn.Text + TextAngle.Text + " = " + Val.ToString();
    }
}
```

“重置”按钮被单击时执行的事件代码如下：

```
protected void ButtonReset_Click(object sender, EventArgs e)
{
    TextAngle.Text = "";
    TextAngle.Focus();     //使文本框得到焦点（光标出现在文本框内，方便用户继续输入）
    LabelResult.Text = "";
}
```

3. 设计阶乘和计算程序

设计一个能计算 1! + 2! +3! + …+ n!的程序，程序启动后显示如图 4-7 所示的 Web 页面，用户输入了一个正整数后，单击“确定”按钮，屏幕上显示阶乘和的计算结果。如果用户没有输入数据直接单击“确定”按钮，程序能给出如图 4-8 所示的错误提示。

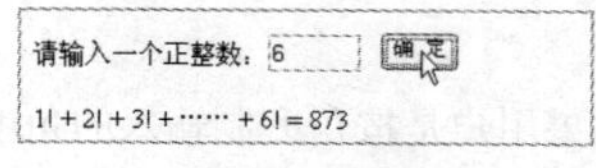

图 4-7　程序运行结果

图 4-8　出错提示

程序设计步骤如下：

（1）问题分析

可以将问题分为“计算若干项的和”与“计算某数的阶乘”两个层次来理解，这两个层次分别通过 for 循环来处理。也就是说，可以通过一个 for 循环的嵌套来解决问题。

（2）设计 Web 页面

新建一个 ASP.NET 网站，切换到设计视图。向页面中添加需要的说明文字和 1 个文本框 TextBox1；1 个按钮 Button1 和 1 个用于显示计算结果的标签控件 Label1。

（3）设置对象属性

页面中各控件的初始属性设置见表 4-2。

表 4-2　各控件对象的属性设置

控　件	属　性	值	说　明
TextBox1	ID	TextNum	文本框在程序中使用的名称
Button1	ID	ButtonOK	按钮控件在程序中使用的名称
	Text	确定	按钮控件上显示的文本

（续）

控　　件	属　　性	值	说　　明
Label1	ID	LabelResult	标签控件在程序中使用的名称
	Text	空	

（4）编写事件代码

Web 页面装入时执行的事件代码如下：

```
protected void Page_Load(object sender, EventArgs e)
{
    this.Title = "for 循环嵌套示例";
    TextNum.Focus();
}
```

“确定”按钮被单击时执行的事件代码如下：

```
protected void btnOK_Click(object sender, EventArgs e)
{
    if (TextNum.Text == ""|| TextNum.Text =="0")                //若未输入数据或输入了"0"
    {
        LabelResult.Text = "请输入一个不为零的正整数！";        //显示错误提示信息
        return;                          //退出事件过程，不再执行后面的语句
    }
    int Sum, iTotal = 0, n, i, j;        //声明程序中需要的变量
    n = int.Parse(TextNum.Text);
    for (i = 1; i <= n; i++)             //外循环负责每个"+"项
    {
        Sum = 1;                         //保证每次内循环都是从 1 开始相乘
        for (j = 1; j <= i; j++)         //内循环负责计算每个数字的阶乘
        {
            Sum = Sum * j;
        }
        Total = Total + Sum;
    }
    switch(n)                            //根据用户输入数字的范围，选择适当的输出表达式
    {
        case 1:
            LabelResult.Text = "1! = " + Total.ToString();
            break;
        case 2:
            LabelResult.Text = "1! + 2! = " + Total.ToString();
            break;
        case 3:
            LabelResult.Text = "1! + 2! + 3! = " + Total.ToString();
            break;
        default:
            LabelResult.Text = "1! + 2! + 3! + …… + " + TextNum.Text + "! = " + Total.ToString();
```

```
            break;
        }
    }
```

思考：如果要求将本例改为单循环来完成计算，应如何修改。

4．设计简单商场收费程序

设某商场共提供 6 种商品，且规定一次购物满 100 元可享受 9 折优惠；一次购物满 300 元可享受 8.5 折优惠；一次购物在 300 元以上可享受 8 折优惠。客户购物付款时仅需要连续输入所购商品编号和数量，程序能自动显示购物清单和折扣率和应付金额。具体要求如下：

1）若没有输入商品数量，则默认为 1。

2）若没有输入商品的编号，直接单击“确定”按钮，则表示统计完毕，屏幕上显示购物金额、折扣率和应付金额。

3）为了防止因用户误单击“确定”按钮导致结算数据重复出现，在显示了结算数据后，“确定”按钮呈灰色显示（不可用）。

4）单击“返回”按钮清除上次购物详细清单及结算数据，将程序恢复为初始状态。

程序运行后显示如图 4-9 所示的页面，在输入了商品编号和数量后单击“确定”按钮，在屏幕上能显示包含有“品名”、“单价”、“数量”和“小计”的购物详细清单。如果没有输入商品编号而直接单击“确定”按钮，则在购物清单下方将显示包含有“购物金额”、“折扣率”和“应付款”的结算数据，如图 4-10 所示。

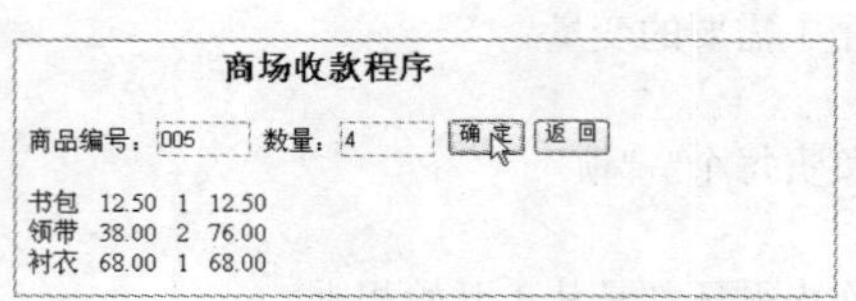

图 4-9　显示购物明细清单

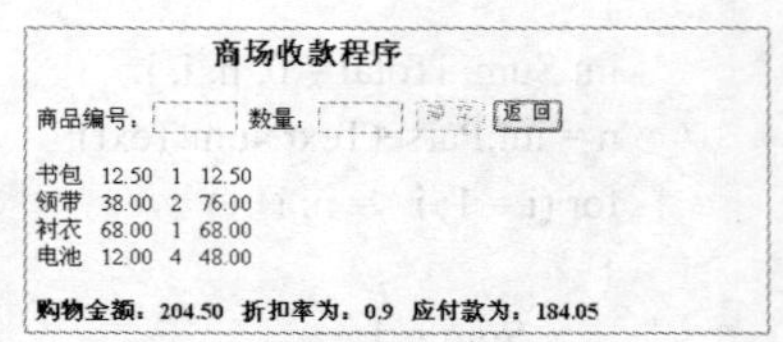

图 4-10　显示结算信息

程序设计步骤如下：

（1）问题分析

用户输入“商品编号”及“数量”数值后，程序根据预先的设定进行判断，从而得到相应的“商品名称”、“单价”，计算出小计值并将结果显示到标签控件中。为了得到总购物金额还需要对小计值进行累加。

用户未输入编号直接单击“确定”按钮，意味着要求程序执行结算操作。程序根据累加的小计值得到购物总金额，再根据购物总金额判断出相应的折扣率，最后根据总金额和折扣率计算出应付款值，并将结算数据显示到标签控件中。

如果用户输入了不存在的商品编号，则屏幕上显示如图 4-11 所示的提示信息，要求用户单击“返回”按钮重新输入。

商场收款程序
商品编号：0003 数量： 确定 返回
编号输入有误，请单击【返回】重新输入！

图 4-11　商品编号输入出错

在本例中所有预设数据（如编号对应的品名、单价和折扣率）均被直接写在代码中，大大降低了程序的效率和可维护性。实际应用时这些数据是被写在数据库中的，使用时需要从数据库中读取需要的预设值。

（2）设计 Web 页面

新建一个 ASP.NET 网站，切换到设计视图。向页面中添加需要的说明文字和两个文本框 TextBox1 和 TextBox2；两个按钮 Button1 和 Button2 和 1 个用于显示计算结果的标签控件 Label1，并适当调整各控件的大小及位置。

（3）设置对象属性

页面中各控件的初始属性设置，见表 4-3。

表 4-3 各控件对象的属性设置

控 件	属 性	值	说 明
TextBox1	ID	TextAmount	文本框 1 在程序中使用的名称
TextBox2	ID	TextSerial	文本框 2 在程序中使用的名称
Button1	ID	ButtonOK	按钮 1 控件在程序中使用的名称
	Text	确定	按钮 1 控件上显示的文本
Button2	ID	ButtonBack	按钮 2 控件在程序中使用的名称
	Text	返回	按钮 2 控件上显示的文本
Label1	ID	LabelBill	标签控件在程序中使用的名称
	Text	空	

控件的其他初始属性在 Web 页面的装入事件中通过代码进行设置。

（4）编写事件代码

在所有事件过程之外声明 Web 窗体级变量，将变量声明为静态（static）是为了当事件过程结束后，保存在其中的数据不会丢失。

```
static float Sum = 0, Total = 0, Result = 0, Price = 0, Agio = 1;
int Num;
string Merchandise;
```

Web 页面装入时执行的事件代码如下：

```
protected void Page_Load(object sender, EventArgs e)
{
    this.Title = "商场收款程序";
    TextSerial.Focus();
}
protected void ButtonOK_Click(object sender, EventArgs e)
{
    if (TextSerial.Text == "")
    {
        if (Total >= 500)
        {
            Agio = 0.8F;    //使用"F"标记说明数据类型为单精度
        }
        else if (Total >= 300)
```

```
{
    Agio = 0.85F;
}
else if (Total >= 100)
{
    Agio = 0.9F;
}
Result = Total * Agio;
//<br>标记用于产生一个换行，<b>标记用于加粗字体， 用于产生一个空格
LabelBill.Text = LabelBill.Text + "<br>" + "<b>购物金额：" + Total.ToString("f")
            + "   " + "折扣率为：" + Agio.ToString()
            + "   " + "应付款为：" + Result.ToString("f")+"</b>";
ButtonOK.Enabled = false;             //显示结算数据后，使"确定"按钮失效
return;                               //退出事件过程，不再执行后续代码
}
switch(TextSerial.Text)               //通过用户输入的编号确定商品名称及单价
{
    case "001":
        Price = 12.5F;                //在实际应用中这些数据应保存在数据库中
        Merchandise = "书包";
        break;
    case "002":
        Price = 38F;
        Merchandise = "领带";
        break;
    case "003":
        Price = 4.8F;
        Merchandise = "牙膏";
        break;
    case "004":
        Price = 68F;
        Merchandise = "衬衣";
        break;
    case "005":
        Price = 12F;
        Merchandise = "电池";
        break;
    case "006":
        Price = 100F;
        Merchandise = "夹克";
        break;
    default:                          //编号输入出错时执行的代码
        LabelBill.Text = "<b>编号输入有误，请单击【返回】重新输入！</b>";
        return;                       //退出过程，不再执行后续代码
}
if (TextAmount.Text == "")   //若用户没有输入商品数量，则默认为 1
```

```
    {
        Num = 1;
    }
    else
    {
        Num = int.Parse(TextAmount.Text);
    }
    Sum = Num * Price;
    Total = Total + Sum;
    //显示购物详细清单，<br>标记用于产生一个换行
    LabelBill.Text = LabelBill.Text + Merchandise + "   " + Price.ToString("f")
                              + "   " + Num.ToString() + "   "
                              + Sum.ToString("f") + "<br>";
    TextSerial.Text = "";
    TextAmount.Text = "";
    TextSerial.Focus();
}
```

“返回”按钮被单击时执行的事件代码如下：

```
//单击"返回"按钮可使页面恢复到初始状态
protected void ButtonBack_Click(object sender, EventArgs e)
{
    ButtonOK.Enabled = true;                                          //使"确定"按钮可用
    LabelBill.Text = "";                                              //清除购物清单及结算数据
    Sum = 0; Total = 0; Result = 0; Price = 0; Agio = 1;              //变量初始化
}
```

说明：在输出金额、小计、应付款等数据时使用了格式化输出符。例如：

```
Price.ToString("f")          //定点输出，默认保留两位小数
```

其中，格式化符“f”表示定点数，默认保留两位小数点。如果希望保留 3 位小数，则可将格式化符写成

```
Price.ToString("f3")         //定点输出保留 3 位小数
```

4.2 习题解答

1．C#定义了哪几种基本数据类型？

解答：在 C#语言中，基本数据类型从性质上可以分为 4 类，即数值型数据、字符型数据、逻辑型数据和对象型数据。有些类型中还包含有一些子类型，如数值型包含整型（int）、双精度（double）等，字符型包含字符串型（string）和字符型（char）。

2．简述 C#中变量的命名约定。

解答：在.NET Framework 名称空间中有两种命名约定，即 Pascal 命名法和 Camel（驼峰）命名法。它们都应用在由多个单词组成的名称中。

Pascal 命名法是 Pascal 语言中使用的一种命名方法，组成变量名的每个单词的首字母大写，其他字母均小写。例如，Age、NameFirst、DateStart、WinterOfDiscontent。

Camel 命名法与 Pascal 命名法基本相同，区别是变量名的第一个单词的首字母为小写，以后的每个单词都以大写字母开头，如 age、nameFirst、timeOfDeath、myNumber。

Microsoft 建议，对于简单的变量使用 Camel 规则，而对于比较复杂的命名则使用 Pascal 规则。

3．C#共有几种表达式？根据什么确定表达式的类型？

解答：在 C#中，基本表达式有 6 种：算术表达式、字符串表达式、关系表达式、布尔表达式、条件表达式和赋值表达式。

表达式的类型由运算符的类型决定。例如，a * b－12 + System.Math.Sqrt(2)就是一个算术表达式；而 a &&(b || c)是一个布尔表达式。

4．求下列表达式的值。

1）int a=1, b = 4, c=2;
   double d = 10.5, n = 4, k;
   k = (a + b) / c + n * 1.2 / c + d;

2）double x = 2.5, y = 4.7;
   int a = 7, k;
   k = Convert.ToInt32(x) + a % 3 + Convert.ToInt32(x + y) % 2 / 4;

解答：1） 14.9　　2） 3

5．把下列数学表达式改写为等价的 C#算术表达式。

1）$\frac{a\times b\times c}{a+b+c}$　　2）$x^3+\frac{3xy}{2-y}$　　3）$(a+b)(a-b)$　　4）$\sqrt{|ab-c^3|}$

解答：改写后的 C#表达式如下所示。

1）a*b*c/(a+b+c)

2）Math.Pow(x,3) + 3 * x * y / (2－y)

3）(a + b) * (a－b)

4）Math.Sqrt(Math.Abs((a * b)－Math.Pow(c,3)))

6．设 a = 3，b = 5，c =－1，d = 7，求下列逻辑表达式的值。

1）a－b / c < d || c > d && !(c > 0) || d < c

2）a * d / (c *－a) > d % c || c >= d

3）(c + d) * (a－b) % 2 < c && !(c > b) || d > c

4）a－b >= c && b－a >= d

解答：1）False　　2）True　　3）True　　4）False

7．结构化程序设计是一种很落后的程序设计方法吗？为什么？

解答：结构化程序设计方法如果作为一个全局的程序设计方法，它要求程序员不但要考虑程序功能的实现，还要全面考虑程序的流程控制，确实是已经过时了。但在面向对象的程序设计中，它起到的作用是局部的。面向对象的程序设计在分解为低级模块时，仍需要结构化编程的技巧。在面向对象的程序设计方法中，结构化程序设计方法的 3 大结构仍是使用最频繁的代码编写技术。

8．在 ASP.NET 网站设计中，最常用的是哪 3 种服务器端控件。它们在程序中通常起到怎样的作用？

解答：最常用的控件是标签控件 Label、文本框控件 TextBox 和命令按钮控件 Button。

Label 控件通常可用于显示其他控件的说明文字或用于显示程序运行的结果。由于该控件不能接收用户的输入，故只能作为输出控件使用。

TextBox 控件通常可用于接收用户的输入或显示程序的输出结果。

Button 控件通常用于接收用户单击（Click）事件，是启动某程序功能的用户接口。

9．在一个页面中通常会包含有许多控件，如何快速地调整各控件的大小、间距、对齐等布局关系？

解答：如果希望快速地调整各控件的大小、间距、对齐等布局关系，可配合〈Ctrl〉键逐个单击控件，将希望同时调整的控件全部选中，然后执行“格式”菜单中相应的命令，这些命令包括“对齐”、“使大小相同”等分类，在每个分类中又包含一些具体的子命令，如“左对齐”、“右对齐”、“顶端对齐”、“中间对齐”等。当这些命令被执行后，系统将以最后一个被选中的控件为基准，对控件的布局进行自动调整。基准控件在外观上与其他被调整控件有所不同，其控制点呈白色显示，其他被调整控件的控制点呈灰色显示。

10．简述文本框控件 TextBox 的 TextChanged 事件发生过程。

解答：TextChanged 事件是 TextBox 控件最常用的事件，该事件在文本框的内容发生变化，并向服务器发送这一改变时发生。也就是说，TextBox 控件并非每当用户输入一个键击就引发 TextChanged 事件，而是仅当用户离开该控件时才引发事件。若要使 TextChanged 事件引发即时发送，应将 TextBox 控件的 AutoPostBack 属性设置为 True。

11．如果程序中的某变量需要在不同的事件过程中使用，为了避免重复声明应如何怎样编写声明语句？

解答：此时需要将变量声明在所有事件过程之外，例如：

```
public partial class _Default : System.Web.UI.Page
{
    float Num1, Num2, Result;        //声明对所有过程均有效的窗体级变量
    protected void Page_Load(object sender, EventArgs e)
    {
        ......
    }
    ......
}
```

12．在选择结构程序设计中，常用的判断及处理方法有哪两种？

解答：常见的判断及处理方法可分为以下两种。

1）如果某条件成立，则选择处理方法 1，否则，选择处理方法 2 或不作任何处理。这种处理方式称为“单条件选择”。

2）如果符合条件 1，则按方法 A 处理；若符合条件 2，按方法 B 处理；若符合条件 3，按 C 方法处理……若所有条件都不成立，则按方法 N 处理或不作任何处理。这种处理方法称为“多条件选择”。

13．简述 switch 语句的执行顺序。

解答：switch 语句按以下顺序执行：

1）控制表达式求值。

2）如果 case 标签后的常量表达式的值等于控制表达式的值，则执行其后的内嵌语句。

3）如果没有常量表达式等于控制语句的值，则执行 default 标签后的内嵌语句。

4）如果控制表达式的值不满足 case 标签，并且没有 default 标签，则跳出 switch 语句而执行后续语句。

14．什么是“焦点”？如何使控件得到焦点？

解答：焦点是控件接收用户鼠标或键盘输入的能力。当对象具有焦点时，可接收用户的输入。通常可使用以下的方法可以将焦点赋予对象：

1）运行时选择对象。

2）运行时用快捷键选择对象。

3）在代码中使用 Focus()方法。

15．简述循环结构程序设计的概念。

解答：循环结构程序设计是一种特殊结构的选择结构。程序根据判断循环条件的结果决定是否执行循环体语句。循环体语句是循环结构中的处理语句块，用来执行重复的任务。

例如，计算高斯数列的和 1+2+3+4+…+100。根据题意需要设置 100 次循环，即执行 100 次加法运算。将循环变量 i 的初始值设置为 1，每次将循环变量加 1 并将其累加到另一变量 s 中，循环条件为 i≤100。

16．for 循环和 while 循环各自有何特点？各适合怎样的应用环境？

解答：for 循环常常用于已知循环次数的情况（也称为“定次循环”）。使用该循环时，测试是否满足某个条件。如果满足条件，则进入下一次循环，否则，退出该循环。

while 循环常常用于不定次循环的情况。例如，统计全班学生的成绩时，不同班级的学生人数可能是不同的，这就意味着循环的次数在设计程序时无法确定，能确定的只是某条件被满足（后面不再有任何学生了）。此时，使用 while 循环最合适。

17．while 循环和 do…while 循环主要的区别是什么？

解答：do…while循环非常类似于while循环。一般情况下，两者可以相互转换使用。它们之间的差别在于while循环的测试条件在每一次循环开始时执行，而do…while循环的测试条件在每一次循环体结束时进行判断。

18．如何声明一个链接按钮类型的对象“LinkBaidu”，并为其 Text 属性和 PostBack 属性赋值。

解答：使用如下代码声明对象，并为其属性赋值。

```
LinkButton LinkBaidu = new LinkButton();
LinkBaidu.Text = "返回";
LinkBaidu.PostBackUrl = "http://www.baidu.com";
```

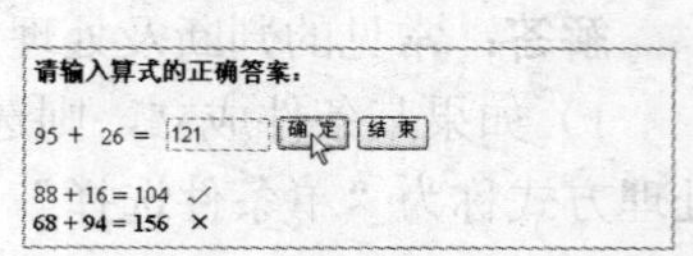

图 4-12　程序运行结果

19．为小学生设计一个用于 100 以内的加法练习程序。如图 4-12 所示，程序启动后自动产生两个 100 以内的随机整数显示在屏幕上，用户输入算式的答案后单击“确定”按钮，程序将算式显示出来并通过“√”

或“×”给出评判，对出错的算式醒目显示。同时给出下一道题。

如果用户没有输入算式答案而直接单击“确定”按钮，程序将显示如图 4-13 所示的出错提示。当用户单击“结束”按钮时，屏幕上显示如图 4-14 所示的共出题数、正确数、错误数和得分，其中得分计算方法为

$$得分=正确数/总数\times 100$$

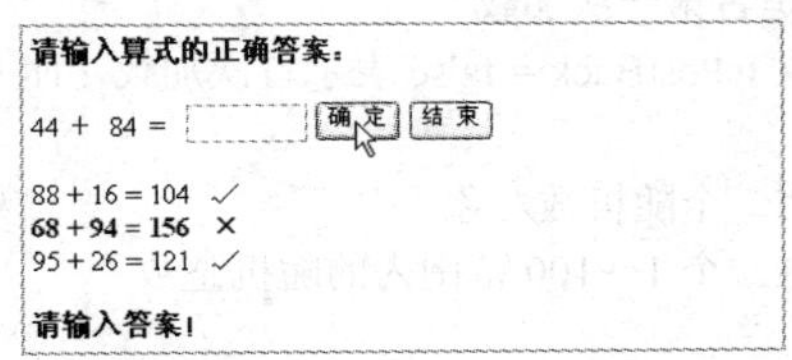

图 4-13　显示出错信息

图 4-14　显示统计信息

继续输入算式答案，并单击“确定”按钮，开始新一轮的加法练习。

图 4-15　设计 Web 页面

解答：程序设计步骤如下。

（1）设计 Web 页面

新建一个 ASP.NET 网站，切换到设计视图，向页面中添加需要的说明文字和 1 个文本框 TextBox；2 个按钮 Button1 和 Button2；6 个用于显示数据、符号、算式列表和统计信息的标签控件 Label1～Label6，适当调整各控件的大小及位置。页面设计效果如图 4-15 所示。

（2）设置对象属性

页面中各控件的初始属性设置，见表 4-4。

表 4-4　各控件对象的属性设置

控　件	属　性	值	说　明
TextBox1	ID	TextAnswer	文本框 1 在程序中使用的名称
Button1	ID	ButtonOK	按钮 1 控件在程序中使用的名称
	Text	确定	按钮 1 控件上显示的文本
Button2	ID	ButtonEnd	按钮 2 控件使用的名称
	Text	结束	按钮 2 控件上显示的文本
Label1～Label6	ID	LabelNum1、LabelAdd、LabelNum2、LabelEq、LabelList、LabelMsg	标签控件在程序中使用的名称
	Text	空、+、空、=、空、空	标签控件中显示的文字

控件的其他初始属性在 Web 页面的装入事件中通过代码进行设置。

（3）编写事件代码

在所有事件过程之外声明 Web 窗体级变量，将变量声明为静态（static）是为了当事件过程结束后，保存在其中的数据不会丢失。

```
static int Num, One, Two;
static float Err = 0, Right = 0;
```

Web 页面装入时执行的事件代码如下：

```
protected void Page_Load(object sender, EventArgs e)
{
    this.Title = "加法练习";
    TextAnswer.Focus();
    //通过 Page 对象的 IsPostBack 属性判断页面是否第一次加载
    if (!IsPostBack)                    //如果 IsPostBack = false 表示首次加载，而非重载
    {
        Random r = new Random();        //声明一个随机数对象
        Num =One = r.Next(1,100);       //产生一个 1～100 范围内的随机整数
        LabelNum1.Text = Num.ToString();
        Num = Two = r.Next(1,100);
        LabelNum2.Text = Num.ToString();
    }
}
```

单击“确定”按钮时执行的事件代码如下：

```
protected void ButtonOK_Click(object sender, EventArgs e)
{
    LabelMsg.Text = "";
    if (Right +Err == 0)            //若正确数 + 错误数 = 0，表示新一轮练习开始
    {
        LabelList.Text = "";        //清除上次算式列表及统计信息
        LabelMsg.Text = "";
    }
    if (TextAnswer.Text == "")      //若用户没有输入答案
    {
        LabelMsg.Text = "<b>请输入答案！ </b>";          //显示出错提示
        return;                                          //退出过程，不再执行后续代码
    }
    if (One + Two == int.Parse(TextAnswer.Text))         //如果计算正确
    {
        Right = Right + 1;                               //累加正确数
        //显示算式列表及评判符号
        LabelList.Text = LabelList.Text + One.ToString() + " + " + Two.ToString() + " = " +
                TextAnswer.Text + "    √  " + "<br>";
    }
    else                                                 //如果计算错误
    {
        Err = Err + 1;                                   //累加错误数
        //显示算式列表及评判符号
        LabelList.Text = LabelList.Text + "<b>" + One.ToString() + " + " + Two.ToString() + " = " +
                TextAnswer.Text + "   × " + "</b><br>";
    }
    Random rNum = new Random();                          //产生下一题需要的随机数
```

```
        Num = One = rNum.Next(1,100);
        LabelNum1.Text = Num.ToString();
        Num = Two = rNum.Next(1,100);
        LabelNum2.Text = Num.ToString();
        TextAnswer.Text = "";
        TextAnswer.Focus();
    }
```

单击“结束”按钮时执行的事件代码如下：

```
    protected void ButtonEnd_Click(object sender, EventArgs e)
    {
        LabelMsg.Text = "";
        float Sum = Right + Err ;                              //计算出题总数
        float Result = Right / Sum * 100;                      //计算应的分数
        //显示统计信息，得分值保留 1 位小数
        LabelMsg.Text = "<b>共完成 " + Sum.ToString() + " 题，正确：" + Right.ToString() +
                    "，错误：" + Err.ToString() + "，得分：" + Result.ToString("f1");
        Err = Right = 0;                                       //初始化变量，为下一轮练习作准备
    }
```

说明：本例中使用了 Page 对象的 IsPostBack 属性，该属性用于获取一个逻辑值，指示当前页面是否正为响应客户端回发而加载，或者它是否正在被首次加载和访问。IsPostBack 值为“True”时，表示页面是为响应客户端回发而加载，否则，表示页面是首次加载。

20．设计一个循环程序，当用户单击“开始”按钮时，产生 8 组 1～9 之间的随机整数。如果在某组中已产生了 5 个随机数或产生的随机整数为 6，则开始下一组，程序运行结果如图 4-16 所示。

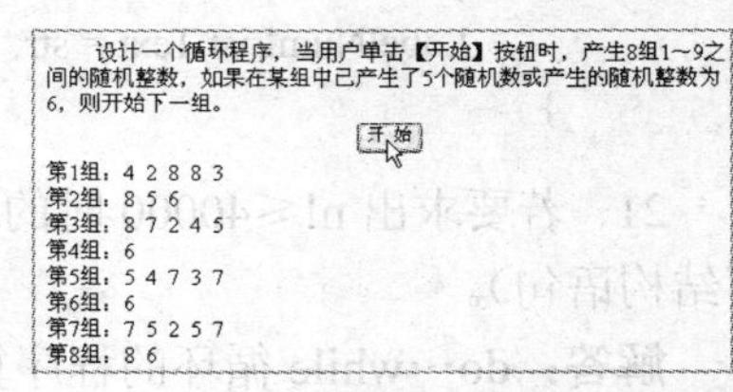

图 4-16　程序运行结果

解答：程序设计步骤如下。

（1）问题分析

可以将问题理解为一个循环嵌套，利用外层循环控制共产生 8 行（组）；利用内层循环在每行产生最多 5 个随机整数。将所有数据保存在一个字符串变量中，最后将其显示在标签控件中。

（2）设计 Web 页面

新建一个 ASP.NET 网站，切换到设计视图。向 Default.aspx 页面中添加一个用于页面布局的 HTML 表格，适当调整表格的行列数；一个用于启动算法的按钮控件 Button1 和一个用于显示结果的标签控件 Label1，适当调整各控件的大小及位置。

（3）设置对象属性

设置按钮 Button1 的 ID 属性为 TextStart，设置其 Text 属性为“开始”；设置标签 Label1 的 ID 属性为 LabelNumList，并将其 Text 属性设置为空。

（4）编写事件代码

页面装入时执行的事件代码如下：

```
protected void Page_Load(object sender, EventArgs e)
{
    this.Title = "循环结构程序设计示例";
}
```

“开始”按钮被单击时执行的事件代码如下：

```
protected void ButtonStart_Click(object sender, EventArgs e)
{
    LabelNumList.Text = "";
    int i = 1, j, Num;
    string str = "";
    Random rNum = new Random();
    while (i <= 8)                                  //外层循环用于控制行数
    {
        str = str + "第" + i.ToString() + "组：";    //每行开始处显示"第 x 组:"
        for (j = 1; j <= 5; j++)
        {
            Num = rNum.Next(1, 9);                  //产生一个 1～9 的随机整数
            if (Num == 6)                           //若产生的随机数正好是 6
            {
                str = str + Num.ToString() + "  ";
                break;                              //退出内层循环，即终止当前行
            }
            str = str + Num.ToString() + "  ";
        }
        str = str + "<br>";                         //内层循环结束，即一行结束，使用<br>换行
        i = i + 1;
    }
    LabelNumList.Text = str;
}
```

21．若要求出 n!≤40000 时的最大 n 值，设计使用 do…while 循环的程序算法（仅写出循环结构语句）。

解答：do…while 循环的程序算法如下。

```
int s = 1, n = 1, temp;
do
{
    s = s * n;
    if (s > 4000)
    {
        temp = n - 1;
        Label1.Text = "最大 n 值为：" + temp.ToString();
        break;
    }
    n = n + 1;
}
while (s < 4000);
```

第5章　ASP.NET常用控件

5.1　实训　使用 Web 服务器控件

5.1.1　实训目的

通过上机操作进一步理解常用 Web 服务器控件的属性、事件和方法，掌握控件在程序设计中的作用及特点。通过本实训掌握在程序运行时动态地向页面添加控件的程序设计方法。

5.1.2　实训要求

本实训为了避免将程序设计得过于复杂，又兼顾到实训的知识点覆盖面，故将实训分为以下两个独立的部分进行。

1）使用选择性控件（下拉列表框和复选框）设计一个能根据用户选择查询员工信息的 Web 应用程序。

2）使用向页面中动态添加控件的技术，设计一个简易的在线测验 Web 应用程序。

需要注意的是，本实训中所涉及的技术都是在实际 ASP.NET 开发中常用到的，主要的不同在于实际应用中原始数据存放在数据库中，而本实训则将原始数据存放在结构数组中。

5.1.3　实训步骤

1．设计员工信息查询程序

程序运行时的界面如图 5-1 所示，用户可通过下拉列表框选择要查询的员工所在的部门，程序能根据用户选择，自动在“姓名”下拉列表框中添加指定部门的员工姓名。例如，选择了教务处，则“姓名”下拉列表框中只有教务处员工的姓名。

用户在选择了“部门”和“姓名”后，页面中显示该员工的基本信息（姓名、性别和生日）；选择了“住址”、“电话”或“学历”复选框后，根据用户选择程序自动将有关信息添加到页面中，如图 5-2 所示。

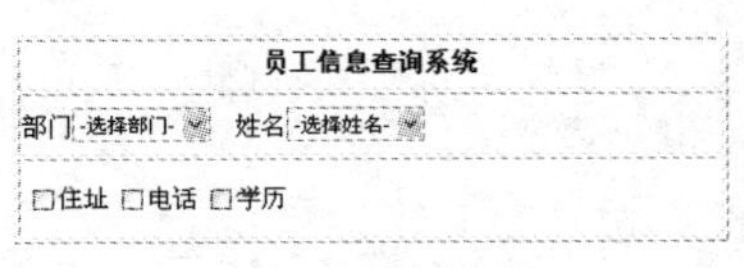

图 5-1　程序初始界面

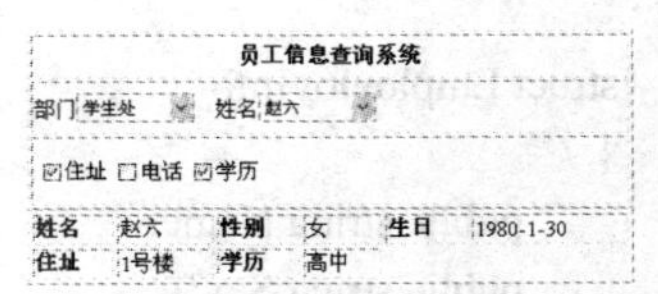

图 5-2　查询基本信息和附加信息

如果要求“部门”下拉列表框中显示的是“-选择部门-”，则“姓名”下拉列表框中只有供选项“-选择姓名-”，而没有具体的员工姓名信息。

（1）设计 Web 页面

新建一个 ASP.NET 网站项目，切换到设计视图。按图 5-3 所示向页面中添加一个用于布局的 HTML 表格，适当调整表格的行列数及宽度。向页面中添加必要的说明文字，添加 2 个下拉列表框控件 DropDownList1～DropDownList2；添加 1 个复选框组控件 CheckBoxList1 和 1 个容器控件 PlaceHolder1，适当调整各控件的大小及位置。

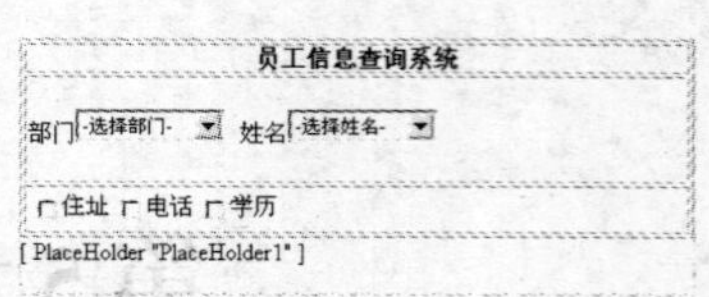

图 5-3　设计 Web 页面

（2）创建下拉列表框的共享事件

为了实现“部门”下拉列表框和“姓名”下拉列表框中的数据联动，需要切换到源视图，参照《ASP.NET 程序设计教程（C#版）》（第 2 版）第 5 章的介绍，创建这两个控件的共享 SelectedIndexChanged 事件，这里将共享事件名定义为 Drop_SelectedIndexChanged。

需要注意的是，本例中“部门”下拉列表框还有自己的 SelectedIndexChanged 事件处理程序。也就是说，若“部门”下拉列表框中的选项变化时，将引起两个 SelectedIndexChanged 事件。

（3）设置对象属性

页面中各控件的初始属性设置见表 5-1。

表 5-1　各控件对象的属性设置

控　件	属　性	值	说　明
DropDownList1	ID	DropUnit	“部门”下拉列表框在程序中使用的名称
	AutoPostBack	true	使用自动回发（默认值为 false）
	Items	“-选择单位-”	添加初始供选项
DropDownList2	ID	DropName	“姓名”下拉列表框在程序中使用的名称
	AutoPostBack	true	使用自动回发（默认值为 false）
	Items	“-选择姓名-”	添加初始供选项
CheckBoxList1	ID	CheckDisplay	附加选项复选框在程序中使用的名称
	RepeatDirection	Horizontal	设置各元素的排列方向
	Items	“住址”、“电话”和“学历”	添加供选项
	AutoPostBack	true	使用自动回发（默认值为 false）

控件的其他初始属性在页面装入的事件过程中，通过代码进行设置。

（4）编写事件代码

在所有事件过程之外声明一个结构和结构数组，用于存放员工数据。

```
struct EmployloyInfo            //声明结构
{
    public string Name;         //存放姓名
    public string Sex;          //存放性别
    public string Birthday;     //存放生日
    public string Address;      //存放住址
    public string Phone;        //存放电话号码
    public string Education;    //存放学历
}
info[,] Employloy = new info[3, 3];     //声明结构数组，第一维表示部门，第二维表示职工
```

Web 页面装入时执行的事件过程代码如下：

```
protected void Page_Load(object sender, EventArgs e)
{
    this.Title = "选择控件应用示例";
    //向数组赋值存放员工数据，在实际应用中数据可从数据库中读取
    Employloy[0, 0].Name = "张三"; Employloy[0, 0].Sex = "男";
    Employloy[0, 0].Birthday = "1982-4-6";
    Employloy[0, 0].Address = "1 号楼"; Employloy[0, 0].Phone = "1234567";
    Employloy[0, 0].Education = "本科";
    Employloy[0, 1].Name = "李四"; Employ[0, 1].Sex = "女";
    Employ[0, 1].Birthday = "1983-12-26";
    Employ[0, 1].Address = "2 号楼"; Employ[0, 1].Phone = "2345678";
    Employ[0, 1].Education = "本科";
    ……
    Employ[1, 0].Name = "赵六"; Employ[1, 0].Sex = "女";
    Employ[1, 0].Birthday = "1980-1-30";
    Employ[1, 0].Address = "1 号楼"; Employ[1, 0].Phone = "4567890";
    Employ[1, 0].Education = "高中";
    Employ[1, 1].Name = "陈七"; Employ[1, 1].Sex = "女";
    Employ[1, 1].Birthday = "1983-2-26";
    Employ[1, 1].Address = "2 号楼"; Employ[1, 1].Phone = "5678901";
    Employ[1, 1].Education = "专科";
    ……
    Employ[2, 0].Name = "何南"; Employ[2, 0].Sex = "男";
    Employ[2, 0].Birthday = "1981-3-6";
    Employ[2, 0].Address = "1 号楼"; Employ[2, 0].Phone = "7890123";
    Employ[2, 0].Education = "本科";
    Employ[2, 1].Name = "贺北"; Employ[2, 1].Sex = "男";
    Employ[2, 1].Birthday = "1983-10-1";
    Employ[2, 1].Address = "2 号楼"; Employ[2, 1].Phone = "8901234";
    Employ[2, 1].Education = "本科";
    ……
    if (DropUnit.Text == "-选择部门-")         //如果"部门"下拉列表框中显示的是"-选择部门-"
    {
        DropName.Items.Clear();                //清除现有选项，添加一个"-选择姓名-"选项
        DropName.Items.Add("-选择姓名-");
        DropName.Text ="-选择姓名-";
    }
}
```

“单位”下拉列表框中的选项改变时执行的事件过程代码如下：

```
protected void DropUnit_SelectedIndexChanged(object sender, EventArgs e)
{
    int i = 0, j = 0;
    switch(DropUnit.Text)
```

```
    {
        case "教务处":              //若用户选择了"教务处"
            i = 0;                  //设置部门代号为 0
            break ;
        case "学生处":
            i = 1;
            break ;
        case "科研处":
            i = 2;
            break ;
    }
    if(DropUnit.Text == "-选择部门-")   //若用户选择了"-选择部门-"选项
    {
        return;                     //退出事件处理过程，不再执行后续代码
    }
    DropName.Items.Clear();         //清除"姓名"下拉列表框中的现有选项
    for(j = 0; j < 3; j++)          //按 i 值指定的部门，向"姓名"下拉列表框中添加员工姓名
    {
        DropName.Items.Add(Employ[i, j].Name);
    }
    DropName.Items.Add("-选择姓名-");
    DropName.Text ="-选择姓名-";
}
```

“部门”下拉列表框和“姓名”下拉列表框的共享选项改变事件过程中执行的代码如下：

```
protected void Drop_SelectedIndexChanged(object sender, EventArgs e)
{
    if (DropName.Text == "-选择姓名-")
    {
        return;
    }
    int i = 0, j = 0;
    switch (DropUnit.Text)
    {
        case "教务处":
            i = 0;
            break;
        case "学生处":
            i = 1;
            break;
        case "科研处":
            i = 2;
            break;
    }
    for (j = 0; j < 3; j++)
    {
```

```
            if (DropName.Text == Employ[i, j].Name)
            {
                break;
            }
        }
        PlaceHolder1.Controls.Clear();              //清除容器中现有的所有控件
        Table Tab = new Table();                    //实例化一个 Web 表对象 tab
        Tab.GridLines = GridLines.Both;             //设置单元格的框线
        Tab.CellPadding = 1;                        //设置单元格内间距
        Tab.CellSpacing = 3;                        //设置单元格之间的距离
        Tab.Width = 450;                            //设置 Web 服务器端表格控件的宽度
        PlaceHolder1.Controls.Add(Tab);             //向容器中添加表对象
        TableRow MyRow = new TableRow();            //实例化一个行对象
        TableCell MyCell0 = new TableCell();        //实例化一个单元格对象
        MyCell0.Text = "<b>姓名</b>";               //设置单元格中显示的文本
        MyRow.Cells.Add(MyCell0);                   //将单元格添加到行中
        TableCell MyCell1 = new TableCell();
        MyCell1.Text = Employ[i,j].Name;
        MyRow.Cells.Add(MyCell1);
        TableCell MyCell2 = new TableCell();
        MyCell2.Text = "<b>性别</b>";
        MyRow.Cells.Add(MyCell2);
        TableCell MyCell3 = new TableCell();
        MyCell3.Text = Employ[i, j].Sex;
        MyRow.Cells.Add(MyCell3);
        TableCell MyCell4 = new TableCell();
        MyCell4.Text = "<b>生日</b>";
        MyRow.Cells.Add(MyCell4);
        TableCell MyCell5 = new TableCell();
        MyCell5.Text = Employ[i, j].Birthday;
        MyRow.Cells.Add(MyCell5);
        tab.Rows.Add(MyRow);                        //添加一个新行
        TableRow MyRow1 = new TableRow();
        if (CheckDisplay.Items[0].Selected)         //若"住址"复选框处于被选中状态
        {
            TableCell MyCell6 = new TableCell();
            MyCell6.Text = "<b>住址</b>";
            MyRow1.Cells.Add(MyCell6);
            TableCell MyCell7 = new TableCell();
            MyCell7.Text = Employ[i, j].Address;
            MyRow1.Cells.Add(MyCell7);
        }
       if (CheckDisplay.Items[1].Selected)          //若"电话"复选框处于被选中状态
       {
            TableCell MyCell8 = new TableCell();
            MyCell8.Text = "<b>电话</b>";
```

```
                MyRow1.Cells.Add(MyCell8);
                TableCell MyCell9 = new TableCell();
                MyCell9.Text = Employ[i, j].Phone;
                MyRow1.Cells.Add(MyCell9);
            }
            if(CheckDisplay.Items[2].Selected)         //若"学历"复选框被选中
            {
                TableCell MyCell10 = new TableCell();
                MyCell10.Text = "<b>学历</b>";
                MyRow1.Cells.Add(MyCell10);
                TableCell MyCell11 = new TableCell();
                MyCell11.Text = Employ[i, j].Education;
                MyRow1.Cells.Add(MyCell11);
            }
            Tab.Rows.Add(MyRow1);                      //添加一个新行
        }
```

2．设计简易在线测验程序

如图 5-4 所示，要求在页面打开时显示一组模拟的测试题，每题均由一个 4 元素单选按钮组控件提供 4 个选项，用户可以使用鼠标选择自己认为正确的答案。所有题目完成后，单击“提交”按钮，页面中将显示答对题的数量，所有答错题目的标题均加一个淡蓝色底色，以突出显示。要求所有题目、分隔线均以动态的方式在程序运行时通过代码添加到页面中。

（1）问题分析

可以使用容器控件 PlaceHolder、标签控件 Label 和单选按钮组控件 RadioButtonList 构成题目的框架，即向页面中的容器控件中动态地添加一个用于显示题目内容的标签控件、一个用于显示供选项的 RadioButtonList 控件。这些控件需要的文字内容（题目内容和供选项内容）可分别存放在两个字符串数组中，在程序运行时动态地通过循环赋值给相应的对象。

用户完成选择，单击“提交”按钮后，程序根据存放在数组中的答案序号和用户选择的序号进行比较，若相同则累加正确数，否则，改变题目内容的背景色以突出显示。

（2）设计 Web 页面

新建一个 ASP.NET 网站，切换到设计视图，按如图 5-5 所示向页面中添加一个用于布局的 HTML 表格，适当调整表格的行列数及表格的宽度。向表格中添加标题文字，添加用于显示题目的容器控件 PlaceHolder1 和 PlaceHolder2、添加用于显示结果的标签控件 Label1 和用于提交结果的按钮控件 Button1。

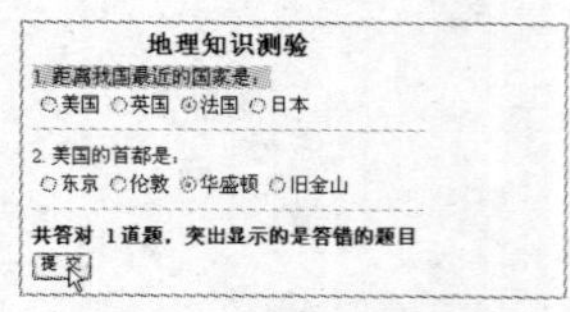

图 5-4　动态添加控件

地理知识测验
[PlaceHolder "PlaceHolder1"]
[PlaceHolder "PlaceHolder2"]
[LabelResult]
提交

图 5-5　设计 Web 页面

（3）设置对象属性

页面中各控件的初始属性设置见表 5-2。

表 5-2　各控件对象的属性设置

控　件	属　性	值	说　明
Label1	ID	LabelResult	标签控件在程序中使用的名称
	Text	空	标签在初始状态下不显示任何文本
Button1	ID	ButtonSubmit	按钮控件在程序中使用的名称
	Text	提交	按钮控件上显示的文本

控件的其他初始属性在页面装入的事件过程中，通过代码进行设置。

（4）编写事件代码

在所有事件过程之外声明变量数组和控件数组，数组 Answer 中存放 4 个供选项内容和正确答案的序号。标签数组 LabelTitle 用于存放各题的题目，单选按钮 RadlList 数组用于提供每题的 4 个选项。

```
string[,] Answer = new string[2,5];
Label[] LabelTitle = new Label[4];
RadioButtonList[] RadioList = new RadioButtonList[2];
```

Web 页面装入时执行的事件过程代码如下：

```
protected void Page_Load(object sender, EventArgs e)
{
    this.Title = "向页面中动态添加控件";
    //向字符串数组赋值，第一个下标表示题目序号
    //第二个下标前 4 个字符表示选项序号，最后一个存放答案
    Answer[0, 0] = "美国";
    Answer[0, 1] = "英国";
    Answer[0, 2] = "法国";
    Answer[0, 3] = "日本";
    Answer[0, 4] = "3";
    Answer[1, 0] = "东京";
    Answer[1, 1] = "伦敦";
    Answer[1, 2] = "华盛顿";
    Answer[1, 3] = "旧金山";
    Answer[1, 4] = "2";
    string[] Question = new string[2];    //声明一个字符串数组，用于存放要显示到标签中的题目
    Question[0]="距离我国最近的国家是：";
    Question[1] = "美国的首都是：";
    Label Label0 =new Label();            //声明 4 个标签控件 Label0～Label4
    Label Label1 =new Label();
    Label Label2 = new Label();
    Label Label3 = new Label();
    Label2.Text = "<hr>";                 //Label2 和 Label3 中存放一个<hr>标记（分隔线）
    Label3.Text = "<hr>";
    LabelTitle[0] = Label0;               //将控件赋值给控件数组
    LabelTitle[1] = Label1;
    LabelTitle[2] = Label2;
    LabelTitle[3] = Label3;
```

```
    //声明 2 个单选按钮组控件
    RadioButtonList Radio0 = new RadioButtonList();
    RadioButtonList Radio1 = new RadioButtonList();
    RadioList[0] = Radio0;                          //将控件赋值给控件数组
    RadioList[1] = Radio1;
    for (int i = 0; i < 2; i++)                     //将题目序号、题目内容赋值给相应的数组元素
    {
        int Num = i + 1;                            //产生题目序号
        LabelTitle[i].Text = Num.ToString() + ". " + Question[i];
    }
    for (int i = 0; i < 2; i++)
    {
        //设置单选按钮控件按水平方向排列
        RadioList[i].RepeatDirection = RepeatDirection.Horizontal;
        for (int j = 0; j < 4; j++)                 //将提供选项添加到单选按钮组中
        {
            RadioList[i].Items.Add(Answer[i, j]);
        }
    }
    PlaceHolder1.Controls.Add(LabelTitle[0]);      //向容器控件添加标签控件和单选按钮组控件
    PlaceHolder1.Controls.Add(RadioList[0]);       //添加题目和提供选项
    PlaceHolder1.Controls.Add(LabelTitle[2]);
    PlaceHolder2.Controls.Add(LabelTitle[1]);
    PlaceHolder2.Controls.Add(RadioList[1]);
    PlaceHolder2.Controls.Add(LabelTitle[3]);
}
```

“提交”按钮被单击时执行的事件过程代码如下：

```
protected void btnSubmit_Click(object sender, EventArgs e)
{
    int Sum = 0;
    for (int i = 0; i < 2; i++)
    {
        //设置当前标签控件的背景色为白色
        LabelTitle[i].BackColor = System.Drawing.Color.White;
        //如果用户选择的项序号等于答案序号，表示选择正确
        if (RadioList[i].SelectedIndex == int.Parse(Answer[i, 4]))
        {
            Sum = Sum + 1;                  //累加正确题目数
        }
        else                                //如果选择错误
        {
            //将标签的背景色设置为淡蓝色
            LabelTitle[i].BackColor = System.Drawing.Color.LightBlue;
        }
```

```
    }
    //在标签控件中显示统计结果
    LabelResult.Text= "<b>共答对 " + Sum.ToString() + " 道题，突出显示的是答错的题目</b>";
}
```

5.2 习题解答

1．Web 服务器控件从类型上划分，主要可划分为哪 4 大类？

解答： Web 服务器控件从类型上划分大致可分为，存放在工具箱“标准”选项卡内的标准控件，存放在“验证”选项卡中的验证控件，存放在“数据”选项卡中的数据库控件和由用户自行定义的用户控件（.ascx）。

2．HTML 控件与 Web 服务器控件相比主要的区别是什么？

解答： HTML 控件在默认情况下属于运行在客户端的（浏览器）控件，服务器无法对其进行控制。HTML 控件是从 HTML 标记衍生而来的，每个控件对应一个或一组 HTML 标记。

Web 服务器端控件，顾名思义是在服务器端执行的，客户端得到的仅是服务器端执行的结果，一个标准的 HTML 文件。显然，这种处理方法对于“瘦客户端”、保护源代码的安全性及浏览器的兼容性是十分有利的。

两者最大的区别在于，服务器端控件可以通过服务器端代码来控制，而 HTML 控件只能运行在客户端，要想控制它只能使用客户端脚本（如 VBScript、JavaScript）。

3．简述 ASP.NET 页面的处理过程。

解答： 当用户通过浏览器发出一个对 ASP.NET 页面的请求后，Web 服务器将用户的请求交由 ASP.NET 引擎来处理。系统首先会检查在服务器缓存中是否存在该页面，或此页面是否已被编译成.dll 文件（Dynamic Link Library，动态链接库）。若没有，则将页面转换为源程序代码，然后由编译器将其编译成.dll 文件，否则，直接利用已编译过的.dll 文件建立对象，并将执行结果返回到客户端浏览器。也正是由于这个原因，ASP.NET 文件第一次被调用时，打开的速度会慢一些。

4．具有超链接功能的标准控件主要有哪些？比较它们各自的特点。

解答： 具有超链接功能的标准控件主要有 LinkButton（链接按钮）、HyperLink（超链接）、ImageButton（图像按钮）、Image（图像控件）和 ImageMap（图像地图）。

其中，LinkButton 只能在控件中显示热点文字，而不能在其中显示图像。

ImageButton、Image 和 ImageMap 控件只能在其中显示图片，一般不能显示文字。这 3 个控件中只有 ImageMap 控件可以通过设置热点的 Target 来指定目标框架。

功能最强大的是 HyperLink 控件。该控件不但可以在控件中显示文字，还可以显示图片，而且具有 Target 属性。

5．使用 Image 控件和 LinkButton 控件设计一个简单图片浏览器。程序启动后显示如图 5-6 所示的页面。要求当页面中显示第 1 张图片时“上一张”按钮不可用，如图 5-7 所示。当显示最后一张（第 4 张）图片时，“下一张”按钮不可用；显示第 2、3 张图片时两个按钮均可用，如图 5-8 所示。

图 5-6 页面的初始状态

图 5-7 显示中间图片的状态

图 5-8 显示最后一张图片的状态

解答：程序设计步骤如下。

（1）设计 Web 页面

新建一个 ASP.NET 网站，切换到设计视图，在由系统自动生成的 Default.aspx 中添加一个用于布局的 HTML 表格，参照图 5-9 所示调整表格的行、列数和宽度。在表格中添加 1 个图像控件 Image1、1 个标签控件 Label1、2 个链接按钮 LinkButton1 和 LinkButton2，适当调整各控件的大小及位置。

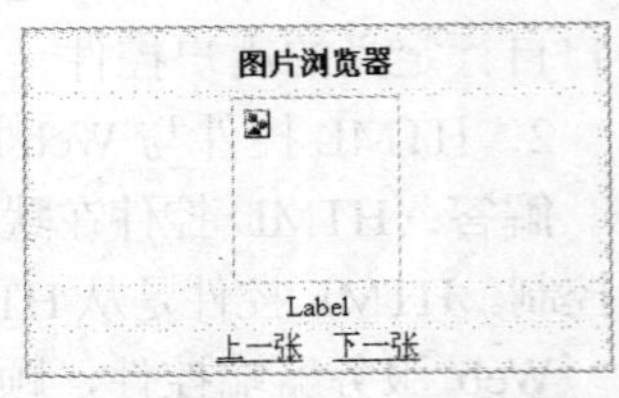

图 5-9 设计 Web 页面

（2）设置对象属性

页面中各控件的初始属性设置见表 5-3。

表 5-3 各控件对象的属性设置

控 件	属 性	值	说 明
Image	ID	imgPic	图像控件在程序中使用的名称
	Width	30%	设置图像框的宽度，表示将图片按 30%显示
	Height	30%	设置图像框的高度
Label1	ID	lblNum	标签控件在程序中使用的名称
LinkButton	ID	lbtnPrevious	“上一张”链接按钮在程序中使用的名称
	Text	上一张	显示在链接按钮上的文字
LinkButton	ID	lbtnNext	“下一张”链接按钮在程序中使用的名称
	Text	下一张	显示在链接按钮上的文字

控件的其他初始属性在页面装入的事件过程中，通过代码进行设置。

（3）编写事件代码

在所有事件过程之外声明静态变量 i，用来记录当前显示图片的序号。

```
static int i;
```

Web 页面装入时执行的事件过程代码如下：

```
protected void Page_Load(object sender, EventArgs e)
{
    if(!IsPostBack)          //如果页面不是事件引起的回发，而是首次装入
    {
        i = 1;
```

```
            ImgPic.ImageUrl = "images/1.jpg";                    //指定要显示在 Image 中的图像文件
            LabelNum.Font.Size = 10;                             //设置标签控件中文字的大小为 10pt
            LabelNum.Text = "当前显示的是第 " + i.ToString() + " 张图片";
            this.Title = "简单图片浏览器";
            Previous.Enabled = false;                            //"上一张" 按钮不可用
        }
    }
```

"下一张"按钮被单击时执行的事件过程代码如下：

```
protected void Next_Click(object sender, EventArgs e)
{
    i = i + 1;
    string PicName = "images/" + i.ToString() + ".jpg";         //显示第 i 张图片
    imgPic.ImageUrl = strPicName;
    LabelNum.Text = "当前显示的是第 " + i.ToString() + " 张图片";
    if (i == 4)                                                 //如果当前显示的是第 4 张图片
    {
        Next.Enabled = false;
    }
    Previous.Enabled = true;
}
```

"上一张"按钮被单击时执行的事件过程代码如下：

```
protected void Previous_Click(object sender, EventArgs e)
{
    i = i - 1;
    string PicName = "images/" + i.ToString() + ".jpg";
    ImgPic.ImageUrl = PicName;
    Num.Text = "当前显示的是第 " + i.ToString() + " 张图片";
    if (i == 1)
    {
        Previous.Enabled = false;
    }
    Next.Enabled = true;
}
```

6. 设计一个可以在程序运行中动态更改文本框中字体、字型和字号的网页。如图 5-10 所示，页面打开后用户可使用程序提供的单选按钮、复选框和下拉列表框更改文字样式。

图 5-10　程序运行结果

解答：程序设计步骤如下。

（1）设计 Web 页面

新建一个 ASP.NET 网站项目，切换到设计视图。在页面中添加一个用于布局的 HTML 表格，适当调整表格的行、列数和宽度。在表格中添加必要的说明文字。添加 1 个文本框控件 TextBox1、1 个下拉列表框控件 DorpDownList1、1 个复选框组控件 CheckBoxList1 和 1 个单选按钮组控件 RadioButtonList1，适当调整个控件的大小及位置。

（2）设置对象属性

页面中各控件的初始属性设置见表 5-4。

表 5-4　各控件对象的属性设置

控　件	属　性	值	说　明
TextBox1	BorderWidth	0 px	设置文本框控件的边框宽度（没有边框）
	Width	410 px	设置文本框控件的宽度
DropDownList1	ID	DropFontSize	“字号”下拉列表框在程序中使用的名称
	AutoPostBack	true	使用自动回发
CheckBoxList1	ID	CheckFontStyle	“字型”复选框组在程序中使用的名称
	Items	“粗体”、“斜体”、“下画线”	添加 3 个供选项
	AutoPostBack	True	使用自动回发
RadioButtonList1	ID	RadioFontName	“字体”单选按钮组在程序中使用的名称
	Items	“宋体”、“黑体”、“隶书”、“楷体”	添加 4 个供选项
	Selected	设置“宋体”选项的 Select 属性为 true	设置“宋体”选项初始状态为“选中”状态

控件的其他初始属性在页面装入的事件过程中，通过代码进行设置。

（3）编写事件代码

Web 页面装入时执行的事件过程代码如下：

```
protected void Page_Load(object sender, EventArgs e)
{
    if (!IsPostBack)
    {
        TextBox1.Text = "欢迎访问我的网站";
        TextBox1.Font.Size = 24;
        DropFontSize.Items.Add("10");
        DropFontSize.Items.Add("12");
        DropFontSize.Items.Add("14");
        DropFontSize.Items.Add("18");
        DropFontSize.Items.Add("24");
        DropFontSize.Text = "24";
    }
    this.Title = "动态设置字体、字型和字号";
}
```

“字体”下拉列表框中选项改变时执行的事件过程代码如下：

```
protected void DropFontSize_SelectedIndexChanged(object sender, EventArgs e)
{
    TextBox1.Font.Size = int.Parse(DropFontSize.SelectedValue) ;    //改变文本框中文字的字号
}
```

“字体”单选按钮组中选项改变时执行的事件过程代码如下：

```
protected void RadioFontName_SelectedIndexChanged(object sender, EventArgs e)
{
    TextBox1.Font.Name = RadioFontName.SelectedValue;        //改变文本框中文字的字体
}
```

“字型”复选框组中选项改变时执行的事件过程代码如下：

```
protected void CheckFonStyle_SelectedIndexChanged(object sender, EventArgs e)
{
    //根据“粗体”选项是否被选中设置文本框中的文字是否加粗
    TextBox1.Font.Bold = CheckFonStyle.Items[0].Selected;
    //根据“斜体”选项是否被选中设置文本框中的文字是否使用斜体字
    TextBox1.Font.Italic =CheckFonStyle.Items[1].Selected;
    //根据“下画线”选项是否被选中设置文本框中的文字是否使用下画线
    TextBox1.Font.Underline = CheckFonStyle.Items[2].Selected;
}
```

7．设计一个用于按班级名称查询课程表的 ASP.NET 网站。用户可以根据页面中提供的下拉列表框中的班级名称，进行班级课表查询。

Web 页面打开时显示如图 5-11 所示的界面。用户在下拉列表框中选择了某班级后，页面中显示该班级的课程表，如图 5-12 所示。

图 5-11　选择班级

曙光学校课程表查询系统　网络0501

星期一	星期二	星期三	星期四	星期五
数字电路	高等属性	道德修养	数字电路	计算机基础
计算机基础	英语	英语	道德修养	体育
英语	自习	计算机基础	英语	数字电路

图 5-12　显示班级课程表

解答：本例要求使用 PlaceHolder 容器控件，配合动态 Web 表格来显示课程表。课程表数据可存放在数组中。程序设计步骤如下：

（1）设计 Web 页面

新建一个 ASP.NET 网站项目，向页面中添加一个用于布局的 HTML 表格，适当调整表格的行、列数及宽度，在表格中添加必要的说明文字。添加 1 个下拉列表框控件 DropDownList1 和 1 个容器控件 PlaceHolder1。

（2）设置对象属性

设置下拉列表框控件 DropDownList1 的 ID 属性为 DropClass，其他控件的初始属性在 Web 页面的装入事件过程中通过代码进行设置。

（3）编写事件代码

在所有事件过程之外声明静态数组变量，用于存放课表数据。

```
static string[] MyClass = new string[4];                 //用于存放班级名称
static string[,] MyCourse0 = new string[3, 5];           //用于存放 1 班课程表
static string[,] MyCourse1 = new string[3, 5];           //用于存放 2 班课程表
```

Web 页面装入时执行的事件过程代码如下：

```
protected void Page_Load(object sender, EventArgs e)
{
        this.Title = "课表查询";
        MyClass[0] = "网络 0501";
        MyClass[1] = "网络 0502";
        dropClass.AutoPostBack = true;
        //向数组赋值，在实际应用中数据应从数据库中读取
        MyCourse0[0, 0] = "高等数学"; MyCourse0[0, 1] = "英语"; MyCourse0[0, 2] = "高等数学";
        MyCourse0[0, 3] = "计算机基础"; MyCourse0[0, 4] = "数字电路";
        MyCourse0[1, 0] = "数字电路"; MyCourse0[1, 1] = "高等数学"; MyCourse0[1, 2] = "英语";
        MyCourse0[1, 3] = "道德修养"; MyCourse0[1, 4] = "体育";
        MyCourse0[2, 0] = "计算机基础"; MyCourse0[2, 1] = "自习"; MyCourse0[2, 2] = "计算机基础";
        MyCourse0[2, 3] = "英语"; MyCourse0[2, 4] = "数字电路";
        MyCourse1[0, 0] = "数字电路"; MyCourse1[0, 1] = "高等数学"; MyCourse1[0, 2] = "道德修养";
        MyCourse1[0, 3] = "数字电路"; MyCourse1[0, 4] = "计算机基础";
        MyCourse1[1, 0] = "计算机基础"; MyCourse1[1, 1] = "英语"; MyCourse1[1, 2] = "英语";
        MyCourse1[1, 3] = "道德修养"; MyCourse1[1, 4] = "体育";
        MyCourse1[2, 0] = "英语"; MyCourse1[2, 1] = "自习"; MyCourse1[2, 2] = "计算机基础";
        MyCourse1[2, 3] = "英语"; MyCourse1[2, 4] = "数字电路";
        if (!IsPostBack)            //如果页面是首次加载
        {
                DropClass.Items.Add(MyClass[0]);
                DropClass.Items.Add(MyClass[1]);
        }
}
```

“班级”下拉列表框中选项改变时执行的事件过程代码如下：

```
protected void DropClass_SelectedIndexChanged(object sender, EventArgs e)
{
        PlaceHolder1.Controls.Clear();                //清除容器中现有的所有控件
        Table Tab = new Table();                      //实例化一个 Web 表对象 tab
        PlaceHolder1.Controls.Add(tab);               //向容器中添加表对象
        Tab.GridLines = GridLines.Both;               //设置单元格的框线
        Tab.Height = 150;
        Tab.CellPadding = 1;                          //设置单元格内间距
        Tab.CellSpacing = 3;                          //设置单元格之间的距离
        Tab.Width = 500;                              //设置 Web 服务器端表格控件的宽度
        TableRow MyRow0= new TableRow();
        TableCell MyCell1 = new TableCell();
        MyCell1.Text = "<b>星期一</b>";
        MyRow0.Cells.Add(MyCell1);
        TableCell MyCell2 = new TableCell();
        MyCell2.Text = "<b>星期二</b>";
        MyRow0.Cells.Add(MyCell2);
        TableCell MyCell3 = new TableCell();
        MyCell3.Text = "<b>星期三</b>";
```

```
        MyRow0.Cells.Add(MyCell3);
        TableCell MyCell4 = new TableCell();
        MyCell4.Text = "<b>星期四</b>";
        MyRow0.Cells.Add(MyCell4);
        TableCell MyCell5 = new TableCell();
        MyCell5.Text = "<b>星期五</b>";
        MyRow0.Cells.Add(MyCell5);
        Tab.Rows.Add(MyRow0);                    //添加一个新行
        for (int i = 0; i < 3; i++)              //外层循环控制行数
        {
            TableRow MyRow = new TableRow();     //声明一个表格行对象
            for (int j = 0; j < 5; j++)          //内层循环控制每行的列数（单元格数）
            {
                TableCell MyCell = new TableCell();  //声明一个单元格对象
                if(DropClass.Text == "网络 0501")
                {
                    MyCell.Text = MyCourse0[i, j];
                }
                else if (DropClass.Text == "网络 0502")
                {
                    MyCell.Text = MyCourse1[i, j];
                }
                MyRow.Cells.Add(MyCell);         //添加一个新单元格（列）
            }
            Tab.Rows.Add(MyRow);                 //添加一个新行
        }
    }
```

8．使用用户控件设计一个注册界面。具体要求如下：

1）用户控件公开 Username 和 Password 两个属性，分别对应用户控件界面中两个文本框的 Text 属性。通过验证时，在页面中显示公开属性的值，如图 5-13 所示。

2）使用验证控件对用户输入数据进行验证（用户名不能为空、密码不能为空、两次密码必须相同），验证失败时显示出错提示信息，如图 5-14 所示。

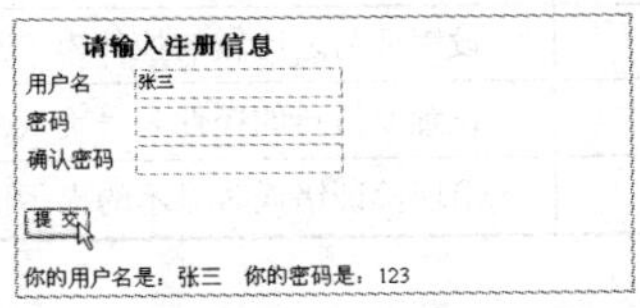

图 5-13 通过验证时显示公开属性值

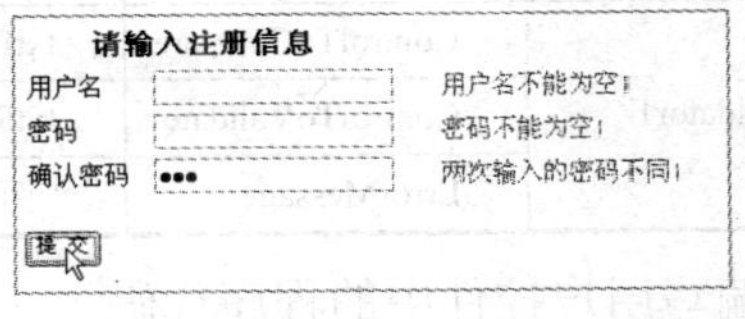

图 5-14 验证失败显示出错提示

解答：程序设计步骤如下。

（1）添加用户控件文件

新建一个 ASP.NET 网站，在“解决方案资源管理器”窗口中右键单击网站名称，在弹出的快捷菜单中执行“添加新项”命令，在如图 5-15 所示的对话框中选择“模板”为用户控件，并将默认的文件名 WebUserControl.ascx 改为本例的 wuc1.ascx。

（2）设计用户控件 Web 界面

用户控件文件添加后，系统将自动将其打开到代码窗口。切换到 wuc1.ascx 的设计视图，参照图 5-16 所示向页面中添加一个用于布局的 HTML 表格，添加必要的说明文字，添加 3 个文本框控件 TextBox1～TextBox3。为了保证用户提交的数据合理、有效，需要在页面中添加 2 个必要字段验证控件 RequireFieldValidator1 和 RequireFieldValidator2，添加 1 个比较验证控件 CompareValidator1。

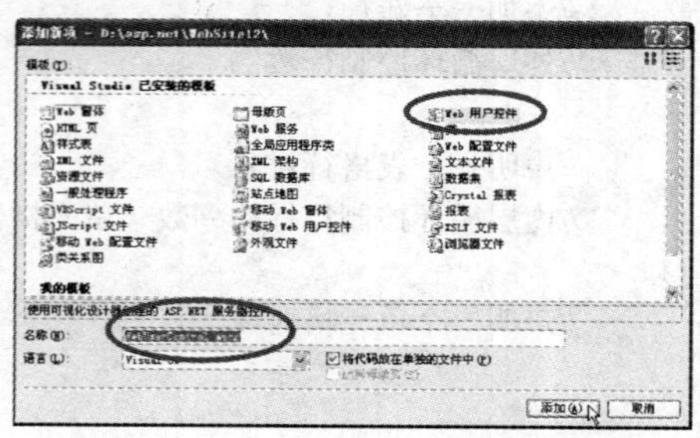

图 5-15　添加用户控件文件

请输入注册信息		
用户名		用户名不能为空！
密码		密码不能为空！
确认密码		两次输入的密码不同！

图 5-16　设计用户控件界面

（3）设置用户控件中各包含控件的属性

用户控件中各控件的初始属性设置见表 5-5。

表 5-5　各控件对象的属性设置

控　件	属　性	值	说　明
TextBox1	ID	txtUsername	“用户名”文本框在程序中使用的名称
TextBox2	ID	txtPassword	“密码”文本框在程序中使用的名称
	TextMode	Password	设置文本框为密码框
TextBox3	ID	txtRepassword	“确认密码”文本框在程序中使用的名称
	TextMode	Password	设置文本框为密码框
RequiredFieldValidator1	ControlToValidate	txtUsername	设置要检查的控件为“用户名”文本框
	ErrorMessage	“用户名不能为空！”	出现验证错误时显示的提示信息
RequiredFieldValidator2	ControlToValidate	txtPassword	设置要检查的控件为“密码”文本框
	ErrorMessage	“密码不能为空！”	出现验证错误时显示的提示信息
CompareValidator1	ControlToCompare	txtPassword	设置要与之比较的控件为“密码”文本框
	ControlToValidate	txtRepassword	设置要检查的控件为“确认密码”文本框
	ErrorMessage	“两次输入的密码不同！”	出现验证错误时显示的提示信息

（4）编写用户控件中的程序代码

公开用户控件中包含控件属性的代码如下：

```
public string Username        //将"用户名"文本框的 Text 属性公开为用户控件的 Username 属性
{
    get
    {
        return TextName.Text;
```

```
        }
        set
        {
            TextName.Text = value;
        }
    }
    public string Password          //将"密码"文本框的 Text 属性公开为用户控件的 Password 属性
    {
        get
        {
            return TextPassword.Text;
        }
        set
        {
            TextPassword.Text = value;
        }
    }
```

（5）设计主页面

切换到主页面 default.aspx 的设计视图，将前面设计好的用户控件文件 wuc1.ascx 直接从“解决方案资源管理器”拖放到页面的适当位置。在页面中添加 1 个按钮控件 Button1 和 1 个标签控件 Label1。

（6）设置主页面中各控件的属性

在设计视图中选中需要添加的用户控件，在属性窗口中将其 ID 属性设计为 Login；设置 Button1 的 ID 属性为 Submit，Text 属性为“提交”；设置 Label1 的 ID 属性为 LabelMsg，Text 属性为空。

（7）编写主页面中的程序代码

default.aspx 页面装入时执行的事件过程代码如下：

```
protected void Page_Load(object sender, EventArgs e)
{
    this.Title = "用户控件和验证控件应用示例";
}
```

“提交”按钮被单击时执行的事件过程代码如下：

```
protected void btnSubmit_Click(object sender, EventArgs e)
{
    LabelMsg.Text = "";
    LabelMsg.Text = "你的用户名是： " + Login.Username + "    " +
                "你的密码是： " + Login.Password;
}
```

9．Visual Studio 提供了一个名为“Calendar”的日期控件，该控件常被用做 ASP.NET 网页中提供日期选择输入的工具。Calendar 控件的常用属性为“SelectDate”，用于获取或设置用户选择的日期；Calendar 控件的常用事件为“SelectionChanged”，该事件当用户通过单击控件选择一天、一周或整月时发生。要求使用 Calendar 控件，配合 Panel 控件和下拉列表框控件，设计一个用于日期选择的 Web 应用程序。打开页面时，屏幕显示如图 5-17 所示。用户单击“输入你的生日”或选择了年份和月份后，页面中显示如图 5-18 所示的 Calendar 控件。用户单击了控件中的某日期后，Calendar 控件自动隐藏，屏幕显示如图 5-19 所示的，显示在标签控件中的日期信息。

要求：当“年”下拉列表框、“月”下拉列表框中均为具体数时，显示 Calendar 控件，且控件中显示下拉列表框所指定的年、月设置。

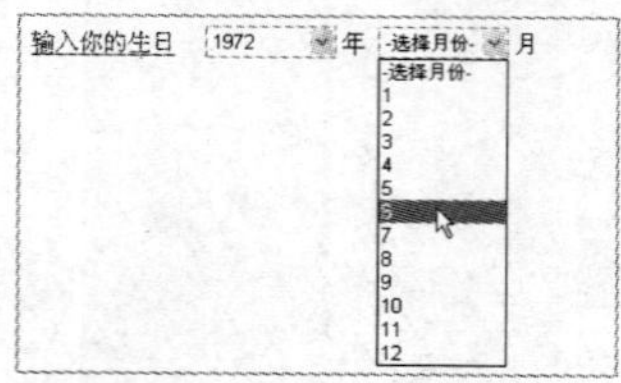

图 5-17　选择年份与月份

图 5-18　在 Calendar 控件中选择日期

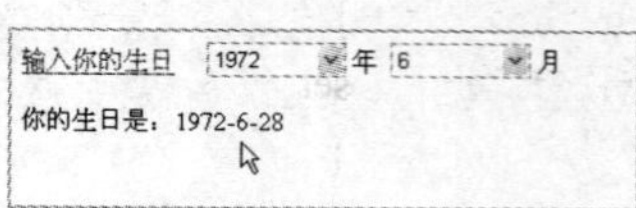

图 5-19　显示选择结果

解答：程序设计步骤如下。

（1）设计 Web 页面

新建一个 ASP.NET 网站项目，切换到设计视图，在页面中添加必要的说明文字。如图 5-20 所示，在页面中添加 1 个链接按钮控件 LinkButton1、2 个下拉列表框控件 DropDownList1 和 DropDownList2、1 个容器控件 Panel1、1 个月历控件 Calendar1 和 1 个标签控件 Label1。

图 5-20　设计 Web 页面

（2）设置对象属性

设置 LinkButton1 的 ID 属性为 lbtnInput，Text 属性为“输入你的生日”；设置下拉列表框 DropDownList1 的 ID 属性为 dropYear，添加 1 个供选项“选择年份”；设置下拉列表框 DropDownList2 的 ID 属性为 dropMonth，添加 1 个供选项“选择月份”；使用“专业型 2”设置月历控件 Calendar1 的外观。控件的其他初始属性在程序运行时通过代码进行设置。

（3）编写事件代码

Web 页面装入时执行的事件过程代码如下：

```
protected void Page_Load(object sender, EventArgs e)
{
    this.Title = "Calendar 控件应用练习";
    DropYear.AutoPostBack = true;
    DropMonth.AutoPostBack = true;
    if (!IsPostBack)
    {
        for (int y = 1950; y < 2007; y++)                    //填充"年"下拉列表框
        {
            DropYear.Items.Add(y.ToString());
        }
        for (int m = 1; m < 13; m++)                         //填充"月"下拉列表框
```

```
            {
                DropMonth.Items.Add(m.ToString());
            }
            Panel1.Visible = false;
        }
    }
```

“输入你的生日”链接按钮被单击时执行的事件过程代码如下：

```
protected void LinkButton1_Click(object sender, EventArgs e)
{
    Panel1.Visible = true;
}
```

“选择年份”和“选择月份”下拉列表框的共享选项改变事件的事件处理代码如下：

```
protected void Drop_SelectedIndexChanged(object sender, EventArgs e)
{
    Label1.Text = "";
    string y = DropYear.SelectedValue;
    string m = DropMonth.SelectedValue;
    string d = (DateTime.Now.Day).ToString();
    if (DropYear.Text != "-选择年份-" && dropMonth.Text != "-选择月份-")
    {
        Panel1.Visible = true;
        //指定被选中的日期
        Calendar1.VisibleDate = Convert.ToDateTime(y + "-" + m + "-" + d);
    }
}
```

月历控件中日期选择被改变时执行的事件过程代码如下：

```
protected void Calendar1_SelectionChanged(object sender, EventArgs e)
{
    Label1.Text = "你的生日是：" + Calendar1.SelectedDate.ToShortDateString();
    Panel1.Visible = false;
}
```

第 6 章　ASP.NET 常用对象和状态管理

6.1　实训　设计一个简单的网上书店

6.1.1　实训目的

通过本实训进一步理解 ASP.NET 状态管理和跨页数据传递的概念及常用技术；理解 Session 对象的特点和使用方法，理解 ASP.NET 应用程序中保存用户临时数据的基本原理。

6.1.2　实训要求

用户访问网站时，首先看到的是如图 6-1 所示的各类图书列表。用户在选择了希望购买的图书名称后单击“放入购物车”按钮，屏幕上弹出如图 6-2 所示的信息框，提示操作成功。

图 6-1　供选图书列表

图 6-2　将用户所选放入购物车

单击导航栏中各类图书超链接，将切换到不同的图书列表页面，但它们的结构完全一致，只是列出的图书名称不相同而已。下面要求使用母版页和内容页技术完成页面设计。

用户在选择了所有希望购买的图书后，单击“查看购物车”按钮将打开如图 6-3 所示的页面。

在页面中用户可以选择希望从购物车中移除的图书名称，并单击“移除选中的图书”按钮，移除结果如图 6-4 所示。若单击“清空购物车”按钮将移除全部所选。在检查了当前购物情况后，可选择“继续购书”或“结账”按钮。

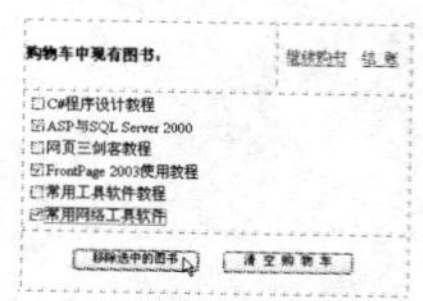

图 6-3　查看购物车

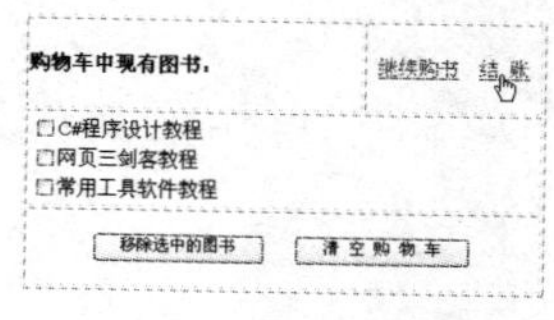

图 6-4　整理购物车

若用户选择“继续购书”按钮将返回到图书列表界面；若选择了“结账”按钮将打开如图 6-5 所示的页面，其中显示购书的数量、名称和应付款数。

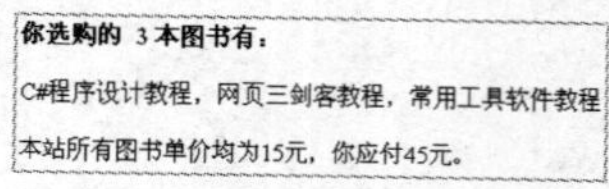

图 6-5　显示结账信息

6.1.3 实训步骤

1．设计母版页

在本实训中用于显示 3 类图书列表的 3 个页面上方的题栏、导航栏及下方的“放入购物车”、“查看购物车”按钮是完全相同的，可以将其包含在母版页中。

新建一个 ASP.NET 网站后，在“解决方案资源管理器”中删除系统自动创建的 Default.aspx 页面。右键单击网站项目名称，在弹出的快捷菜单中执行“添加新项”命令，在打开的对话框中选择“母版页”模板后单击“添加”按钮。按图 6-6 所示设计母版页界面。

在页面中添加一个用于布局的 HTML 表格，在表格中添加标题文字和 3 个超链接控件 Link1Button1～LinkButton3。设置它们的 PostBackUrl 属性分别指向用于显示各类供选图书列表的 Default.aspx（程序设计类图书）、WebPage.aspx（网页制作类图书）和 Tools.aspx（工具软件类图书），并设置它们的 Text 属性。

在页面的下方单元格中添加 2 个命令按钮控件 Button1 和 Button2，设置其 ID 属性分别为 ButtonAdd 和 ButtonView，设置其 Text 属性分别为“放入购物车”和“查看购物车”。

2．设计内容页

用于显示图书列表的页面有 Default.aspx、WebPage.aspx 和 Tools.aspx。这 3 个页面的结构完全一致，只是所列书目类型不同而已。下面仅以用于显示程序设计类图书的 Default.aspx 页面为例说明其设置方法，其他页面可复制 Default.aspx 后进行修改。

在“解决方案资源管理器”中，右键单击网站名称，在打开的对话框中选择“Web 窗体”模板，选择前面创建的 MasterPage.master 为页面的母版页，并将文件命名为 Default.aspx。

切换到 Defautl.aspx 页面的设计视图，参照图 6-7 向 ContenPlaceHolder1 控件中添加一个 2 行 1 列的 HTML 表格，向其中添加必要的说明文字，添加 1 个用于显示图书名称的 CheckBoxList1 控件，设置其 ID 属性为 CheckBookName。

图 6-6 设计用户控件界面

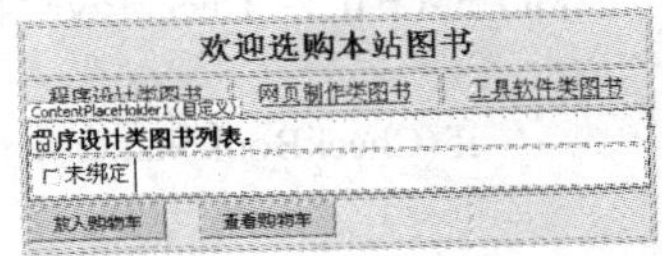

图 6-7 设计图书列表页面

本例中使用文本文件 programe.txt 存储程序设计类供选图书名称列表，该文件每行书写一本图书的名称，保存在网站 App_Data 文件夹下。

保存网页制作类图书名称的文件为 webpage.txt、保存工具软件类图书名称列表的文件为 tools.txt。上述文件同样保存在网站 App_Data 文件夹下。

3．编写图书列表页面中包含的程序代码

使用文件操作类对象前应添加对 System.IO 和 System.Text 命名空间的引用。

```
using System.IO;
using System.Text;
```

网站首页 Default.aspx 装入时执行的事件过程代码如下：

```
protected void Page_Load(object sender, EventArgs e)
```

```
{
    if (!IsPostBack)
    {
        //取得 programe.txt 文件的物理路径
        string FilePaht = Server.MapPath("App_Data/program.txt");
        //创建一个指向 program.txt 数据文件的读取流对象 sr
        StreamReader sr = new StreamReader(FilePaht, Encoding.GetEncoding("gb2312"));
        while (!sr.EndOfStream)          //循环读取文件的每一行，直到文件结束
        {
            CheckBookName.Items.Add(sr.ReadLine());      //将读取的数据添加到列表中
        }
        sr.Close();     //关闭 sr 对象
    }
    //查找母版页中的 Button1 控件，并赋值给 Button 类型变量 BAdd
    Button BAdd = (Button)Master.FindControl("ButtonAdd");
    //将 BAdd 的单击事件委托给内容页中 BAdd_Click 方法
    //母版页中 Button1 被单击时，由内容页 BAdd_Click 方法中包含的代码来处理（响应）
    BAdd.Click += new EventHandler(BAdd_Click);
    //查找母版页中的 ButtonView 控件，并赋值给 Button 类型变量 BView
    Button BView = (Button)Master.FindControl("ButtonView");
    //将 BView 的单击事件委托给内容页中 BView_Click 方法
    //母版页中 Button1 被单击时，由内容页 BAdd_Click 方法中包含的代码来处理（响应）
    BView.Click += new EventHandler(BView_Click);
}
protected void BAdd_Click(object sender, EventArgs e)            //创建 BAdd_Click()方法
{
    //处理母版页中 ButtonAdd_Click 事件的程序段
    for (int i = 0; i < CheckBookName.Items.Count; i++)
    {
        if (CheckBookName.Items[i].Selected)
        {
            //将用户的选择项添加到 Session 变量 buy 中，项与项间用逗号分隔
            Session["buy"] = Session["buy"] + CheckBookName.Items[i].Text + "，";
        }
    }
    if (Session["buy"] != null)
    {
        Response.Write("<script language=javascript>alert('已将所选图书
                    添加到购物车！');</script>");
    }
    else
    {
        Response.Write("<script language=javascript>alert('你尚未选择任何图书！');</script>");
    }
}
protected void BView_Click(object sender, EventArgs e)            //创建 BView_Click()方法
```

```
{
    //处理母版页中 ButtonView_Click 事件的程序段
    if (Session["buy"] != null)
    {
        Response.Redirect("Check.aspx");        //跳转到"查看购物车"页面
    }
    else
    {
        Response.Write("<script language=javascript>alert('你的购物车是空的！');</script>");
    }
}
```

4．设置“查看购物车”页面（Check.aspx）

通过“解决方案资源管理器”向网站中添加一个新 Web 窗体，将其命名为 Check.aspx。切换到页面的设计视图，参照图 6-8，向页面中添加一个用于布局的 HTML 表格。

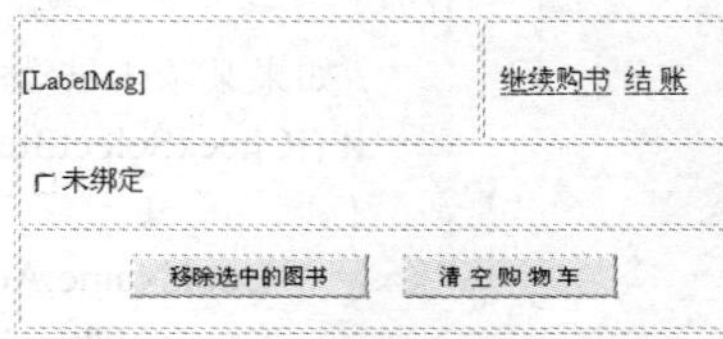

图 6-8　设计查看购物车页面

在表格中添加 1 个标签控件 Label1、2 个链接按钮控件 LinkButton1 和 LinkButton2、1 个复选框组控件 CheckBoxList1、2 个按钮控件 Button1 和 Button2。

设置标签控件 Label1 的 ID 属性为 LabelMsg，Text 属性为空；设置 LinkButton1 和 LinkButton2 的 ID 属性分别为 LinkContinue 和 LinkFinish，Text 属性分别为“继续购书”和“结账”。设置“继续购书”（LinkContinue）的 PostBackUrl 属性指向 Default.aspx；设置 CheckBoxList1 的 ID 属性为 CheckSelect；设置 Button1 和 Button2 的 ID 属性分别为 ButtonDel 和 ButtonClear，Text 属性分别为“移除选中的图书”和“清空购物车”。

5．编写 Check.aspx 中包含的程序代码

Check.aspx 页面装入时执行的事件过程代码如下：

```
protected void Page_Load(object sender, EventArgs e)
{
    this.Title = "查看购物车";
    if (!IsPostBack)
    {
        string BookList = Session["buy"].ToString();
        ArrayList BookName = new ArrayList();
        int Position = BookList.IndexOf("，");
        while (Position != -1)
        {
            string Book = BookList.Substring(0, Position);
            if (Book != "")
            {
                BookName.Add(Book);
                BookList = BookList.Substring(Position + 1);
                Position = BookList.IndexOf("，");
```

```
            }
        }
        CheckSelect.DataSource = BookName;
        CheckSelect.DataBind();
        LabelMsg.Text = "<b>购物车中现有图书：</b>";
    }
}
```

“移除选中的图书”按钮被单击时执行的事件代码如下：

```
protected void ButtonDel_Click(object sender, EventArgs e)
{
    Session["buy"] = null;
    ArrayList BookName = new ArrayList();
    for (int i = 0; i < CheckSelect.Items.Count; i++)
    {
        //如果某项未被选中，则将其添加到动态数组和 Session 对象中
        if (!CheckSelect.Items[i].Selected)
        {
            BookName.Add(CheckSelect.Items[i].Text);
            Session["buy"] = Session["buy"] + CheckSelect.Items[i].Text + "，";
        }
    }
    CheckSelect.DataSource = BookName;
    CheckSelect.DataBind();
}
```

“清空购物车”按钮被单击时执行的事件代码如下：

```
protected void ButtonClear_Click(object sender, EventArgs e)
{
    Session["buy"] = null;
    Response.Redirect("Default.aspx");
}
```

“结账”按钮被单击时执行的事件代码如下：

```
protected void LinkFinish_Click(object sender, EventArgs e)
{
    //跳转到 Finish.aspx，并传递选择图书的数量值
    Response.Redirect("Finish.aspx?num=" + CheckSelect.Items.Count.ToString());
}
```

6．设计“结账”页面（Finish.aspx）

通过“解决方案资源管理器”向网站中添加一个新 Web 窗体，将其命名为 Finish.aspx。切换到页面的代码视图编写实现结账功能的代码。

Finish.aspx 页面装入时执行的事件过程代码如下：

```
protected void Page_Load(object sender, EventArgs e)
{
    this.Title = "结账";
    if (Session["buy"] == null)
    {
        Response.Redirect("Default.aspx");
    }
    else
    {
        string BookName = Session["buy"].ToString();          //取得所购图书列表
        //删除字符串最后一个字符（图书名列表中最后的一个“，”号）
        BookName = BookName.Remove(BookName.Length - 1, 1);
        string BookNum = Request.QueryString["num"];        //接收上页传递来的购书数量值
        Response.Write("<b>你选购的 "+ Num +" 本图书有：<br><br></b>" +
                       BookName +"<br><br>");
        float Cost = 15 * int.Parse(BookNum);
        Response.Write("本站所有图书单价均为 15 元，你应付" + Cost.ToString() + "元");
    }
}
```

6.2 习题解答

1．ASP.NET 中常用的对象有哪些？它们与 ASP 中同名对象有哪些不同？

解答：在 ASP.NET 中内置了大量用于获得服务器或客户端信息，进行状态管理，实现页面跳转的对象。常用的有 Response、Request、Server、Cookie、Session、Application 等。它们与 ASP 中同名对象的主要不同点是，这些对象改由.NET Framework 中封装好的类来实现，并且由于这些内置对象是全局的，它们在 ASP.NET 页面初始化请求时自动创建，所以能在应用程序的任何地方直接调用，而无需对所属类进行实例化操作。

2．Application 对象和 Session 对象主要有哪些区别？

解答：Application 对象和 Session 对象都可在服务器端保存数据或对象，使用方法和常用属性、事件、方法也基本相同。但 Application 对象中保存的信息是为所有来访的客户端浏览器共享的，而 Session 对象保存的数据则是仅为特定的来访者使用的。

例如，在河南的 A 用户和在河北的 B 用户同时访问某一服务器，若 A 修改了 Application 对象中存放的信息，B 用户在刷新页面后就会看到修改后的内容；但若 A 修改了 Session 对象中存放的数据，B 用户是感觉不到的。此时只有 A 用户可以看到和使用这些数据。也就是说，Session 对象中存放的是专用信息。

3．设计一个包含两个页面的 ASP.NET 网站，在 A 页面中添加 3 个命令按钮控件，单击按钮时可将 A 页面中产生的变量 Var1 和 Var2，分别使用 Response、Cookie 和 Session 对象递给下一页面 B。

解答：程序设计步骤如下。

A 页面中 Button1 被单击时通过 Response 对象传递数据，事件代码如下：

```
protected void Button1_Click(object sender, EventArgs e)
{
```

```
        string Var1 = "值 1", Var2 = "值 2";
        Response.Redirect("B.aspx?VarA=" + Var1 + "&VarB=" + Var2);
    }
```

A 页面中 Button2 被单击时通过 Cookie 传递数据，事件代码如下：

```
    protected void Button2_Click(object sender, EventArgs e)
    {
        string Var1 = "值 1", Var2 = "值 2";
        Response.Cookies["VarA"].Value = Var1;
        Response.Cookies["VarB"].Value = Var2;
        Response.Redirect("B.aspx");
    }
```

A 页面中 Button3 被单击时通过 Session 对象传递数据，事件代码如下：

```
    protected void Button3_Click(object sender, EventArgs e)
    {
        string Var1 = "值 1", Var2 = "值 2";
        Session["VarA"] = Var1;
        Session["VarB"] = Var2;
        Response.Redirect("B.aspx");
    }
```

B 页面装入时执行的事件代码如下：

```
    protected void Page_Load(object sender, EventArgs e)
    {
        string a1 = Request.QueryString["VarA"];      //接收 Response 对象传递来的数据
        string b1 = Request.QueryString["VarB"];
        if (a1 != null)
        {
            Response.Write("这是使用 Response 方法传递来的数据：" + a1 +"，" + b1);
        }
        string a2="", b2="";
        if (Request.Cookies["VarA"] != null)
        {
            a2 = Request.Cookies["VarA"].Value;       //接收通过 Cookie 传递来的数据
            b2 = Request.Cookies["VarB"].Value;
        }
        if (a2 != "")
        {
            Response.Write("这是使用 Cookie 传递来的数据：" + a2 +"，" + b2);
        }
        string a3 = "", b3 = "";
        if (Session["VarA"] != null)
        {
            a3 = Session["VarA"].ToString();          //接收通过 Session 传递来的数据
```

```
            b3 = Session["VarB"].ToString();
        }
        if (a3 != "")
        {
            Response.Write("这是使用 Session 传递来的数据：" + a3 +"，" + b3);
        }
    }
```

4．设计一个包含有两个 Web 页面的 ASP.NET 网站，在默认主页 Default.aspx 中显示一个超链接控件。单击超链接，在新窗口中打开 file1.aspx 页面。要求在该页面中使用 Response 对象的 WriteFile 方法，将一个文本文件的内容写入当前 Web 页面。

解答：程序设计步骤如下。

（1）设计 Default.aspx 页面

新建一个 ASP.NET 网站，切换到 Default.aspx 的设计视图。在页面中添加 1 个超链接控件 HyperLink1，设置其 ID 属性为 LinkView，Text 属性为“查看文件内容”，NavigateUrl 属性为“~/file1.aspx”（链接到根目录下的 file1.aspx 文件），Target 属性为“_blank”（在新窗口中打开链接文件）。

切换到代码窗口，编写页面装入时执行的事件过程代码如下：

```
protected void Page_Load(object sender, EventArgs e)
{
    this.Title = "WriteFile 方法应用示例";
}
```

（2）创建文本文件并将其添加到网站

使用 Windows 附件中的“记事本”程序任意输入一些文字，将文件保存到网站所在的文件夹，并将文件命名为“1.txt”。

（3）设计 file1.aspx 页面

在“解决方案资源管理器”中，右键单击网站项目名称，在弹出的快捷菜单中执行“添加新项”命令。在打开的对话框中选择模板为“Web 窗体”，将文件命名为 file1.aspx。

切换到 file1.aspx 的代码视图，编写页面装入时执行的事件过程代码如下：

```
protected void Page_Load(object sender, EventArgs e)
{
    this.Title = "显示文本文件内容";
    Response.ContentType = "text/html";                          //设置文件类型
    //设置文件内容编码
    Response.ContentEncoding = System.Text.Encoding.GetEncoding("gb2312");
    Response.WriteFile(Page.MapPath("1.txt"));                   //输出文本文件
}
```

图 6-9 所示的是程序运行结果。

5．设计一个包含有两个 Web 页面的 ASP.NET 网站，在默认主页 Default.aspx 中包含两个链接按钮，要求将这两个控件的目标 URL 地址均指向网站中第二个页面 second.aspx。单击链接按钮时，分别使用 Response.Redirect()方法和 Server.Transfer()方法实现页面间的跳转。注意比较这两种跳转方法的不同点。

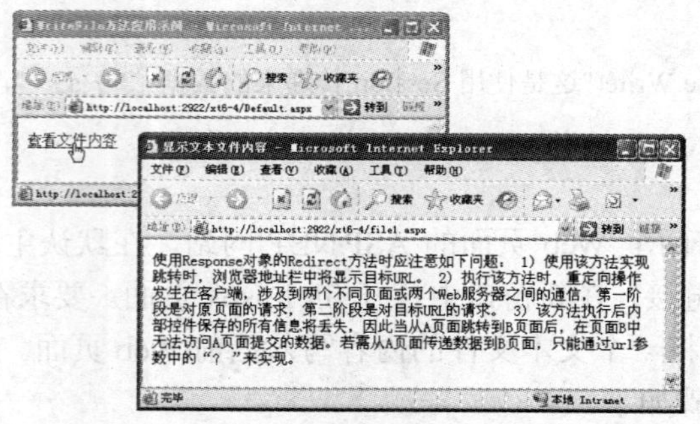

图 6-9　程序运行结果

解答：程序设计步骤如下。

（1）设计 Default.aspx 页面

新建一个 ASP.NET 网站切换到设计视图，在页面中添加链接按钮 LinkButton1 和 LinkButton2。

（2）编写 Default.aspx 页面中包含的程序代码

页面装入时执行的事件过程代码如下：

```
protected void Page_Load(object sender, EventArgs e)
{
    LinkButton1.Text = "使用 Response 对象的 Redirect 方法跳转";
    LinkButton2.Text = "使用 Server 对象的 Transfer 方法跳转";
}
```

“Redirect()方法”链接按钮被单击时执行的事件过程代码如下：

```
protected void LinkButton1_Click(object sender, EventArgs e)
{
    Response.Redirect("second.aspx");
}
```

“Transfer()方法”链接按钮被单击时执行的事件过程代码如下：

```
protected void LinkButton2_Click(object sender, EventArgs e)
{
    Server.Transfer("second.aspx");
}
```

（3）添加 second.aspx 页面

通过“解决方案资源管理器”，向网站中添加一个新 Web 窗体，并将文件命名为 second.aspx。切换到页面的设计视图，在其中添加一些任意的文字。

（4）比较两种跳转方法的不同点

程序设计完毕后，按〈F5〉键并单击相应的链接按钮查看运行结果。从中可以看出，

1）使用 Response.Redirect()方法跳转到一个新页面时，重定向操作发生在客户端，因此在地址栏中显示的是新页面的 URL。

2）使用 Server.Transfer()方法跳转到新页面时，重定向操作发生在服务器端，客户端浏览器并不知道已进行了一次页面跳转，所以其地址栏中的 URL 仍然是原页面的数据。使用 Transfer()方法跳转到新页面的过程中 Request、Session 等对象中保存的信息不变，这意味着从 A 页面使用 Transfer()方法跳转到 B 页面后，可以继续使用 A 页面中提交的数据。

6．设计一个模拟的电影网站，用户访问网站时需要在首页 Default.aspx 进行登录，登录成功后可以跳转到显示有电影链接的 films.aspx。films.aspx 拒绝未登录用户直接访问，且可根据用户级别显示“普通电影”和“VIP 电影”两个栏目。图 6-10 和图 6-11 所示的是不同级别用户登录后看到的不同 film.aspx 页面的内容。

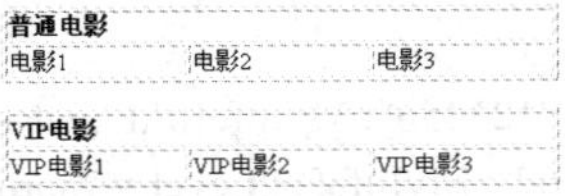

普通电影		
电影1	电影2	电影3

VIP电影		
VIP电影1	VIP电影2	VIP电影3

图 6-10　VIP 用户看到的页面

普通电影		
电影1	电影2	电影3

图 6-11　普通用户看到的页面

解答：程序设计步骤如下。

（1）设计指导思想

创建一个结构数组，用于保存用户名、密码和用户级别数据（在实际应用中这些数据保存在数据库中）。

用户输入了登录数据（用户名和密码）后，使用循环逐一比较是否与预设用户名中的某个匹配，若匹配，则进一步比较对应的密码是否相同，若密码相同，则创建一个用于存放有用户级别的 Session 对象，并跳转到 film.aspx 页面；否则，弹出信息框提示用户名或密码出错。

在打开 film.com 网页时，首先检测 Session 对象中存储的值是否为 null。若不是，则表示用户通过首页正确登录后跳转至此，程序从查询字符串中读取用户级别后，根据级别不同决定是否隐藏 Panel2 容器控件（VIP 电影列表栏）；否则，弹出信息框提示用户在没有正确登录前不能直接调用本页面。

（2）设计程序界面

创建一个 ASP.NET 网站，在默认主页中添加 1 个用于布局的 HTML 表格，适当调整表格的行、列数和宽度。在表格中添加需要的说明文字，添加 2 个文本框控件 TextBox1、TextBox2 和 1 个按钮控件 Button1。

（3）设置对象属性

设置 TextBox1 的 ID 属性为 UserName；设置 TextBox2 的 ID 属性为 Password，TextMode 属性为 Password，使之表现为密码框；设置 Button1 的 ID 属性为 UserLogin，Text 属性为“登录”。

（4）向网站中添加新网页

在“解决方案资源管理器”中右键单击项目文件夹，在弹出的快捷菜单中执行“添加新项”命令，打开“添加新项”对话框，在模板列表中选择“Web 窗体”并指定其名称为 film.aspx，单击“添加”按钮。从工具箱页面中添加 2 个容器控件 Panel1 和 Panel2，分别向 2 个容器控件中添加 2 个表格，表示“普通电影”和“VIP 电影”列表栏。

（5）编写事件代码

在所有事件过程之外声明并实例化一个用于存放用户名和密码的结构数组。

```
struct User                          //声明一个结构用于存放用户信息
{
    public string Name;              //存放用户名
    public string Password;          //存放密码
    public string Level;
}
User[] MyInfo = new User[10];        //声明结构数组，最多可存放 10 条用户信息
```

Default.aspx 页面装入时执行的事件过程代码如下：

```
protected void Page_Load(object sender, EventArgs e)
{
    this.Title = "Session 对象应用示例";
    //为结构数组赋值
    MyInfo[0].Name = "zhangsan"; MyInfo[0].Password = "123456"; MyInfo[0].Level = "VIP";
    MyInfo[1].Name = "lisi"; MyInfo[1].Password = "234567"; MyInfo[1].Level = "normal";
}
```

Default.aspx 页面中“登录”按钮被单击时执行的事件过程代码如下：

```
protected void btnLogin_Click(object sender, EventArgs e)
{
    for (int i = 0; i < 2; i++)
    {
        if (MyInfo[i].Name == UserName.Text)
        {
            if (MyInfo[i].Password == Password.Text)
            {
                Session["Level"] = MyInfo[i].Level;        //保存用户级别
                Response.Redirect("film.aspx);
            }
        }
    }
    //若未能匹配任何一个用户数据，则提示用户名或密码错
    Response.Write("<script language=javascript>alert('用户名或密码错！');</script>");
}
```

film.aspx 页面装入时执行的事件过程代码如下：

```
protected void Page_Load(object sender, EventArgs e)
{
    if (Session["Level"]) == null)
    {
        //弹出信息框说明出错
        Response.Write("<script language=javascript>alert('拒绝直接调用本页面！');</script>");
        Server.Transfer("Default.aspx");
    }
    if ((string)(Session["Level"]) == "VIP")
```

```
{
    Panel1.Visible = true;
    Panel2.Visible = true;
}
else
{
    Panel2.Visible = false;
}
}
```

7. 设计一个 ASP.NET 网站，向页面中添加 1 个按钮控件和 1 个标签控件。页面首次加载时创建一个名为“MyCookie”，有效期为 1min 的 Cookie，并为其赋值“OK”，标签中显示 Cookie 到期时间和值。在 Cookie 有效期内单击按钮，标签中显示“Cookie 有效”和 Cookie 值，过期后单击按钮，标签中显示“Cookie 已失效”。

解答：程序设计步骤如下。

新建一个 ASP.NET 网站，向页面中添加 1 个命令按钮控件 Button1 和 1 个标签控件 Label1。设置按钮控件的 ID 属性为 ButtonOK，标签控件的 ID 属性为 ShowCookie。

页面装入时执行的事件代码如下：

```
protected void Page_Load(object sender, EventArgs e)
{
    this.Title = "Cookie 使用示例";
    if (!IsPostBack)            //如果页面是首次加载
    {
        Response.Cookies["MyCookie"].Value ="OK";          //为 Cookie 赋值
        //设置 Cookie 的有效期为当前时间后的 1min
        Response.Cookies["MyCookie"].Expires = DateTime.Now.AddMinutes(1);
        //显示 Cookie 信息
        ShowCookie.Text = "Cookie 已创建，有效期为：" + DateTime.Now.AddMinutes(1) +
                        "，其值为：" + Request.Cookies["MyCookie"].Value;
    }
}
```

“确定”按钮被单击时执行的事件代码如下：

```
protected void ButtonOK_Click(object sender, EventArgs e)
{
    if (Request.Cookies["MyCookie"] == null)
    {
        ShowCookie.Text = "Cookie 已过期！";
    }
    else
    {
        ShowCookie.Text = "Cookie 有效，其值为：" + Request.Cookies["MyCookie"].Value;
    }
}
```

8. 如图 6-12 所示，使用 Session 对象设计一个站点计数器。要求将来访人数存放在站点内的 counter.txt 文件中，该数字不会因服务器或网站重新启动而丢失，刷新页面也不会引起数字变化。程序运行时要求将当前会话的 ID 值显示到页面中，注意比较 SessionID 值的变化情况。

解答：程序设计步骤如下。

当前SessionID值为：hkbk5t55iobxr1raesw2hyug

你是本站第 8 位访问者

图6-12 使用Session对象设计站点计数器

新建一个 ASP.NET 网站。使用 Windows 附件中的“记事本”程序创建一个名为 counter.txt 的文本文件。该文件用于存放访问量数字。创建文件时，可在其中设置初始值为 0，将文件保存到站点文件夹内。

添加读写文本文件需要的引用：

```
using System.IO;
```

切换到代码视图，在页面的装入事件过程中添加如下代码：

```
protected void Page_Load(object sender, EventArgs e)
{
    this.Title = "使用 Session 对象设计网站计数器";
    string FilePaht = Server.MapPath("counter.txt");        //取得 counter.txt 文件的物理路径
    StreamReader sr = new StreamReader(FilePaht);           //创建一个指向 counter.txt 的读取流对象 sr
    int Count = int.Parse(sr.ReadLine());                   //从 counter.txt 中读取一行数据
    sr.Close();                                             //关闭 sr 对象
    //如果尚未创建 Session 对象 counter，表示初次加载页面，而不是回发引起的页面重加载
    if (Session["counter"]==null)
    {
        Session["counter"] = "";                            //创建 Session 对象 counter
        Count = Count + 1;                                  //访问量数字加 1
        //创建一个指向 counter.txt 的写入流对象 sw
        StreamWriter sw = new StreamWriter(FilePaht);
        sw.WriteLine(Count);                                //将新的访问量数字写入 counter.txt
        sw.Close();                                         //关闭 sw 对象
    }
    //在页面中显示当前会话的 ID 值
    Response.Write("<h3>当前 SessionID 值为：" + Session.SessionID+"</h3><br>");
    //在页面中显示网站访问量数字
    Response.Write("<h3>你是本站第 " + Count.ToString() + " 位访问者</h3>");
}
```

说明：

1）程序中用到了通过 StreamReader 对象和 StreamWriter 对象从文本文件中读取数据和写入数据的方法，有关它们更详细的介绍请参阅有关资料。

2）如果使用图片表示访问量数字，可将从文本文件读取的字符串逐位截取，并以此为图片文件名按顺序显示即可。要求事先将表示 0～9 数字的 0.jpg、1.jpg、2.jpg、……、9.jpg 图片文件保存到网站中。

第 7 章　使用 ASP.NET AJAX

7.1　实训　限时在线考试系统

7.1.1　实训目的

1）掌握基本 ASP.NET AJAX 基本控件的属性设置及使用方法；进一步理解页面局部更新的重要性；了解 ASP.NET AJAX 扩展控件的使用方法。

2）掌握 Timer 控件的主要属性、方法和事件，能设计出具有定时功能的应用程序。

7.1.2　实训要求

设计一个能限制时间的在线考试系统，该系统具有如下功能：

1）系统支持最多 100 道的单选题（4 选 1）。

2）考试题目存储在单独的文本文件内（App_Data/test.txt）。如图 7-1 所示，每题以题目内容、正确答案、4 个选项为顺序逐行书写。

3）自动生成如图 7-2 所示的考试成绩表，存放在 App_Data/result.txt 文件中。

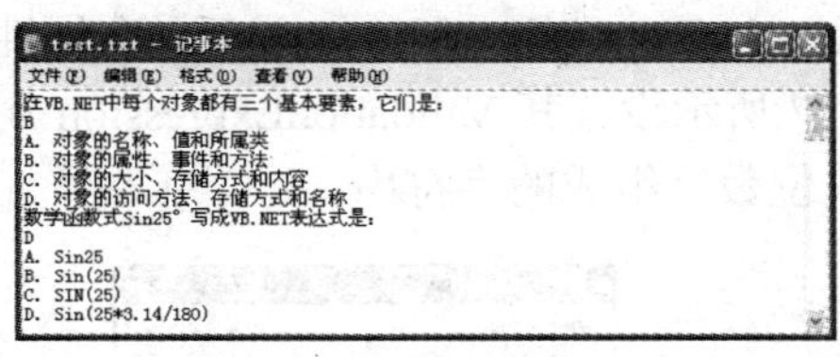

图 7-1　试题内容

图 7-2　自动生成的考试成绩表

4）考生访问网站时，首先看到的是如图 7-3 所示的登录界面，在输入姓名、准考证号后单击“开始考试”按钮，系统对用户输入的姓名、准考证号的合法性进行检测，要求“姓名”、“准考证号”不得为空；准考证号必须由 6 位数字组成，且考生不是重复考试（成绩表中没有该准考证号的记录）。未通过检测，将显示相应的出错提示信息。

通过检测后即可进入如图 7-4 所示的答题界面。在答题界面的右上角始终显示一个倒计时的“剩余时间”指示。

图 7-3　登录系统

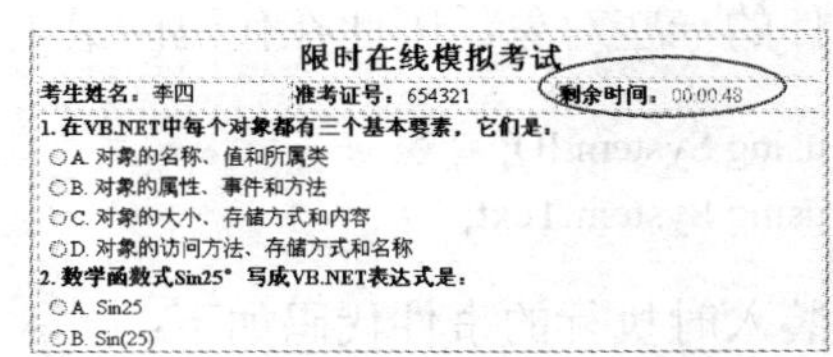

图 7-4　答题界面

4）考生答题结束后，单击答题页面下方的“提交试卷”按钮，屏幕显示如图 7-5 所示的本次考试的成绩，并将该成绩保存到 App_Data/result.txt 文件中。

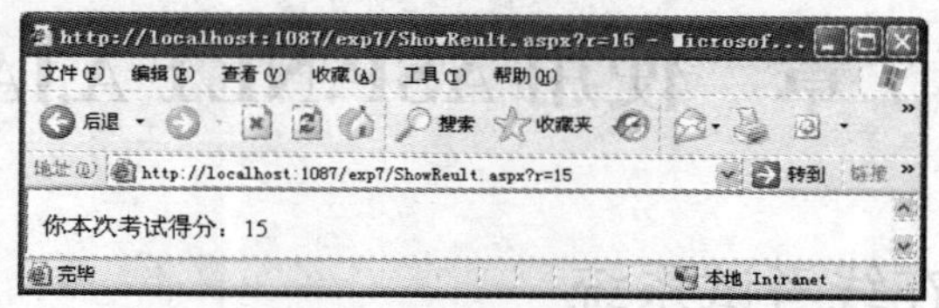

图 7-5　显示考试成绩

7.1.3　实训步骤

该网站由登录界面（Default.aspx）、答题界面（Exam.aspx）和显示成绩界面（ShowResult.aspx）3 个 ASP.NET 网页组成。

1．设计登录界面（Default.aspx）

（1）设计 Web 页面

新建一个 ASP.NET 网站，在 Default.aspx 页面中添加 1 个用于布局的 HTML 表格，在表格中添加必要的说明文字、2 个文本框 TextBox1 和 TextBox2、1 个正则表达式验证控件 RegularExpressionValidator1 和 1 个命令按钮控件 Button1，页面布局如图 7-6 所示。

（2）设置对象属性

设置 TextBox1 和 TextBox2 的 ID 属性分别为 TextName 和 TextNo，设置 Button1 的 ID 属性为 ButtonStart，Text 属性为“开始考试”。选中 RegularExpressionValidator1 后，在属性窗口中设置其 ControlToValidate 属性为 TextNo，如图 7-7 所示设置其 ValidationExpression 属性为“\d{6}”，表示只能在“准考证号”文本框内输入 6 位数字组成的字符串。

图 7-6　设计登录界面

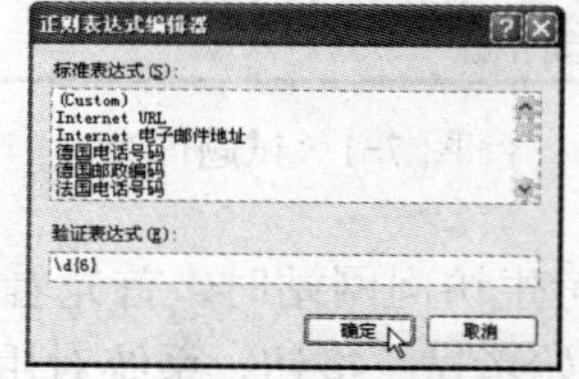

图 7-7　设置正则表达式控件的验证表达式

（3）编写程序代码

切换到 Default.aspx 的代码窗口编写事件处理代码。

由于程序中需要读取文本文件 result.txt 的内容以判断考生是否为重复考试，需要使用处理文本文件的一些对象，因此在代码区最上方添加对相应命名空间的引用。

```
using System.IO;
using System.Text;
```

页面装入时执行的事件代码如下：

```
protected void Page_Load(object sender, EventArgs e)
{
```

```
    this.Title = "在线模拟考试系统";
    TextName.Focus();
}
```

“开始考试”按钮被单击时执行的事件代码如下：

```
protected void ButtonStart_Click(object sender, EventArgs e)
{
    //如果未输入姓名或准考证号，弹出出错提示信息框，并结束运行
    if (TextName.Text == "" || TextNo.Text == "")
    {
        Response.Write("<script language=javascript>alert('请填写完整的考生信息！');</script>");
        return;
    }
    string FilePaht = Server.MapPath("App_Data/result.txt");
    StreamReader sr = new StreamReader(FilePaht, Encoding.GetEncoding("gb2312"));
    while (!sr.EndOfStream)         //循环读取文件的每一行，直到文件结束
    {
        //从文本文件中读取 1 行，并取出前 6 个字符（准考证号数据）
        string StuNo = sr.ReadLine().Substring(0,6);
        //如果成绩表中存在该考号，显示出错信息框，并结束运行
        if (StuNo.Trim() == TextNo.Text.Trim())
        {
            Response.Write("<script language=javascript>alert('不能重复参加考试！');</script>");
            return;
        }
    }
    sr.Close();
    Session["name"] = TextName.Text;         //通过检测后，保存姓名和考号到 Session 对象
    Session["no"] = TextNo.Text;
    Response.Redirect("Exam.aspx");          //跳转到答题页面
}
```

2．设计答题界面（Exam.aspx）

（1）设计 Web 界面

在网站中添加一个新 Web 窗体，在页面中添加 1 个用于布局的 HTML 表格。

如图 7-8 所示，在页面中添加 1 个 ScriptManager 控件、1 个按钮控件；在表格第 2 行第 1、2 列中各添加 1 个标签控件 Label1 和 Label2；在表格第 2 行第 3 列中添加 1 个 UpdatePanel 控件，并向其中添加 1 个标签控件 Label3 和 1 个计时器控件 Timer1；在表格第 3 行中添加 1 个容器控件 Panel1；在表格第 4 行中添加 1 个按钮控件 Button1。

图 7-8　Exam.aspx 界面设计

（2）设置对象属性

设置 3 个标签控件的 ID 属性分别为 LabelName、LabelNo 和 LabelTime；设置按钮控件的 ID 属性为 ButtonStart，Text 属性为“开始考试”；设置 Timer1 的 Interval 属性为 1000。

（3）编写程序代码

引用需要的命名空间，代码如下：

```
using System.IO;
using System.Text;
```

在所有事件过程之外声明窗体级变量和数组，代码如下：

```
TimeSpan t1 = new TimeSpan(0, 0, 1);            //创建一个 1s 的时间间隔对象
static string[] Answer = new string[100];       //创建用于存放正确答案的数组
//每道题保存在一个单选按钮组中，所有单选按钮组保存在 rbtnList 控件数组中
static RadioButtonList[] rbtnList = new RadioButtonList[100];
```

页面装入时执行的事件代码如下：

```
protected void Page_Load(object sender, EventArgs e)
{
    if (Session["name"] == null || Session["no"] == null)
    {
        Response.Redirect("Default.aspx");
    }
    if (!IsPostBack)
    {
        LabelName.Text = "<b>考生姓名：</b>" + Session["name"].ToString();
        LabelNo.Text = "<b>准考证号：</b>" + Session["no"].ToString();
        TimeSpan t = new TimeSpan(0, 3, 0);//创建一个 3min 的时间间隔对象（考试时间）
        Session["time"] = t;
        LabelTime.Text = "<b>剩余时间：</b><font color=red>" +
                            string.Format("{0:hh:mm:ss}", t) + "</font>";
    }
    string FilePaht = Server.MapPath("App_Data/test.txt");
    //创建一个指向 program.txt 数据文件的读取流对象 sr
    StreamReader sr = new StreamReader(FilePaht, Encoding.GetEncoding("gb2312"));
    int num = 1;
    while (!sr.EndOfStream)             //循环读取文件的每一行，直到文件结束
    {
        Label lbl = new Label();           //声明一个标签控件变量 lbl
        RadioButtonList rbtn = new RadioButtonList();  //声明一个单选按钮组控件变量 rbtn
        rbtnList[num] = rbtn;              //将 rbtn 存放到控件数组
        //使用 Server. HtmlEncode()方法使包含在文本内的 HTML 标记直接显示出来
        lbl.Text ="<b>" + num.ToString() + ". " + Server.HtmlEncode(sr.ReadLine()) + "</b>";
        Answer[num] = sr.ReadLine();       //读取正确答案，存放在数组 Answer[]中
        num = num + 1;
        for (int j = 1; j <= 4; j++)
```

```
            {
                rbtn.Items.Add(sr.ReadLine());  //读取题目选项，添加到单选按钮组控件中
            }
            Panel1.Controls.Add(lbl);                //将标签控件添加到容器中
            Panel1.Controls.Add(rbtn);               //将单选按钮组控件添加到容器中
        }
        sr.Close();                                  //关闭 sr 对象
    }
```

计时器控件激活时执行的事件代码如下：

```
    protected void Timer1_Tick(object sender, EventArgs e)
    {
        TimeSpan t = (TimeSpan)Session["time"];
        t = t - t1;
        LabelTime.Text = string.Format("{0:hh:mm:ss}", t);          //显示剩余时间
        Session["time"] = t;
        LabelTime.Text = "<b>剩余时间：</b><font color=red>" +
                            string.Format("{0:hh:mm:ss}", t) + "</font>";
        if (t.Ticks == 0)            //Ticks 属性表示剩余时间，t.Ticks = 0 表示考试时间到
        {
            int result = 0;
            for (int i = 1; i < 100; i++)
            {
                if (Answer[i] != null)
                {
                  //char(65)表示字符'A'，语句使用被选项的索引值与 A～D 对应起来
                    if (Answer[i] == Convert.ToString((char)(rbtnList[i].SelectedIndex + 65)))
                    {
                        result = result + 1;      //如果考生选项与正确答案相同，累加得分
                    }
                }
            }
            Response.Redirect("ShowReult.aspx?r=" + result);
        }
    }
```

“提交试卷”按钮被单击时执行的事件代码如下：

```
    protected void ButtonOK_Click(object sender, EventArgs e)
    {
        int result = 0;
        for (int i = 1; i < 100; i++)
        {
            if (Answer[i] != null)
            {
                if (Answer[i] == Convert.ToString((char)(rbtnList[i].SelectedIndex + 65)))
                {
```

```
                    result = result + 1;
                }
            }
        }
        Response.Redirect("ShowReult.aspx?r=" + result);
    }
```

3．设置显示成绩页面（ShowResult.aspx）

引用命名空间，代码如下：

```
    using System.IO;
    using System.Text;
```

编写页面装入时执行的事件代码如下：

```
    protected void Page_Load(object sender, EventArgs e)
    {
        Response.Write("你本次考试得分：" + Request.QueryString["r"]);
        string info = Session["no"].ToString() + "    " + Session["name"].ToString() + "    " +
                  Request.QueryString["r"] +  "    " + DateTime.Now.ToString();
        string FilePath = Server.MapPath("App_Data/result.txt");
        string appendText = info + Environment.NewLine;
        File.AppendAllText(FilePath, appendText);          //将考生成绩追加到 result.txt 文件中
        Session["name"] = null;         //清空 Session 对象，以避免考生回退到考试界面
        Session["no"] = null;
        Session["time"] = null;
    }
```

7.2 习题解答

1．什么是“同步执行”，什么是“异步执行”？

解答：Ajax 解决方案的核心就是使客户端的 JavaScript 脚本程序能实现异步执行。所谓“异步执行”是相对于“同步执行”而言的，在同步执行方式中，代码必须按顺序逐一执行，如果前面的代码需要 10 分钟的操作，那么后面的代码只能等待。

例如，在 ASP.NET 环境中，当用户单击一个按钮时，浏览器会将单击事件传递给服务器，并等待服务器响应请求，在此期间应用程序与用户间的交互暂时被停止，在接收到服务器返回的请求结果后，客户端要根据结果刷新整个页面，与用户的交互才能继续进行，这样大大地限制了 Web 应用的能力。在异步执行方式中，一旦前面的代码开始执行，后面的代码随之进入执行状态，而不必等待前面的代码执行结束。

2．简述 Ajax 的实现原理。

解答：Ajax 实现的基本原理是，当用户与浏览器中的页面进行交互时，将触发页面元素对象的相应事件，客户端捕获这些事件后，如果需要将交互动作引起的逻辑实现提交给服务器进行处理，则将要处理的数据（包括状态描述）转换为 XML 格式的字符串，并使用异步传

输方式提交给服务器。服务器处理结束后，同样使用XML格式和异步传输方式将处理结果送回。客户端从返回结果中提取需要的部分，交由JavaScript对网页进行“局部更新”，而不是刷新整个页面。

3．什么是ASP.NET AJAX？

解答：微软公司于2007年推出了真正具有Ajax风格的，方便的异步编程模型，这就是ASP.NET AJAX。注意，为了与其他Ajax技术区分，微软将其全部使用大写，并在前面加上了“ASP.NET”。ASP.NET AJAX的正式命名为Microsoft AJAX Library和ASP.NET AJAX Extensions。在Visual Studio 2005环境中，ASP.NET AJAX Extensions需要单独安装，而在Visual Studio 2008环境中，ASP.NET AJAX Extensions已被整合在工具箱中了。

Microsoft AJAX Library是客户端JavaScript库，它对核心JavaScript类型系统、基于JSON（JavaScript Object Notation）的网络层、JavaScript组件/控件模型及常用的客户端JavaScript辅助类等提供了跨平台的支持。

ASP.NET AJAX Extensions提供了与ASP.NET高度集成的服务器端功能，包括客户端数据绑定、DHTML动画和行为等，同时使用ScriptManager控件和UpdatePanel控件实现客户端脚本管理和对客户端回传（post）的拦截，这样一来开发人员就可以在现有ASP.NET应用程序中方便地使用ASP.NET AJAX了。

4．Visual Studio 2008中包含了哪些ASP.NET AJAX控件，其主要功能如何？

解答：在Visual Studio 2008工具箱的AJAX Extensions选项卡中包含有ScriptManager、ScriptManagerProxy、UpdatePanel、UpdateProgress和Timer5个控件。

1）ScriptManager：该控件是ASP.NET AJAX的核心，提供对客户端脚本的各种管理功能。

2）ScriptManagerProxy：由于一个ASPX页面上只能有一个ScriptManager控件，如果需要在母版页和内容页中引入不同的脚本，就需要在内容页中使用ScriptManagerProxy控件，而不是ScriptManager控件。

3）UpdatePanel：UpdatePanel控件是一个容器控件，它规定了ScriptManager控件的管理范围。与ScriptManager控件一样，是使用ASP.NET AJAX非常重要的服务器控件。

4）UpdateProgress：UpdateProgress控件可以与UpdatePanel控件配合使用，在UpdatePanel页面内容进行更新时，通过该控件显示一些提示信息。这些信息可以是一段文字、传统的进度条或一段动画等。当更新结束后，提示信息自动消失。UpdateProgress控件主要用于更新数据量较大的场合，显示提示信息，以避免用户执行了操作后，页面出现较长时间无反应的情况。

5）Timer：也称为“定时器”控件，用于周期性的自动触发Tick事件。也就是说，用Timer控件可以实现周期性执行某段代码的功能。例如，页面的定时刷新、图片自动播放等需要计时的应用场合。

5．简述ASP.NET AJAX 控件工具包的安装方法。

解答：安装步骤如下。

1）从“http://www.codeplex.com/AjaxControlToolkit”处下载AJAXControlToolkitSource.zip压缩文件。

2）解压缩下载的安装文件，在SampleWebSite下的Bin子文件夹中，将除了zh-CHS文件夹外的所有文件夹（除简体中文外的其他语言支持文件）进行删除。

3）启动 Visual Studio 2008，新建一个 ASP.NET 网站。在工具箱中单击右键，在弹出的快捷菜单中执行“添加选项卡”命令，在新建的选项卡上输入名称（如 AjaxControlTookit）。

4）在新建的空白选项卡中单击右键，在弹出的快捷菜单中执行“选择项”命令，在打开的对话框中，单击“浏览”按钮将前面提到的 Bin 文件夹下的 AjaxControlToolkit.dll 文件添加到列表中，单击“确定”按钮，就可以看到新建的工具箱选项卡中出现了大量的 AJAX 控件。

6．使用 ScriptManager.RegisterClientScriptBlock()方法为命令按钮注册一段 JavaScript 脚本，使得当按钮被单击时无提示关闭浏览器窗口。

解答：在命令按钮 Button1 的 Click 事件中添加代码如下：

```
ScriptManager.RegisterClientScriptBlock(Button1, typeof(Button), "myscript1",
        "<script language = 'javascript'>window.opener=null;window.close();</script>", false);
```

7．设计一个模拟页面局部更新的简单程序。要求使用两个标签控件表示网页中的不同区域，单击按钮时标签显示当前时间。由于局部更新的作用，只有指定的标签内容发生变化，在更新区域外的标签内容不变。

解答：在页面中添加 1 个 ScriptManager 控件和 1 个 UpdatePanel 控件，向 UpdatePanel 控件内外各添加 1 个标签控件 Label1 和 Label2，向 UpdatePanel 控件中再添加一个按钮控件 Button1。

在页面的装入事件和按钮的单击事件过程中添加同样的代码如下：

```
Label1.Text = DateTime.Now.ToString();
Label2.Text = DateTime.Now.ToString();
```

按〈F5〉键运行程序，可以看到页面装入时两个标签中的文本均被设置为当前时间，而单击按钮时，却只有 UpdatePanel 控件内的标签内容被更新，其之外的标签没有发生任何变化。

8．设计一个具有条件更新功能的页面，在页面中放置 3 个命令按钮。程序运行后，分别单击 3 个按钮，可以看到“按钮 1”和“按钮 2”被单击时引起 UpdatePanel 控件中标签内容的更新（显示当前时间），而“按钮 3”被单击时却没有任何反应。

解答：在页面中添加 1 个 ScriptManager 控件、1 个 UpdatePanel 控件，向 UpdatePanel 中添加 1 个标签控件 Label1 和 3 个按钮控件 Button1～Button3。

设置 UpdatePanel 控件的 UpdateMode 属性为 Conditional，ChildrenAsTrigger 属性为 fals，使 UpdatePanel 中子控件引起的回发不能导致 UpdatePanel 控件的更新。

单击 Trigger 属性设置栏右侧的...按钮，在打开的对话框中单击“添加”按钮，向 UpdatePanelTrigger 集合中添加两个 AsyncPostBack 成员，并设置它们的 ControlID 分别为 Button1 和 Button2，EventName 为 Click，即指定 Button1 和 Button2 的 Click 事件为 UpdatePanel 的触发器。设置完毕后，单击“确定”按钮。

在页面装入及 3 个按钮的单击事件过程中添加代码如下：

```
Label1.Text = DateTime.Now.ToString();
```

按〈F5〉键运行程序，可以看到页面装入和 Button1、Button2 被单击时，标签中的文本均被设置为当前时间（被更新），而单击 Button3 时，标签内容却没有发生任何变化。

9．在一些网站的用户注册页面中，常看到，用户在填写了注册数据后，必须选择接受网站的一些规定，并观看该规定一段时间（如 10 秒）后才能完成注册操作。使用 ScriptManager 控件、UpdatePanel 控件和 Timer 控件设计一个具有上述功能的网页。

具体要求如下：

1）该网站包括 Default.aspx 和 Welcome.aspx 两个页面，在 Default.aspx 中显示一些文字信息和一个不可用的命令按钮（Enable 属性为 false），如图 7-9 所示。经过 10s 后按钮可用；单击该按钮，可跳转到 Welcome.aspx 页面，如图 7-10 所示。

图 7-9　等待 10s　　　　图 7-10　等待期结束

2）使用 Session 对象限制用户绕过 Default.aspx 页面直接调用 Welcome.aspx 页面。

3）为了增加程序的界面友好性，用户等待 10s 的过程中，按钮上显示一个倒计时的数字进度提示。

解答：程序设计步骤如下。

Default.aspx 页面装入时执行的事件代码如下：

```
static int i;
protected void Page_Load(object sender, EventArgs e)
{
    if (!IsPostBack)
    {
        Button1.Enabled = false;
        Button1.Text = "剩余时间：10 秒";
        Button1.Width = 120;
        Timer1.Enabled = true;          //启动计时器
        i = 10;                         //设置等待时间
    }
}
```

命令按钮被单击时执行的事件代码如下：

```
protected void Button1_Click(object sender, EventArgs e)
{
    Session["check"] = "OK";
    Response.Redirect("welcome.aspx");
}
```

计时器激活时执行的事件代码如下：

```
protected void Timer1_Tick(object sender, EventArgs e)
```

```
    {
        if (i != 0)
        {
            i = i - 1;
            Button1.Text = "剩余时间：" + i.ToString() + " 秒";        //显示倒计时进度信息
        }
        else
        {
            Button1.Text = "现在时间到了";                              //更改显示在按钮上的文字
            Button1.Enabled = true;                                     //使命令按钮可用
            Timer1.Enabled = false;                                     //计时器停止工作
        }
    }
```

Welcome.aspx 页面装入时执行的事件代码如下：

```
protected void Page_Load(object sender, EventArgs e)
{
    if (Session["check"] == null || Session["check"].ToString() != "OK")
    {
        Response.Redirect("default.aspx");
    }
    else
    {
        Response.Write("欢迎访问本网站！ ");
    }
}
```

第 8 章　数据库基础和数据访问控件

8.1　实训　使用数据访问控件查询数据库

8.1.1　实训目的

1）通过上机操作熟练掌握 GridView 控件配合 AccessDataSource 控件操作数据库的基本方法；理解 GridView 控件的常用属性、事件和方法。

2）掌握在 AccessDataSource 控件设置中直接使用 SQL 语句和 LIKE 运算符的技巧；理解设置 GridView 控件外观的基本技巧。

8.1.2　实训要求

设计一个 ASP.NET 网站，要求使用本章第 4 题创建的 Access 数据库，配合 GridView 控件、AccessDataSource 控件实现对数据记录的多功能查询。页面装入时显示如图 8-1 所示的界面，其中显示有当前数据表中所有记录，并添加一个“总分”计算字段。在 GridView 控件的最后一行显示“数学”、“语文”、“英语”和“总分”字段的平均值。

在“查询依据”下拉列表框中选择“学号”、“姓名”或“班级”后，在文本框内输入查询关键字，单击“查询”按钮，可得到查询结果；单击“显示全部”按钮，可再次显示所有记录数据。要求使用“姓名”或“班级”进行查询时支持“模糊查询”方式，如图 8-2 所示在输入“姓名”关键字为“张”后单击“查询”按钮，得到所有姓名中包含有“张”的所有记录。

学生成绩查询系统

查询依据 学号 查询关键字 [查询] [显示全部]

学号	姓名	性别	班级	数学	语文	英语	总分
200801	张三	男	网络0801	78	89	65	232
200802	李四	女	网络0802	77	88	99	264
200803	王五	男	网络0801	90	56	73	219
200901	赵六	男	软件0901	88	64	81	233
200902	陈其	女	软件0902	50	84	70	204
200903	刘八	男	软件0902	83	74	95	252
200904	王可	女	软件0901	90	80	70	240
200905	张顺利	男	网络0901	87	65	80	232
			平 均：	80.38	75.00	79.13	234.50

图 8-1　页面装入时显示全部记录

学生成绩查询系统

查询依据 姓名 查询关键字 张 [查询] [显示全部]

学号	姓名	性别	班级	数学	语文	英语	总分
200801	张三	男	网络0801	78	89	65	232
200905	张顺利	男	网络0901	87	65	80	232
			平 均：	82.50	77.00	72.50	232.00

图 8-2　按姓名进行模糊查询

此外，要求当用户的查询返回结果集为空时，弹出信息框提示“未找到符合条件的记录！”；如果用户在没有输入查询关键字而直接单击“查询”按钮时，弹出信息框提示“查询关键字不能为空！”。

8.1.3　实训步骤

（1）设计 Web 界面

新建一个 ASP.NET 网站，在页面中添加 1 个用于布局的 HTML 表格，在页面中添加必要的说明文字，添加 1 个下拉列表框控件 DropDownList1，1 个文本框控件 TextBox1、2 个按钮控件 Button1 和 Button2。在表格中添加 1 个用于显示数据库数据的 GridView1 和 4 个 AccessDataSource1～AccessDataSource4 控件，分别用于按学号、姓名、班级查询记录的情况。

（2）设置对象属性

设置下拉列表框 DropDownList1 的 ID 属性为 DropType，设置文本框 TextBox1 的 ID 属性为 TextKey，设置按钮控件 Button1 的 ID 属性为 ButtonQuery，Text 属性为“查询”。

选中 AccessDataSource1，在其任务菜单中执行“配置数据源”命令，在打开的对话框中单击“浏览”按钮，选择事先已存放在网站 App_Data 文件夹下的 Student.mdb 文件。

在“配置 Select 语句”对话框中选择“指定自定义 SQL 语句或存储过程”。单击“下一步”按钮打开如图 8-3 所示的对话框，输入如下所示的 SQL 语句使返回记录集中包含一个“总分”计算字段。

```
SELECT uid,uname,usex,class,math,chs,en,(math+chs+en) as 总分 FROM [grade] WHERE ([uid] = ?)
```

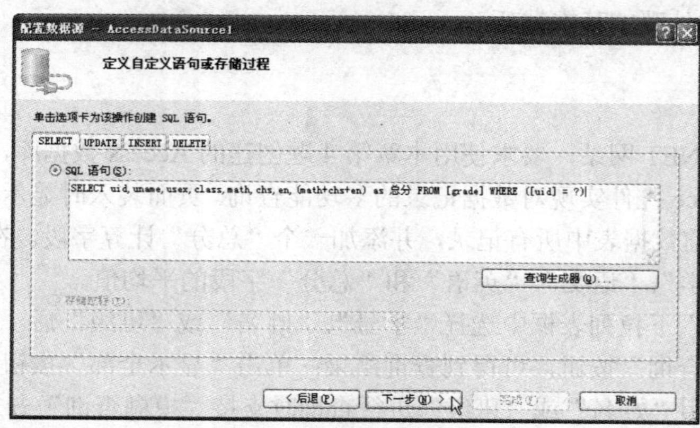

图 8-3　按学号查询的 Where 子句设置

单击“下一步”按钮，在打开的对话框中设置查询条件为 uid 列的数据等于控件 TextKey 的 Text 属性值。

AccessDataSource2 和 Access Data Source3 的设置与 AccessDataSource1 基本相同，只是在设置 WHERE 子句时设置的查询条件不同，具体设置如图 8-4 和图 8-5 所示。注意，为了使程序支持“模糊查询”，在按姓名和班级查询时使用了 LIKE 运算符。

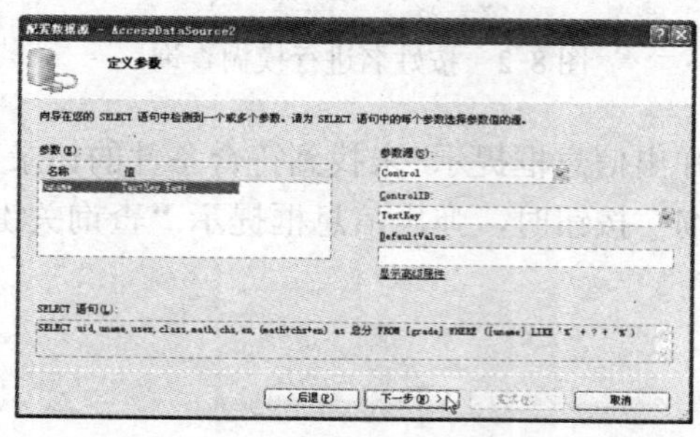

图 8-4　按姓名查询的 Where 子句设置

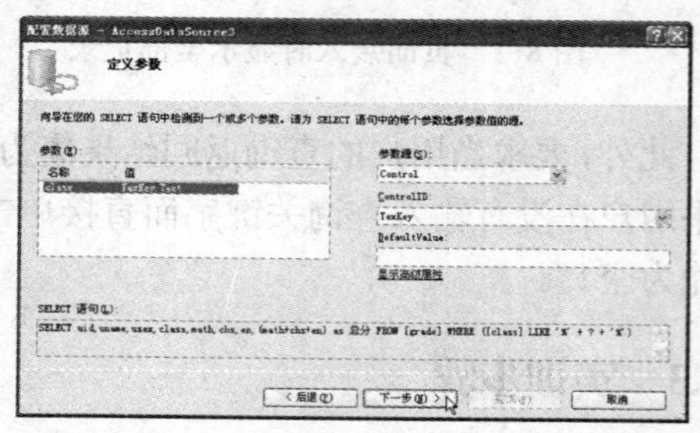

图 8-5　按班级查询的 Where 子句设置

AccessDataSource4 的设置，只是去掉了 WHERE 子句部分，用于无条件返回所有记录。

（3）编写程序代码

为了在 GridView 控件中显示中文的列标题，需要切换到 Default.aspx 页面的源视图，按如下所示修改 GridView1 控件的描述代码。

```
<asp:GridView ID="GridView1" runat="server" Width ="500px" ShowFooter="True"
                    OnRowDataBound= "GridView1_RowDataBound ">
    <RowStyle HorizontalAlign="Center" />
    <FooterStyle HorizontalAlign ="Center" />
    <Columns>
        <asp:BoundField DataField="uid" HeaderText="学号" />
        <asp:BoundField DataField="uname" HeaderText="姓名" />
        <asp:BoundField DataField="usex" HeaderText="性别" />
        <asp:BoundField DataField="class" HeaderText="班级" />
        <asp:BoundField DataField="math" HeaderText="数学" />
        <asp:BoundField DataField="chs" HeaderText="语文" />
        <asp:BoundField DataField="en" HeaderText="英语" />
       <asp:BoundField DataField="总分" HeaderText="总分" />
    </Columns>
</asp:GridView>
```

在实际应用中，GridView 控件的外观设置是通过使用主题、外观文件和 CSS 级联样式表技术进行设置的。由于篇幅有限，这里只进行了基本的设置。

页面装入时执行的事件代码如下：

```
protected void Page_Load(object sender, EventArgs e)
{
    if (!IsPostBack)
    {
        DropType.Items.Add("学号");                    //向下拉列表框中添加供选项
        DropType.Items.Add("姓名");
        DropType.Items.Add("班级");
        GridView1.DataSource = AccessDataSource4;     //在 Gridview1 中显示所有记录
        GridView1.DataBind();
    }
    TextKey.Focus();                                 //文本框得到焦点

}
```

“查询”按钮被单击时执行的事件代码如下：

```
protected void ButtonQuery_Click(object sender, EventArgs e)
{
    if (TextKey.Text == "")          //如果用户没有输入查询关键字
    {
        Response.Write("<script language=javascript>alert('查询关键字不能为空！');</script>");
        return;
```

```
}
switch (DropType.Text)          //根据用户选项将 GridView 控件绑定到不同的数据源
{
    case "学号":
        GridView1.DataSource = AccessDataSource1;
        GridView1.DataBind();
        break;
    case "姓名":
        GridView1.DataSource = AccessDataSource2;
        GridView1.DataBind();
        break;
    case "班级":
        GridView1.DataSource = AccessDataSource3;
        GridView1.DataBind();
        break;
}
if (GridView1.Rows.Count == 0)          //如果 GridView 包含的行数为 0
{
    Response.Write("<script language=javascript>alert('未找到符合条件的记录！');</script>");
    TextKey.Text = "";
    GridView1.DataSource = AccessDataSource4;
    GridView1.DataBind();
}
}
```

"显示全部"按钮被单击时执行的事件代码如下：

```
protected void ButtonShowAll_Click(object sender, EventArgs e)
{
    GridView1.DataSource = AccessDataSource4;
    GridView1.DataBind();
}
```

GridView 控件中发生行数据绑定时执行的事件代码如下：

```
double sum1 = 0,sum2 = 0, sum3 = 0, sum4 = 0;          //在事件过程之外声明存储总和的变量
protected void GridView1_RowDataBound(object sender, GridViewRowEventArgs e)
    if (e.Row.RowIndex > -1)
    {
        sum1 += Convert.ToDouble(e.Row.Cells[4].Text);          //累加第 4 列（数学）的总和
        sum2 += Convert.ToDouble(e.Row.Cells[5].Text);
        sum3 += Convert.ToDouble(e.Row.Cells[6].Text);
        sum4 += Convert.ToDouble(e.Row.Cells[7].Text);
    }
    //e 为引发行数据变化的对象，实际上就是 GridView1
    else if (e.Row.RowType == DataControlRowType.Footer)          //如果当前行是页脚
    {
        e.Row.Cells[3].Text = "<b>平  均：</b>";
```

```
            e.Row.Cells[4].Text = ((double)(sum1 / GridView1.Rows.Count)).ToString("0.00");
            e.Row.Cells[5].Text = ((double)(sum2 / GridView1.Rows.Count)).ToString("0.00");
            e.Row.Cells[6].Text = ((double)(sum3 / GridView1.Rows.Count)).ToString("0.00");
            e.Row.Cells[7].Text = ((double)(sum4 / GridView1.Rows.Count)).ToString("0.00");
        }
```

8.2 习题解答

1．简述数据库、数据库管理系统、数据库应用程序和数据库系统的概念。

解答：

1）数据库（Database）是指一组排列成易于处理或读取的相关信息。它是由一个或多个表对象组成的集合。

2）数据库管理系统是指在操作系统支持下为数据库建立、使用和维护而配置的庞大软件，如 Microsoft SQL Server、Microsoft Access 等。它们建立在操作系统的基础上，对数据库进行统一的管理、控制和维护。

3）数据库应用程序是指使用 C#、Visual Basic、Delphi、FoxPro 等开发工具设计的、实现某种特定功能的应用程序，如学生成绩管理系统、工资管理系统、物资管理系统等。数据库应用程序可以是传统的 C/S 架构的 Windows 应用程序，也可以是目前流行的 B/S 架构的 Web 应用程序。

4）数据库系统是由计算机硬件、操作系统、数据库管理系统以及在其他对象支持下建立起来的数据库、数据库应用程序、用户和维护人员等组成的一个整体。

2．什么是关系型数据库？

解答：关系型数据库是根据表、记录和字段之间的关系进行数据组织和访问的一种数据库，它通过若干个二维数据表（Table）来存储数据，并通过关系（Relation）将这些表联系在一起。它提供了称为结构化查询语言（Structure Query Language，SQL）的标准接口，该接口允许以一致的和可以理解的方法来一起使用多种数据库工具和产品。

3．简述记录、字段、表与数据库之间的关系。

解答：在一个关系型数据库中可以包含若干张表，每张表又由若干记录组成，记录由若干字段组成。表与表之间通过关系连接。

4．在 Microsoft Access 环境中创建一个名为“Students”的数据库，在其中创建一个包括 uid（学号，主键）、uname（姓名）、usex（性别）、class（班级）、math（数学）、chs（语文）、en（英语）7 个字段的“grade”表，并向表中添加一些数据。

解答：下面以 Office 2003 为背景介绍创建和设计 Access 数据库的一般操作步骤。

执行“开始”→“程序”→“Microsoft Office”→“Microsoft Office Access 2003”命令，启动数据库系统。在窗口右侧窗格中单击“新建文件”切换到“新建文件”窗格，单击“空数据库”，并在打开的对话框中为数据库文件指定保存位置及使用的文件名。

在如图 8-6 所示的窗口中单击工具栏中的“设计”按钮，进入表设计器。在如图 8-7 所示的设计器窗口中，依次输入或选择各字段的名称和数据类型。对文本型字段需要指定字段的大小（宽度），对数字型字段需要进一步说明该字段的类型，如整型、长整型、单精度型、双精度型等。本例中数学、语文和英语字段用于存放学生相应课程的成绩，取整型数据类型。

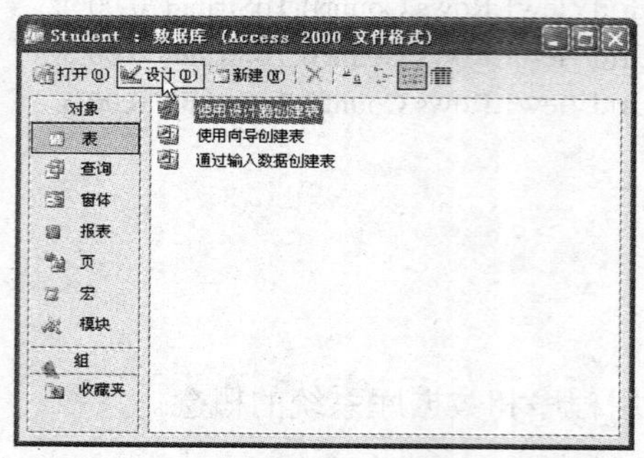

图 8-6　使用“设计器”创建表

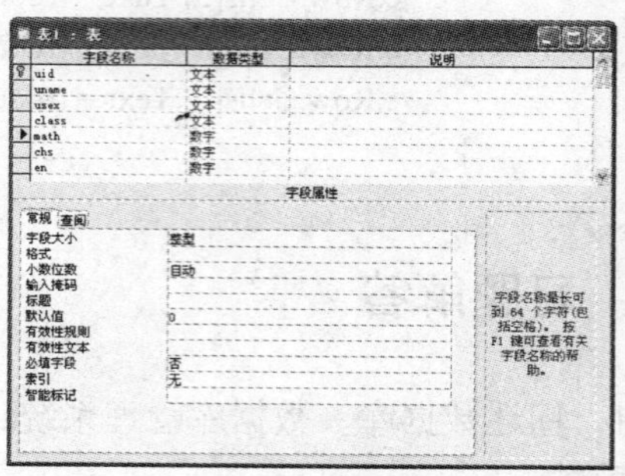

图 8-7　设计表结构

右键单击 uid 字段名称，在弹出的快捷菜单中执行“主键”命令，在字段的前面将出现一个主键标记，将字段设置为主键后该字段值必须是唯一的，且不允许为空。

设计完毕后关闭设计器，系统会提示是否需要保存表，单击“是”按钮，并为表指定名称。数据表结构保存后，在数据库窗口中将出现该表的名称。

双击数据库窗口中数据表的名称，如本例的“grade”，打开如图 8-8 所示的表窗口，用户可方便地向其中输入需要的数据。输入完毕后关闭表窗口，系统会自动保存输入的记录到数据库文件中。

grade : 表

uid	uname	usex	class	math	chs	en
200801	张三	男	网络0801	78	89	65
200802	李四	女	网络0802	77	88	99
200803	王五	男	网络0801	90	56	73
200901	赵六	男	软件0901	88	64	81
200902	陈其	女	软件0902	50	84	70
200903	刘八	男	软件0902	83	74	95
				0	0	0

记录：6　共有记录数：6

图 8-8　向表中输入数据

5．使用第 4 题创建的 Access 数据库中的信息，写出实现下列要求的 SQL 语句。

1）查询所有男生的数据记录。

2）查询所有总分在 240 以上的所有记录。

3）创建一个包含所有记录的查询，新查询中增加一个总分字段，要求自动计算该字段的值。

4）向数据表中添加一条新记录，各字段值自定。

5）将上面添加的新记录的 3 门课程成绩更改为 90 分、80 分和 70 分。

6）删除总分低于 240 分的所有记录。

解答：

1）Select * From grade Where usex = '男'

2）Select * From grade Where math+chs+en >= 240

3）Select uid, uname, usex, class, math, chs, en, math+chs+en As 总分 From grade

4）Insert Into grade(uid, uname, usex, class, math, chs, en) Values('200904', '王可','女', '软件0901', 89,76,92)

5）Update grade Set math=90, chs=80, en=70 Where uid='200904'

6）Delete From grade Where (math+chs+en) < 240

说明：在 Access 2003 中可以创建一个新的查询，可在 SQL 窗口中运行并验证上述 SQL 语句。

在 Access 中打开数据库文件，在如图 8-9 所示的对话框中选择“查询”对象，单击工具栏中的“设计”按钮打开“查询设计器”窗口，在如图 8-10 所示的“显示表”对话框中选中表对象后单击“添加”按钮。

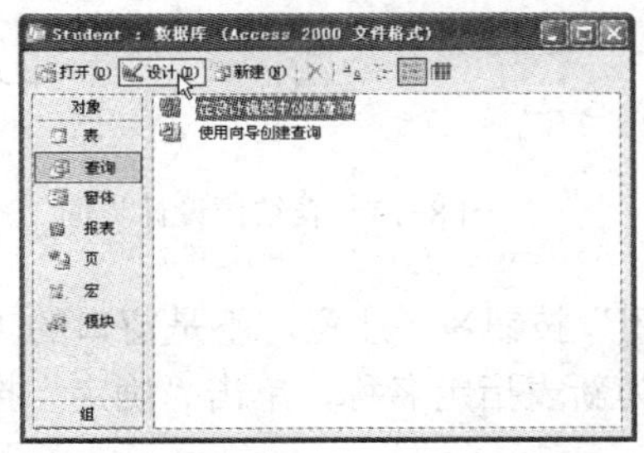

图 8-9　设计新查询

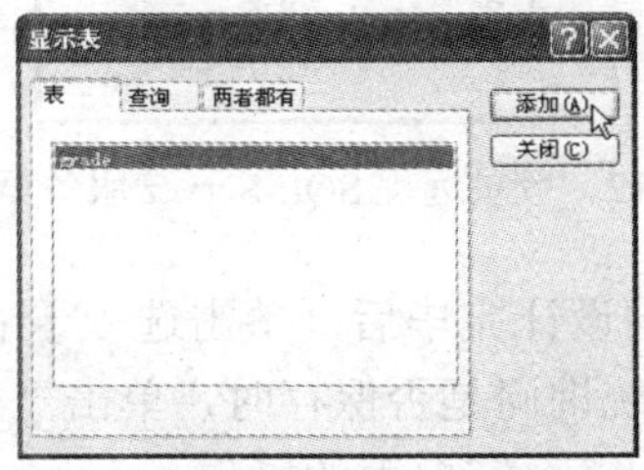

图 8-10　在查询中添加表对象

将表添加到新查询中后，执行“视图”菜单中的“SQL 视图”命令，打开如图 8-11 所示的 SQL 代码编写窗口，将上述代码逐一复制到窗口中，分别单击工具栏中的“运行”按钮即可得到相应 SQL 语句的执行结果。

图 8-11　在 SQL 视图中执行 SQL 语句

6．使用 Visual Studio 自带的“服务器资源管理器”工具，在远程 SQL Server 数据库中创建一个通讯录数据库 addresslist，其中包含一个 Tel 表。该表有编号、姓名、单位、工作电话、移动电话、电子邮件 6 个字段，表结构见表 8-1。数据库及表创建完毕后，要求输入一些数据记录。

表 8-1　Tel 表结构设计

字 段 名	数 据 类 型	字 段 名	数 据 类 型
uid（编号，主键）	nchar(4)	officetel（工作电话）	nchar(8)
uname（姓名）	nchar(6)	mobil（移动电话）	nchar(11)
uunit（单位）	varchar(16)	email（电子邮件）	varchar(20)

解答：在 Visual Studio 的“服务器资源管理器”窗口中，右键单击“数据连接”，在弹出的快捷菜单中执行“创建新 SQL Server 数据库”命令。在如图 8-12 所示的对话框中输入服务器名称或 IP，选择登录方式，输入管理员的用户名、密码和新数据库的名称后单击“确定”按钮，完成空白数据库的创建。

在“服务器资源管理器”窗口中，展开新建的数据库内容，右键单击其中的“表”选项，在弹出的快捷菜单中执行“添加新表”命令。

在“服务器资源管理器”窗口中，右键单击数据库项下的“表”，在弹出的快捷菜单中执行“添加新表”命令，在 Visual Studio 窗口将打开如图 8-13 所示的表结构设计界面。根据需要逐一填入数据表各列名称（字段名），选择该列数据的数据类型，并设置该列数据是否允许为“null”。在窗口下方“列属性”栏中可以对当前列进行一些细节的设置。

图 8-12　登录远程 SQL Server 服务器

列名	数据类型	允许 Null
uid	nchar(4)	☐
uname	nchar(6)	☑
uunit	varchar(16)	☑
officetel	nchar(8)	☑
mobil	nchar(11)	☑
email	[illegible]	☑
		☐

图 8-13　表结构设计界面

表结构设计完毕后，单击选项卡右侧的“关闭”按钮×（注意，不是窗口的“关闭”按钮），当系统询问是否保存时，单击“是”按钮，为新表指定名称，单击“确定”按钮完成向数据库添加一个空白表的操作。

表结构创建完毕后，可在“服务器资源管理器”窗口中右键单击表名称，在弹出的快捷菜单中执行“打开表定义”命令，表结构设计窗口对现有结构进行修改。需要注意的是，若修改已包含数据（记录）的表结构可能导致某些数据丢失。

在“服务器资源管理器”窗口中右键单击表名称，在弹出的快捷菜单中执行“显示表数据”命令，在如图 8-14 所示的窗口中逐行录入相应数据即可完成数据记录添加工作。移动光标到某单元格可直接修改数据。在某记录的行首单击右键，在弹出的快捷菜单中执行“删除”命令可删除当前记录。在实际应用中，通常通过数据库应用程序来完成数据记录的添加、修改或删除操作。

uid	uname	uunit	officetel	mobil	email
0001	张三	市工商局	12345678	13823578710	zs@163.com
0002	李四	市财政局	23456781	13338678954	lisi112@sina.com
0003	王五	曙光大学	34567891	15537806210	wangw88@126.com
0004	赵六	大地房产	45678901	13798789088	NULL
0005	陈其	大商百货	56789012	15233450086	chenqi@sohu.com
0006	张顺利	曙光大学	99900777	12345678980	zsl@163.com
NULL	NULL	NULL	NULL	NULL	NULL

图 8-14　录入数据

7．为第 6 题创建的 SQL Server 数据表 Tel 添加一个用于显示指定姓名信息的存储过程 selectname。要求该存储过程支持“模糊查询”，即输入的姓名信息可以是姓名字段值的部分内容。

解答：在 Visual Studio 的“服务器资源管理器”中创建与 SQL Server 数据库的连接后，展开数据库的内容列表，右键单击“存储过程”选项，在弹出的快捷菜单中执行“添加新存储过程”命令，在打开的存储过程代码编辑窗口中输入如下代码：

```
CREATE PROCEDURE selectname
        (
        @uname nchar(6)
        )
AS
```

```
        SELECT * FROM Tel
        WHERE stuname LIKE '%' + RTRIM(@uname) +'%'
    RETURN
```

说明：上述代码创建了一个名为 selectname 的存储过程，从外部接收 uname 字段的参数，SQL 语句中使用 LIKE 子句查询 uname 字段值中包含接收参数值的记录，RTRIM 函数用于压缩 nchar(n)类型变量的尾部空格，存储过程及运行结果如图 8-15 和图 8-16 所示。

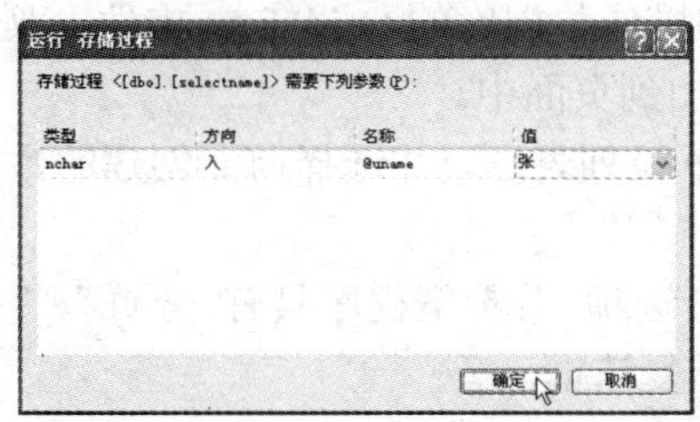

图 8-15　运行存储过程

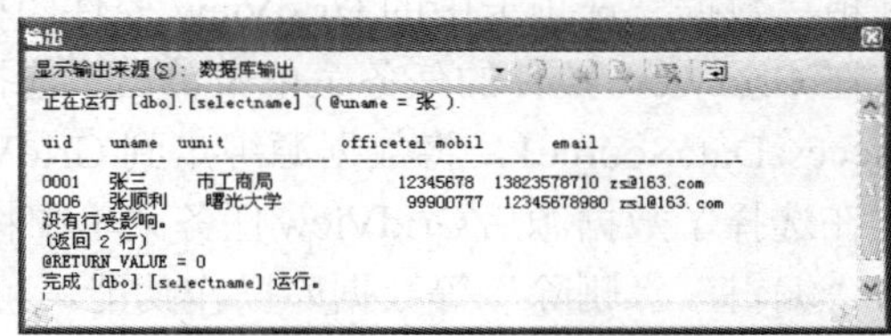

图 8-16　存储过程运行结果

8．简述通过数据源配置向导，结合 GridView 控件，创建一个简单 ASP.NET 数据库应用程序的一般步骤。

解答：操作步骤如下。

GridView 控件用于配合数据源控件实现对数据库进行浏览、编辑、删除等操作。数据源控件主要包括用于连接 Access 数据库的 AccessDataSource 和用于连接 SQL Server 数据库的 SqlDataSource。下面以创建一个能操作 Access 数据库的 ASP.NET 数据库应用程序为例，介绍数据源控件（AccessDataSource）配合 GridView 控件实现数据浏览、编辑、删除操作的一般程序设计步骤。

（1）添加数据库文件和数据源控件

先创建一个 ASP.NET 项目，在“解决方案资源管理器”中，右键单击 App_Data 文件夹，在弹出的快捷菜单中执行“添加现有项”命令，在打开的对话框中选择事先创建好的 Access 数据库文件后单击“添加”按钮。此时，在“解决方案资源管理器”中将看到添加进来的数据库文件。

双击工具箱的“数据”选项卡中 AccessDataSource 控件图标将其添加到 Web 窗体上。由于该控件在程序运行时是不可见的，故可以放置在页面的任何位置。

单击“AccessDataSource 任务”菜单中的“配置数据源”，在打开的“选择数据库”对话框中单击“浏览”按钮。

在打开的对话框中选择 App_Data 文件夹下的 Access 数据库文件后单击“确定”按钮。返回到“选择数据库”对话框后单击“下一步”按钮，在“配置 Select 语句”对话框中，用户可选择或自行书写适当的 Select 语句，以指定从数据库中返回哪些数据。选择“*”表示返回数据库中所有记录的所有字段。

单击对话框中的 WHERE 按钮，可设置返回记录的条件；单击 ORDER BY 按钮，可设置返回记录的排序方法。

若单击对话框中的“高级”按钮，在打开的对话框中，用户可选择是否自动生成用于添加记录、更新数据和删除记录的 SQL 语句，同时也可选择是否使用“开放式并发”模式，根据本题目的要求应当选择这些项。设置完毕后单击“确定”按钮（如果“高级”对话框中的选项呈灰色显示，说明数据表中没有设置主键）。

返回到“配置 Select 语句”对话框后单击“下一步”按钮，在打开的对话框中单击“测试查询”按钮，在数据区应能显示出正确的返回结果。测试完毕后单击“完成”按钮结束“数据源配置”向导。

（2）添加 GridView 控件

数据源配置结束后，可继续向页面中添加用于显示和操作数据库的 GridView 控件。双击工具箱“数据”选项卡中的 GridView 控件图标，将其添加到页面中。

在 GridView 控件的任务菜单中单击“选择数据源”下拉列表框，并选择前面创建的数据源 AccessDataSource1，将数据源绑定到 GridView 控件。

在选择了数据源后 GridView 任务菜单中将多出若干个选项。若希望程序具有“分页”、“排序”、“编辑”、“删除”等数据库操作功能，可选择相应的复选框。

（3）设置 GridView 控件的属性

单击 GridView 任务菜单中的“编辑列”，在打开的对话框中，可设置 GridView 控件的外观，如字体的大小、是否允许换行等。在设计视图中选择 GridView 控件，可在属性窗口中设置对象的 Caption 属性，为数据表添加标题。

在实际应用中，通常使用主题、外观文件和 CSS 级联样式表来设置包括 GridView 控件在内的 ASP.NET 网页外观样式。

9．使用 GridView 控件、FormView 控件和 SqlDataSource 控件配合创建一个具有基本数据库管理功能（如增、删、查、改）的 ASP.NET 应用程序。

要求在 Default.aspx 页面中使用 GridView 控件显示所有数据，当用户单击 GridView 控件某行 “修改”链接按钮时，页面跳转到 Edit.aspx 页面并在 FormView 控件中显示所选行的详细信息。单击 FormView 控件下方的“编辑”、“删除”或“新建”链接按钮，可完成对数据库的基本操作。本题使用第 6 题创建的 SQL Server 数据库 addresslist。程序运行结果如图 8-17 和图 8-18 所示。

	编号	姓名	单位	办公电话	移动电话	电子邮件
修改	0001	张三	市工商局	12345678	13823578710	zs@163.com
修改	0002	李四	市财政局	23456781	13338678954	lisi112@sina.com
修改	0003	王五	曙光大学	34567891	15537806210	wangw88@126.com
修改	0004	赵六	大地房产	45678901	13798789088	
修改	0005	陈其	大商百货	56789012	15233450086	chenqi@sohu.com

图 8-17　Default.aspx 页面

查看记录	
编号	0003
姓名	王五
单位	曙光大学
办公电话	34567891
移动电话	15537806210
电子邮件	wangw88@126.com
编辑　删除　新建　返回	

图 8-18　Edit.aspx 页面

解答：程序设计步骤如下。

（1）设计 Default.aspx 页面

新建一个 ASP.NET 网站，在 Default.aspx 页面中添加一个用于连接 SQL Server 数据库的控件 SqlDataSource1 和一个用于显示数据表中所有记录的控件 GridView1。

执行 SqlDataSource 控件“任务”菜单中的“配置数据源”命令，启动数据源配置向导。参照本章相关章节的介绍完成配置操作。配置完成后，数据源应能正确显示 Tel 表中所有的数据记录。

在 GridView 控件的“任务”菜单中选择“启用选定内容”复选框。单击“任务”菜单中“编辑列”命令打开如图 8-19 所示的对话框，将“选定的字段”名称更改为相应的中文，并将“选择”列的 SelectText 属性更改为“修改”。

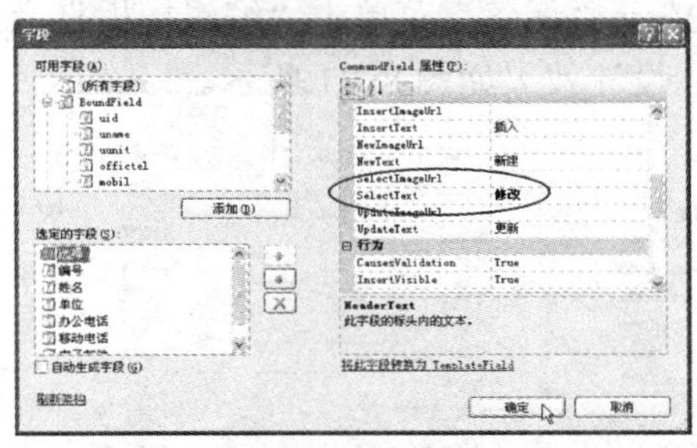

图 8-19　修改 SelectText 属性值

切换到 Default.aspx 页面的代码窗口，编写 GridView 中被选择行变化时（用户选择不同行时）执行的事件代码如下：

```
protected void GridView1_SelectedIndexChanged(object sender, EventArgs e)
{
    //将用户选择行的第 2 列（索引值为 1）的值通过查询字符串传递到 Edit.aspx 页面
    Response.Redirect("Edit.aspx?userid=" + GridView1.SelectedRow.Cells[1].Text);
}
```

（2）设计 Edit.aspx 页面

在“解决方案资源管理器”中右键单击网站名称，在弹出的快捷菜单中执行“添加新项”命令，在打开的对话框中选择“Web 窗体”模板，并将文件命名为 Edit.aspx，单击“添加”按钮。

在 Edit.aspx 页面中添加一个 FormView 控件和一个 SqlDataSource 控件。配置 SqlDataSource 数据源时与前面基本一致，不同的是使用该数据源的 FormView 控件仅显示指定的数据记录，故需要参照图 8-20 所示的配置数据源的 WHERE 子句。

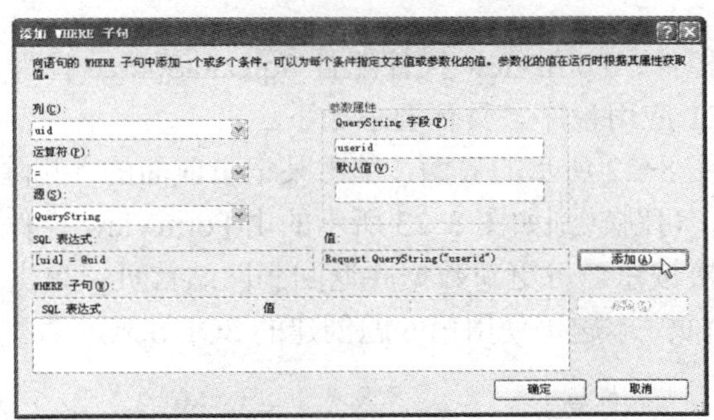

图 8-20　设置数据源的 WHERE 子句

注意，本例中使用了 uid 字段为条件列，运算符为“=”，参数来源选择了查询字符串（QuerySting），并指定用于传递参数的查询字符串名为 userid，设置完毕后单击“添加”按钮。

单击“设置 Select 语句”对话框中的“高级”按钮，在打开的对话框中选择“生成 INSERT、UPDATE 和 DELETE 语句”和“使用开放式并发”复选框。

参照本章相关章节的介绍，设置 FormView 控件的数据源为前面设置完毕的 SqlDataSource1。执行 FormView“任务”菜单中“编辑模板”命令，在打开的模板编辑器中设计 FormView 控件的外观，设计效果如图 8-21 所示。

图 8-21 修改后的 FormView 的各模板

注意，在修改“查看记录”模板时向页面中添加了一个“返回”链接按钮，使得当用户单击该按钮时能跳转到 Default.aspx 页面。

切换到 Edit.aspx 页面的代码编辑窗口，编写各控件的事件处理程序。

Edit.aspx 页面中“删除”按钮被单击时执行的事件代码如下：

```
protected void DeleteButton_Click(object sender, EventArgs e)
{
    //向页面中添加一个超链接脚本，单击该链接时跳转到 Defautl.aspx 页面
    Response.Write("<a href='Default.aspx'>记录已删除请返回</a><br><br>");
}
```

Edit.aspx 页面中单击“返回”链接按钮时执行的事件代码如下：

```
protected void LinkBack_Click(object sender, EventArgs e)
{
    Response.Redirect("Default.aspx");
}
```

10．使用 DataList 控件、FormView 控件配合 SqlDataSource 控件，设计一个能操作 SQL Server 数据库的 ASP.NET 应用程序。具体要求如下：

程序启动后显示如图 8-22 所示的界面，单击某记录前面的“删除”按钮，可删除当前记录；单击“编辑”按钮，可跳转到如图 8-23 所示的由 FormView 控件构成的编辑页面；修改记录后单击“更新”链接按钮，可更新数据并返回到网站首页；单击“取消”链接按钮，将放弃修改，并返回网站首页。本题仍使用第 6 题创建的 SQL Server 数据库 addresslist 和 Tel 表。

通 信 录

		编号	姓 名	单 位	办公电话	移动电话	电子邮件
删除	编辑	0001	张三	市工商局	1234567	13823578710	zs@163.com
删除	编辑	0002	李四	市物资局	23456781	13338678954	lisi112@sina.com
删除	编辑	0003	王五	曙光大学	3344556	15537806210	wangw88@126.com
删除	编辑	0004	赵六	大地房产	2233445	13798789088	zhaol@126.com

图 8-22 使用 DataList 控件显示数据

图 8-23 通过 FormView 控件修改数据

解答：程序设计步骤如下。

（1）设计 Default.aspx 页面

新建一个 ASP.NET 网站，在页面中添加一个 DataList 控件和一个 SqlDataSource 控件。执行 SqlDataSource 控件“任务”菜单中的“配置数据源”命令，启动数据源配置向导。参照本章相关章节的介绍完成配置操作。配置完成后，数据源应能正确显示 Tel 表中所有数据的记录。需要注意的是，本例设计使用代码方式执行删除记录的操作，更新数据将交给 FormView 控件完成，故 Default.aspx 页面中的 SqlDataSource 控件仅提供 DataList 控件中显示数据的支持，不必生成相关的 Insert、Update 和 Delete 命令。

执行 DataList 控件“任务”菜单中的“编辑模板”命令，选择 ItemTemplate 模板，按如图 8-24 所示在模板中添加一个用于布局的 HTML 表格，并将默认纵向排列布局改为横向排列，向最前面两个单元格分别添加一个命令按钮控件 Button1 和 Button2。

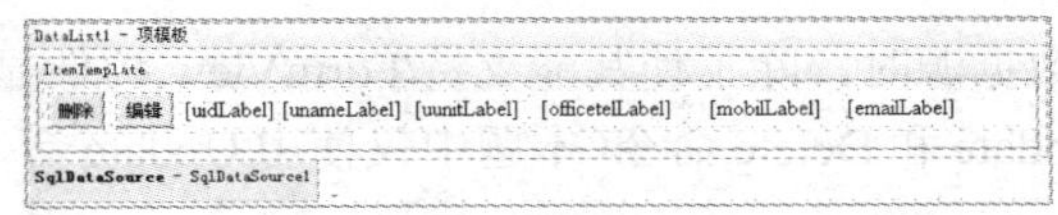

图 8-24 编辑 DataList 控件的 ItemTemplate 模板

设置 Button1 的 ID 属性为 ButtonDel，Text 属性为“删除”，设置 Button2 的 ID 属性为 ButtonEdit，Text 属性为“编辑”。为了在 DataList 控件的 ItemCommand 事件中判断用户究竟是单击了哪个按钮，需要设置“删除”按钮的 CommandName 属性为 Del，“编辑”按钮的编辑按钮的 CommandName 属性为 Edit；设置 2 个按钮的 CommandArgument 属性均为“<%# Eval("uid") %>”（表示从数据源获取的当前记录的 uid 字段值）。

切换到 HeaderTemplate 模板，按如图 8-25 所示设计 DataList 控件的列标题栏。

图 8-25 编辑 DataList 控件的 HerderTemplate 模板

（2）编写 Default.aspx 页面中的相关代码

Default.aspx 页面装入时执行的事件代码如下：

```
protected void Page_Load(object sender, EventArgs e)
{
    DataList1.Caption = "<b><font size=5>通 信 录</font></b>";   //设置 DataList 控件的标题
}
```

DataList 控件中生成 CommandEvent 时执行的事件代码如下：

```
protected void DataList1_ItemCommand(object source, DataListCommandEventArgs e)
{
```

```
        if (e.CommandName == "Edit")            //如果用户单击了"编辑"按钮
        {
            //e 表示激发 ItemCommand 事件的按钮
            //e. CommandArgument 属性包含了当前记录的 uid 值
            Response.Redirect("edit.aspx?uid=" + e.CommandArgument);
        }
        else            //如果用户单击了"删除"按钮
        {
            //设置数据源的删除命令（设置删除记录的 SQL 语句）
            SqlDataSource1.DeleteCommand = "delete from Tel where uid='" +
                                                    e.CommandArgument + "'";
            SqlDataSource1.Delete();      //调用数据源的 Delete()方法，即执行相应的 SQL 语句
        }
    }
```

（3）设计 Edit.aspx 页面

在网站中添加一个新 Web 窗体，并命名为 Edit.aspx。在页面中添加一个 FormView 控件和一个 SqlDataSource 控件。

配置 SqlDataSource 数据源时，除了使其能支持 FormView 控件显示记录的全部字段外，还需要为其生成 Insert、Update 和 Delete 命令（本题中仅使用 Update 命令），以提供对 FormView 控件更新记录的支持。

设置 FormView 控件的数据源为前面配置完成的 SqlDataSource 控件，设置其 DefaultMode 属性为 Edit，使控件一旦加载就立即进入编辑模式。按图 8-26 所示，修改 FormView 控件的 EditTemplate 模板。

图 8-26　编辑 FormView 控件的 EditTemplate 模板

（4）编写 Edit.aspx 页面中的相关代码

FormView 控件中发生记录更新后执行的事件代码如下：

```
protected void FormView1_ItemUpdated(object sender, FormViewUpdatedEventArgs e)
{
    Response.Redirect("Default.aspx");
}
```

用户在更新界面中单击“取消”按钮时执行的事件代码如下：

```
protected void UpdateCancelButton_Click(object sender, EventArgs e)
{
    Response.Redirect("Default.aspx");
}
```

第 9 章　使用 ADO.NET 访问数据库

9.1　实训　使用 DataAdapter 操作数据库

9.1.1　实训目的

1）通过上机练习进一步理解数据库连接对象 Connection、命令对象 Command、数据适配器对象 DataAdapter 在数据库应用程序设计中的相互关系及各对象的创建和使用方法、步骤等。

2）通过本实训理解创建具有基本数据库管理功能（对数据记录的查询、添加、修改、删除）的应用程序的常用方法和技巧。

9.1.2　实训要求

使用 DataAdapter 对象的 Command 属性执行 SQL 语句，实现对数据库记录的查询、添加、修改和删除。程序具有的功能要求如下。

（1）浏览数据库

程序运行时显示如图 9-1 所示的页面，其中，GridView 控件中显示有指定数据表中的所有记录。

（2）插入记录

在主页面中单击“插入记录”链接按钮，打开如图 9-2 所示的页面。用户在输入了新记录的各项数据后单击“提交”按钮，程序将把用户修改后的数据提交到数据库，并在屏幕上弹出信息框提示“新记录添加成功，请单击‘返回’按钮回到主页面”。

浏览全部记录

学号	姓名	性别	班级	数学	语文	英语
200801	张三	男	网络0801	78	89	65
200802	李四	女	网络0802	77	88	99
200803	王五	男	网络0801	90	56	73
200901	赵六	男	软件0901	88	64	81
200902	陈其	女	软件0902	50	84	70
200903	刘八	男	软件0902	83	74	95
200904	王可	女	软件0901	90	80	70

插入记录　删除记录　修改数据

图 9-1　浏览数据库

图 9-2　添加新记录

（3）修改数据

在主页面中单击“修改数据”链接按钮，打开如图 9-3 所示的页面。用户可通过下拉列表框选择希望修改记录的“学号”字段值，文本框中将显示对应的成绩数据。用户在修改了一个或多个数据之后，单击“提交”按钮，程序将把修改后的数据更新到数据库，并在屏幕上弹出信息框提示“记录更新成功，请单击‘返回’按钮回到主页面”。

（4）删除记录

在主页面中单击“删除记录”链接按钮，打开如图 9-4 所示的页面。用户可通过下拉列表表框选择希望删除的记录“学号”字段值，下方表格中将显示对应的数据。确认无误后可单击“确定”按钮，程序将从数据库中删除指定记录，并在屏幕上弹出信息框提示“记录已成功删除，请单击‘返回’按钮回到主页面”。

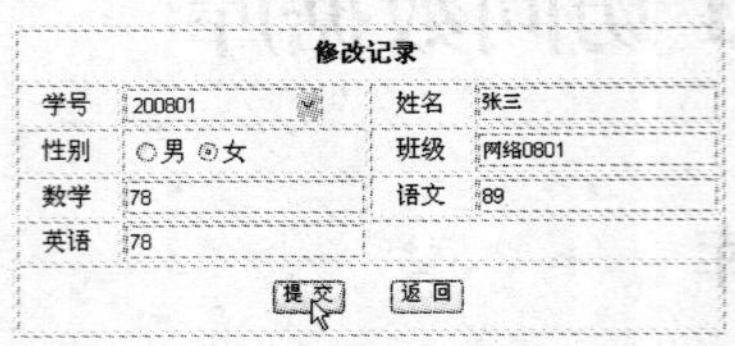

图 9-3 修改记录

图 9-4 删除记录

9.1.3 实训步骤

为实现程序的设计要求，将网站规划为 4 个网页分别用于实现浏览（Default.aspx）、添加（Add.aspx）、修改（Update.aspx）和删除（Del.aspx）数据库记录的功能。

1. 数据库浏览功能的实现

在 Default.aspx 中需要实现的具体功能如下：

1）使用 DataAdapter 对象的 SelectCommand 属性返回数据并填充到 DataSet 对象中，将 DataSet 中 DataTable 对象作为 Gridview 控件的数据源，从而实现数据浏览功能。

2）单击相应的链接按钮分别跳转到用于实现其他功能的页面。

（1）设计 Default.aspx 页面

新建一个 ASP.NET 网站，将事先设计完成的 Access 数据库文件复制到站点下 App_Data 文件夹中（使用习题 8-4 中创建的 Access 数据库）。

切换到设计视图，按图 9-5 所示，向 Default.aspx 中添加 3 个链接按钮 LinkButton1～LinkButton3 和 1 个 GridView 控件。

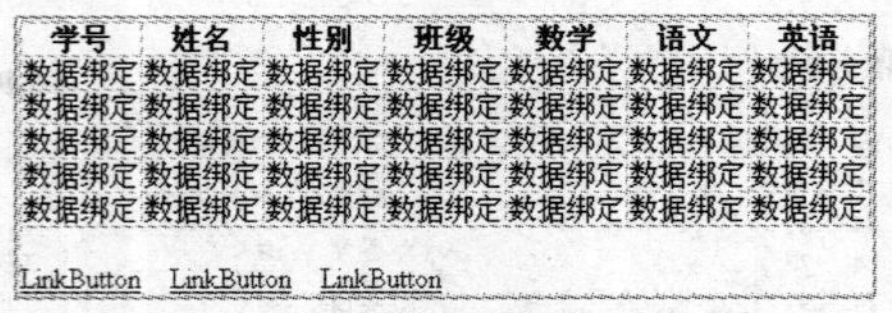

图 9-5 设计 Default.aspx 界面

（2）设置对象属性

设置 3 个 LinkButton 的 ID 属性分别为 LinkIns、LinkUpdata 和 LinkDel。为了使 GridView 控件的列标题显示中文信息，应切换到页面的源视图手工修改相应代码。

（3）编写程序代码

引用必须的命名空间（在本实训中所有页面均需引用下列命名空间，今后不再赘述）如下：

```
using System.Data;
using System.Data.OleDb;
```

Default.aspx 页面装入时执行的事件代码如下：

```
protected void Page_Load(object sender, EventArgs e)
{
    this.Title = "DataAdapter 对象使用示例";
    LinkIns.Text = "插入记录";
    LinkUpdate.Text = "修改数据";
    LinkDel.Text = "删除记录";
    OleDbConnection conn = new OleDbConnection();
    conn.ConnectionString = "Provider=Microsoft.Jet.OleDb.4.0;" + "Data Source=" +
                        Server.MapPath("App_Data/Student.mdb");
    string StrSel = "select * from grade order by uid";
    OleDbDataAdapter da = new OleDbDataAdapter(StrSel, conn);
    DataTable dt = new DataTable();       //创建 DataTable 对象
    da.Fill(dt);                          //填充 DataTable 对象
    GridView1.DataSource = dt;            //将填充后的 DataTable 对象作为 GridView 控件的数据源
    GridView1.DataBind();
    GridView1.Caption = "<b>浏览全部记录</b>";
    GridView1.Width = 300;
    conn.Close();
}
```

“插入记录”按钮被单击时执行的事件代码如下：

```
protected void LinkIns_Click(object sender, EventArgs e)
{
    Response.Redirect("add.aspx");
}
```

“修改记录”按钮被单击时执行的事件代码如下：

```
protected void LinkUpdate_Click(object sender, EventArgs e)
{
    Response.Redirect("update.aspx");
}
```

“删除记录”按钮被单击时执行的事件代码如下：

```
protected void LinkDel_Click(object sender, EventArgs e)
{
    Response.Redirect("del.aspx");
}
```

2．插入新记录功能的实现

在“解决方法资源管理器”中，右键单击网站名称，在弹出的快捷菜单中执行“添加新项”命令，在打开的对话框中选择模板为“Web 窗体”，并指定文件名为 Add.aspx，单击“添加”按钮将其添加到站点中。

在 Add.aspx 页面中需要实现的功能是，将用户输入在文本框中的新记录字段值，通过 InsertCommand 添加到数据库的一条新记录中。

（1）设置 Add.aspx 页面

在 Add.aspx 的设计视图中，按图 9-6 所示添加 1 个用于布局的 HTML 表格，向表格中添加必要的说明文字，添加 6 个文本框控件 TextBox1～TextBox6、2 个按钮控件 Button1 和 Button2、1 个单选按钮组控件 RadioButton1。

图 9-6　设计 Add.aspx 页面

（2）设置对象属性

设置 6 个文本框的 ID 属性分别为 TextNo、TextName、TextClass、TextMath、TextChs 和 TextEn；设置 2 个按钮控件的 ID 属性分别为 ButtonSubmit 和 ButtonBack；设置 RadioButtonList1 的 ID 属性为 RadioSex，设置 RepeatDirection 属性为 Horizontal，使其选项能水平排列，向其中添加两个供选项“男”和“女”。

（3）编写程序代码

Add.aspx 页面装入时执行的事件代码如下：

```
protected void Page_Load(object sender, EventArgs e)
{
    this.Title = "添加新记录";
    TextNo.Focus();
}
```

“提交”按钮被单击时执行的事件代码如下：

```
protected void btnSubmit_Click(object sender, EventArgs e)
{
    OleDbConnection conn = new OleDbConnection();
    conn.ConnectionString = "Provider=Microsoft.Jet.OleDb.4.0;" + "Data Source=" +
                                Server.MapPath("App_Data/grade.mdb");
    string Val = "'" + TextNo.Text + "','" + TextName.Text + "','" + RadioSex.SelectedValue.ToString() +
                 "','" + TextClass.Text + "','" + int.Parse(TextMath.Text) + "," + int.Parse(TextChs.Text) +
                 "," + int.Parse(TextEn.Text);
    string SqlIns = "insert into grade(uid,uname,usex,class,math,chs,en) values(" + Val +")";
    //声明一个 Command 对象 InsCom，该对象使用 conn 指定的连接
    //执行 SqlIns 指定的 SQL 语句
    OleDbCommand InsCom = new OleDbCommand(SqlIns,conn);
    OleDbDataAdapter da = new OleDbDataAdapter();
    conn.Open();
    da.InsertCommand = InsCom;
    //执行 InsertCommand 指定的 SQL 语句，将新记录数据写入到数据库对应的字段中
    da.InsertCommand.ExecuteNonQuery();
    conn.Close();
    Response.Write("<script language=javascript>alert('新记录添加成功，
                   请单击"返回"回到主页面！');</script>");
}
```

“返回”按钮被单击时执行的事件过程代码如下：

```
protected void btnBack_Click(object sender, EventArgs e)
{
    Response.Redirect("Default.aspx");
}
```

3. 修改数据功能的实现

在“解决方法资源管理器”中，右键单击项目名称，在弹出的快捷菜单中执行“添加新项”命令，在打开的对话框中选择模板为“Web 窗体”，并指定文件名为 Update.aspx，单击“添加”按钮将其添加到站点中。在 Update.aspx 页面中需要实现的功能如下：

1）使用下拉列表框控件配合 AccessDataSource 控件，将数据库中所有记录“学号”字段的值添加为下拉列表框的选项。

2）用户通过下拉列表框选择某一“学号”值时，文本框和单选按钮组中的数据自动随之变化。

3）用户在修改了文本框或单选按钮组控件中的数据后，单击“提交”按钮，程序能将把修改后的数据保存到数据库，并在屏幕上显示“记录更新成功，请单击‘返回’按钮回到主页面”。

4）单击“返回”按钮跳转到 Default.aspx。

程序设计步骤如下：

（1）设计 Update.aspx 页面

如图 9-7 所示在 Update.aspx 页面中添加一个用于布局的 HTML 表格，向表格中添加必要的说明文字、1 个下拉列表框控件 DropDownList1、5 个文本框控件 TextBox1～TextBox5、2 个按钮控件 Button1 和 Button2、1 个单选按钮组控件 RadioButtonList1。

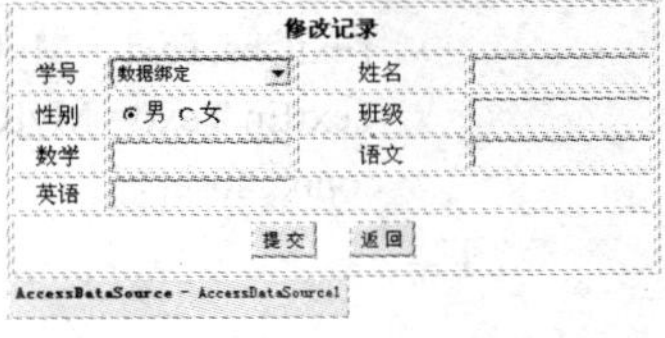

图 9-7　设计 Update.aspx 页面

（2）设置对象属性

设置 DropDownList1 的 ID 属性为 DropNo，AutoPostBock 属性为 True；设置 5 个文本框控件的 ID 属性分别为 TextNo、TextName、TextMath、TextChs 和 TextEn。

设置两个按钮控件的 ID 属性分别为 ButtonSubmit 和 ButtonBack，设置它们的 Text 属性分别为“提交”和“返回”。

设置 RadioButtonList1 的 ID 属性为 RadioSex，设置 RepeatDirection 属性为 Horizontal，使其选项能水平排列，向其中添加两个供选项“男”和“女”。

（3）编写程序代码

Update.aspx 页面装入时执行的事件代码如下：

```
protected void Page_Load(object sender, EventArgs e)
{
    this.Title = "更新记录";
    DropNo.AutoPostBack = true;
    if (!IsPostBack)
    {
        OleDbConnection conn = new OleDbConnection();
        conn.ConnectionString = "Provider=Microsoft.Jet.OleDb.4.0;" + "Data Source=" +
```

```
                              Server.MapPath("App_Data/Student.mdb");
        string SqlStr = "select * from grade";
        OleDbDataAdapter da = new OleDbDataAdapter(SqlStr, conn);
        DataTable dt = new DataTable();
        da.Fill(dt);
        DataRow MyRow = dt.Rows[0];      //从数据表中提取第 1 行（第一条记录）
        TextName.Text = MyRow["uname"].ToString();
        if (MyRow["usex"].ToString() == "男")
        {
            RadioSex.SelectedIndex = 0;
        }
        else
        {
            RadioSex.SelectedIndex = 1;
        }
        TextClass.Text = MyRow["class"].ToString();   //从行中提取字段值，并赋值给文本框
        TextMath.Text = MyRow["math"].ToString();
        TextChs.Text = MyRow["chs"].ToString();
        TextEn.Text = MyRow["en"].ToString();
        conn.Close();
    }
}
```

“提交”按钮被单击时执行的事件代码如下：

```
protected void ButtonSubmit_Click(object sender, EventArgs e)
{
    OleDbConnection conn = new OleDbConnection();
    conn.ConnectionString = "Provider=Microsoft.Jet.OleDb.4.0; Data Source=" +
                          Server.MapPath("App_Data/Student.mdb");
    string SqlStr = "select * from grade where uid='" +DropNo.Text + "'";
    OleDbDataAdapter da = new OleDbDataAdapter(SqlStr, conn);
    DataTable dt = new DataTable();
    OleDbCommandBuilder builder = new OleDbCommandBuilder(da);
    da.Fill(dt);
    DataRow MyRow = dt.Rows[0];
    MyRow[1] = TextName.Text;
    MyRow[2] = RadioSex.SelectedValue.ToString();
    MyRow[3] = TextClass.Text;
    MyRow[4] = int.Parse(TextMath.Text);
    MyRow[5] = int.Parse(TextChs.Text);
    MyRow[6] = int.Parse(TextEn.Text);
    da.Update(dt);          //调用 DataAdapter 对象的 Update()方法将修改提交到数据库
    Response.Write("<script language=javascript>alert('记录更新成功，
                          请单击"返回"按钮回到主页面！');</script>");
    conn.Close();
}
```

"学号"下拉列表框中选项改变时执行的事件代码如下：

```
protected void DropNo_SelectedIndexChanged(object sender, EventArgs e)
{
    OleDbConnection conn = new OleDbConnection();
    conn.ConnectionString = "Provider=Microsoft.Jet.OleDb.4.0;" + "Data Source=" +
                            Server.MapPath("App_Data/Student.mdb");
    string SqlStr = "select * from grade where uid='" + DropNo.Text + "'" ;
    OleDbDataAdapter da = new OleDbDataAdapter(SqlStr, conn);
    DataTable dt = new DataTable();
    da.Fill(dt);
    DataRow MyRow = dt.Rows[0];
    TextName.Text = MyRow["uname"].ToString();
    if (MyRow["usex"].ToString() == "男")
    {
        RadioSex.SelectedIndex = 0;
    }
    else
    {
        RadioSex.SelectedIndex = 1;
    }
    TextClass.Text = MyRow["class"].ToString();   //从行中提取字段值，并赋值给文本框
    TextMath.Text = MyRow["math"].ToString();
    TextChs.Text = MyRow["chs"].ToString();
    TextEn.Text = MyRow["en"].ToString();
    conn.Close();
}
```

"返回"按钮被单击时执行的事件代码如下：

```
protected void ButtonBack_Click(object sender, EventArgs e)
{
    Response.Redirect("default.aspx");
}
```

4. 删除记录功能的实现

在"解决方法资源管理器"中，右键单击项目名称，在弹出的快捷菜单中执行"添加新项"命令，在打开的对话框中选择模板为"Web 窗体"，并指定文件名为 Del.aspx，单击"添加"按钮将其添加到站点中。在 Del.aspx 页面中需要实现的功能如下：

1）使用一个下拉列表框和一个 AccessDataSource 控件配合在下拉列表框中填充所有学号值；使用 GridView 控件实现删除前记录的显示。当用户通过下拉列表框选择某"学号"字段值时，GridView 控件中的数据将自动随之变化。

2）用户单击"确定"按钮时将删除当前显示的数据记录。标签控件用来显示操作提示信息。

程序设计步骤如下：

（1）设置 Del.aspx 页面

如图 9-8 所示，在 Del.aspx 页面中添加一个用于布局的 HTML 表格，在表格中添加必要

的说明文字、1 个下拉列表框控件 DropDownList1、1 个用于显示当前记录的 GridView 控件、1 个用于显示操作提示信息的标签控件 Label1、2 个按钮控件 Button1 和 Button2、1 个用于向 DropDownList1 提供数据的 AccessDataSource1。

图 9-8 设计 Del.aspx 页面

（2）设置对象属性

设置 DropDownList1 控件的 ID 属性为 DropNo，AutoPostBock 属性为 True；设置两个按钮控件的 ID 属性分别为 ButtonOK 和 ButtonBack，设置它们的 Text 属性分别为“确定”和“提交”；设置标签控件的 ID 属性为 LabelMsg，设置其 Text 属性为空。

设置 AccessDataSource1 连接到 grade 表的 uid 字段，并将其作为下拉列表框 DropNo 的数据源。

（3）编写程序代码

```
protected void Page_Load(object sender, EventArgs e)
{
    if (!IsPostBack)
    {
        this.Title = "删除记录";
        LabelMsg.Text = "单击“确定”将删除当前记录";
        OleDbConnection conn = new OleDbConnection();
        conn.ConnectionString = "Provider=Microsoft.Jet.OleDb.4.0;" + "Data Source=" +
                    Server.MapPath("App_Data/student.mdb");
        string SqlStr = "select top 1 * from grade";     //返回数据表中的第 1 条记录
        OleDbDataAdapter da = new OleDbDataAdapter(SqlStr, conn);
        DataTable dt = new DataTable();              //创建 DataTable 对象
        da.Fill(dt);                                 //填充 DataTable 对象
        GridView1.DataSource = dt;                   //将 DataTable 对象作为 GridView 控件的数据源
        GridView1.DataBind();
        conn.Close();
    }
}
```

“确定”按钮被单击时执行的事件代码如下：

```
protected void ButtonOK_Click(object sender, EventArgs e)
{
    OleDbConnection conn = new OleDbConnection();
    conn.ConnectionString = "Provider=Microsoft.Jet.OleDb.4.0;" + "Data Source=" +
                Server.MapPath("App_Data/Student.mdb");
    string SqlDel = "delete from grade where uid='" + DropNo.SelectedItem.Text + "'";
    OleDbCommand DelCom = new OleDbCommand(SqlDel,conn);
    OleDbDataAdapter da = new OleDbDataAdapter();
    conn.Open();
    da.DeleteCommand = DelCom;
```

```
        da.DeleteCommand.ExecuteNonQuery();
        conn.Close();
        Response.Write("<script language=javascript>alert('记录已成功删除，
                                            请单击"返回"回到主页面！');</script>");
    }
```

“学号”下拉列表框中选项改变时执行的事件代码如下：

```
    protected void DropNo_SelectedIndexChanged(object sender, EventArgs e)
    {
        OleDbConnection conn = new OleDbConnection();
        conn.ConnectionString = "Provider=Microsoft.Jet.OleDb.4.0;" + "Data Source=" +
                                Server.MapPath("App_Data/student.mdb");
        string SqlStr = "select * from grade where uid='" + DropNo.Text + "'";
        OleDbDataAdapter da = new OleDbDataAdapter(SqlStr, conn);      //按用户选择的学号返回记录集
        DataTable dt = new DataTable();              //创建 DataTable 对象
        da.Fill(dt);                                 //填充 DataTable 对象
        GridView1.DataSource = dt;                   //将 DataTable 对象作为 GridView 控件的数据源
        GridView1.DataBind();
        conn.Close();
    }
```

“返回”按钮被单击时执行的事件代码如下：

```
    protected void ButtonBack_Click(object sender, EventArgs e)
    {
        Response.Redirect("default.aspx");
    }
```

9.2 习题解答

1．简述数据集（DataSet）与数据提供器（Provider）的作用及两者之间的关系。

解答：

1）DataSet 对象用于以数据表（DataTable）形式在程序中放置一组数据，它不关心数据的来源。DataSet 是实现 ADO.NET 断开式连接的核心，应用程序从数据源读取的数据暂时被存放在 DataSet 中，程序再对其中的数据进行各种操作。

2）Provider 中包含许多针对数据源的组件，开发人员通过这些组件可以使程序与指定的数据源进行连接。Provider 主要包括 Connection 对象、Command 对象、DataReader 对象以及 DataAdapter 对象。Provider 用于建立数据源与数据集之间的连接，它能连接各种类型的数据源，并能按要求将数据源中的数据提供给数据集，或者将应用程序编辑后的数据发送回数据库。两者之间的关系如图 9-9 所示。

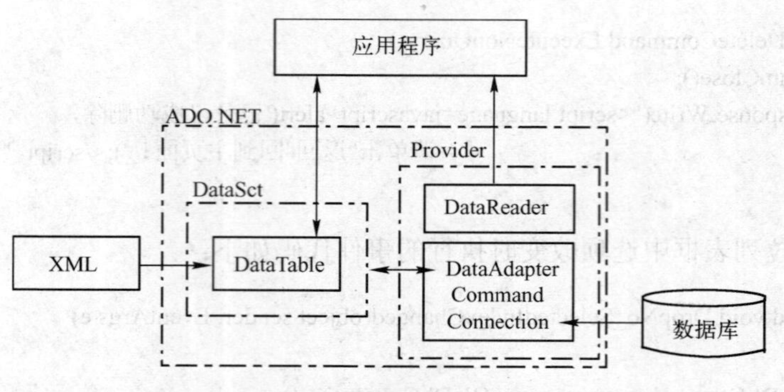

图 9-9　数据集与数据提供器之间的关系

2．简述创建一个数据库连接对象的一般步骤。

解答：一般情况下，可通过以下两个步骤创建数据库连接对象 Connection。

1）实例化一个数据库连接对象。注意，应根据要连接的数据库类型的不同选择 SqlConnection、OleDbConnection、OdbcConnection 或 OracleConnection。

2）为数据库连接对象连接字符串属性赋值。

例如，下列两条语句创建了一个名为 conn 的，连接到 SQL Server 数据库 addresslist 的数据库连接对象。

```
SqlConnection conn = new SqlConnection();
conn.ConnectionString = "Data Source=vm2k3; Initial Catalog=addresslist;
                         User ID=sa; Password=abc-123";
```

其中，vm2k3s 为 SQL 服务器的名称，sa 和 abc-123 为登录服务器的用户名和相应的密码。

3．为什么推荐将连接字符串存放在配置文件中？怎样在 web.config 文件中配置连接字符串？

解答：通常可以将数据库连接字符串放在 web.config 文件或直接放在 Web 程序代码中。如果采用后一种方式，一旦因环境变化需要修改连接字符串时，就需要重新发布应用程序。所以推荐将连接字符串存放在独立于应用程序的 web.config 文件中。

4．Command 对象的常用方法有哪些？它们各自的作用如何？

解答：Command 对象的常用方法有以下几个。

1）ExecuteScalar()方法：该方法用于返回一个标量值。例如，需要返回 COUNT()、SUM()或 AVG()等聚合函数等的结果。

2）ExecuteNonQuery()方法：该方法用于执行不返回任何行的命令，如 INSERT、UPDATE、DELETE 等，方法执行后能返回受影响的行数。

3）ExecuteXMLReader 方法：该方法用于返回一个 XmlReader 对象（只适用于 SqlCommand 对象）。

4）ExecuteReader()：该方法用于返回一个 DataReader 对象。

5．怎样创建一个 DataReader 对象？

解答：可以通过以下两种渠道创建一个 DataReader 对象。

1）通常可以使用 Command 对象的 ExecuteReader()方法，通过执行特定的 SQL 语句创建 DataReader 对象。

例如，下列语句创建了一个名为 dr 的，包含有 SQL 数据库 Tel 表所有记录的 DataReader 对象。

```
……          //创建数据库连接对象 conn
string StrSQL = "select * from Tel";
SqlCommand cmd = new OleDbCommand(StrSQL, conn);
SqlDataReader dr = cmd.ExecuteReader();     //调用 ExecuteReader()方法得到 dr 对象
……          //使用 DataReader 对象
```

6．DataReader 对象的常用属性和方法有哪些？其作用如何？

解答：OleDbDataReader 或 SqlDataReader 对象常用的属性和方法主要有以下几个。

1）FieldCount 属性：该属性用来获取当前行中的列数，如果未放置在有效的记录集中，则返回 0；否则，返回列数（字段数），默认值为-1。

2）HasRows 属性：该属性用来获取 DataReader 对象中是否包含任何行。

3）Read()方法：使用该方法可将 Reader 指向当前记录，并将记录指针移到下一行，从而可使用列名或列的次序来访问列的值。如果到了数据表的最后，则返回一个布尔值 false。

4）GetValue()方法：该方法用来指定列的整数索引，从当前行中以固定的格式返回一个或多个值。

5）GetValues()方法：该方法用来从当前行中以固定的格式将一个或多个数值提取到数组中。

6）NextResult()方法：该方法可将当前行的指针移到下一个结果集上。

7）Close()方法：该方法用来关闭 DataReader 对象，并释放对记录集的引用。

7．使用 using 语句块的方法建立数据库连接有什么好处？

解答：在实际应用中，为了避免因忘记使用 Close()方法关闭数据库连接而造成资源浪费，常使用 using 语句块的方法建立数据库的连接。

例如，下列代码中的斜体部分。

```
string ConnStr =
    ConfigurationManager.ConnectionStrings["ConnString"].ToString();
using (SqlConnection connection = new SqlConnection(ConnStr))
{
    ……
    connection.Open();
    ……
}
```

上述代码中无论程序块是如何退出的，using 语句都会自动关闭数据库连接。如果在 using 块中出现了异常，using 语句就会自动在资源上调用 IDisposable.Dispose 方法释放占用的资源，所以在创建数据库连接时推荐使用 using 语句块。

8．简述通过 DataAdapter、DataTable、DataRow 对象实现修改数据库记录的程序设计步骤。

解答：程序设计步骤如下。

1）创建数据库连接对象 Connection。

2）创建 Select 查询语句或 Command 对象。

3）创建 DataAdapter 对象。

4）创建 DataTable 对象。

5）为 DataAdapter 自动生成更新命令。

6）调用 DataAdapter 对象的 Fill()方法填充 DataTable 对象。

7）创建一个 DataRow 对象，并从 DataTable 对象中的 Rows 集合中取出要修改的行。

8）为 DataRow 对象的各列赋以新值。

9）调用 DataAdapter 对象的 Update()方法，将 DataTable 中的数据变化提交到数据库。

例如：

```
……            //声明查询字符串 SqlStr，并创建 OleDbConnection 对象 conn
OleDbDataAdapter da = new OleDbDataAdapter(SqlStr, conn);
DataTable dt = new DataTable();
//为 DataAdapter 自动生成更新命令
OleDbCommandBuilder builder = new OleDbCommandBuilder(da);
da.Fill(dt);
DataRow myrow = dt.Rows[0];     //声明一个行对象 myrow，并将 dt 的第 1 行数据存入对象中
myrow[2] = "女";                //修改 dt 对象中第 1 行第 3 列的字段值为"女"
da.Update(dt);                  //调用 DataAdapter 对象的 Update()方法将修改提交到数据库
```

9．设计一个 ASP.NET 网站，其中包含 Default.aspx 和 Film.aspx 两个页面。Default.aspx 页面提供一个用户登录界面，Film.aspx 中提供了一些电影文件的链接地址。

具体要求如下：

1）用户信息存放在 Access 数据库 manager.mdb 的 Admin 表中，包括 username、userpwd 和 issuper 3 个字段，分别用于存放用户名、密码和用户级别信息。电影信息存放在 manager.mdb 的 film 表中，包括 filmname、explain、filmurl、filmdate 和 isvip 5 个字段，分别用于存放电影名称、简介、链接地址、入库时间和等级，如图 9-10 所示。

username	userpwd	issuper
zhang	123456	☑
liang	654321	☐
wang	abcdef	☑
zhao	123123	☑
chen	321321	☐
		☐

filmname	explain	filmurl	filmdate	isvip
达芬奇密码	美国最新电影	movie/1.rm	09-10-12	☑
哈里波特 (1)	科幻电影	movie/2.rm	09-10-18	☐
哈里波特 (2)	科幻电影	movie/3.rm	09-11-18	☐
哈里波特 (3)	科幻电影	movie/4.rm	09-11-18	☐
2009春节联欢晚会	综艺节目	movie/5.rm	09-11-19	☐
霍元甲	动作片	movie/6.rm	09-11-16	☑
2012	灾难片	movie/7.rm	09-12-12	☑
				☐

图 9-10　Admin 表和 Film 表的内容

2）程序能实现所有用户只能通过 Default.aspx 登录后才能看到电影文件链接，不能绕过登录直接调用 Film.aspx 页面。登录成功并跳转到 Film.aspx 页面后，能根据用户级别看到对应的欢迎信息（“欢迎 VIP 用户 xxxx 观看本站最新电影”或“欢迎 xxxx 观看本站最新电影”）和不同的电影内容列表。

不同级别用户登录后看到的不同电影内容列表如图 9-11 和图 9-12 所示（电影名称前带有“★”标记的表示只有 VIP 用户才能看到的信息）。

欢迎 liang 观看本站最新电影

最近更新		
哈里波特(1)	科幻电影	2009-10-18 0:00:00
哈里波特(2)	科幻电影	2009-11-18 0:00:00
哈里波特(3)	科幻电影	2009-11-18 0:00:00
2009春节联欢晚会	综艺节目	2009-11-19 0:00:00

图 9-11　普通用户看到的页面

欢迎VIP用户 zhang 观看本站最新电影

最近更新		
★ 达芬奇密码	美国最新电影	2009-10-12 0:00:00
哈里波特(1)	科幻电影	2009-10-18 0:00:00
哈里波特(2)	科幻电影	2009-11-18 0:00:00
哈里波特(3)	科幻电影	2009-11-18 0:00:00
2009春节联欢晚会	综艺节目	2009-11-19 0:00:00
★ 霍元甲	动作片	2009-11-16 0:00:00
★ 2012	灾难片	2009-12-12 0:00:00

图 9-12　VIP 用户看到的页面

解答：程序设计步骤如下。

（1）设计用户登录界面（Default.aspx）

新建一个 ASP.NET 网站，将事先准备好的 Access 数据库文件复制到网站 App_Data 文件夹下。在“解决方案资源管理器”中双击打开 web.config 文件，

按如下代码修改<connectionStrings>节的内容：

```
<connectionStrings>
    <add name="ConnString" connectionString="Provider=Microsoft.Jet.OleDb.4.0;
                Data Source=|DataDirectory|manager.mdb"
                providerName="System.Data.OldDb" />
</connectionStrings>
```

在 Default.aspx 页面中添加一个用于布局的 HTML 表格，向其中添加必要的说明文字、2 个文本框控件 TextBox1 和 TextBox2、1 个命令按钮控件 Button1。

设置两个文本框控件的 ID 属性分别为 TextUsername 和 TextPassword；设置命令按钮控件的 ID 属性为 ButtonLogin，Text 属性为“登录”。

切换到 Default.aspx 页面的代码编辑窗口，编写页面装入时执行的事件代码如下：

```
protected void Page_Load(object sender, EventArgs e)
{
    this.Title = "请登录本站";
    TextUsername.Focus();
}
```

“登录”按钮被单击时执行的事件代码如下：

```
protected void ButtonLogin_Click(object sender, EventArgs e)
{
    if (TextUsername.Text == "" || TextPassword.Text == "")
    {
        Response.Write("<script language=javascript>alert('用户名或密码不得为空！');</script>");
        return;
    }
    string ConnStr = ConfigurationManager.ConnectionStrings["ConnString"].ToString();
    using (OleDbConnection conn = new OleDbConnection(ConnStr))
    {
        conn.Open();
        string SqlStr = "select * from admin where username='" + TextUsername.Text +
```

```
                    "' and userpwd='" + TextPassword.Text + "'";
        OleDbCommand com = new OleDbCommand(SqlStr, conn); //创建 Command 对象
        OleDbDataReader dr = com.ExecuteReader();    //执行 SQL 语句，生成 DataReader 对象
        if (!dr.Read())                              //如果没有返回记录
        {
            Response.Write("<script language=javascript>alert('用户名或密码错！');</script>");
        }
        else                                         //如果数据库中存在匹配的记录
        {
            //跳转到 Film.aspx，并传递用户名和用户级别信息
            Session["level"] = dr["issuper"].ToString();
            Response.Redirect("Film.aspx?name=" + TextUsername.Text);
        }
    }
}
```

（2）设计电影信息显示页面（Film.aspx）

在“解决方案资源管理器”中，右键单击网站名称，在弹出的快捷菜单中执行“添加新项”命令，向网站中添加一个新 Web 窗口，并将其命名为 Film.aspx。

切换到 Film.aspx 页面的设计视图，双击工具箱的“标准”选项卡中的 Table 图标，在页面中添加一个运行在服务器端的表格控件 Table1。

切换到 Film.aspx 页面的代码编辑窗口，编写页面装入时执行的事件代码如下：

```
protected void Page_Load(object sender, EventArgs e)
{
    this.Title = "欢迎光临";
    if (Session["level"] == null)
    {
        Response.Redirect("Default.aspx");
    }
    string SqlStr;
    if (Session["level"].ToString() == "True")
    {
        Response.Write("欢迎 VIP 用户 " + Request.QueryString["name"].ToString() +
                                    " 观看本站最新电影");
        SqlStr = "select * from film";
    }
    else
    {
        Response.Write("欢迎 " + Request.QueryString["name"].ToString() +
                        " 观看本站最新电影");
        SqlStr = "select * from film where not isvip";
    }
    string ConnStr = ConfigurationManager.ConnectionStrings["ConnString"].ToString();
    using (OleDbConnection conn = new OleDbConnection(ConnStr))
    {
```

```
        conn.Open();
        OleDbCommand com = new OleDbCommand(SqlStr, conn);
        OleDbDataReader dr = com.ExecuteReader();
        Table1.Width = 450;                          //设置表格的宽度
        Table1.Caption = "<b>最近更新</b>";          //设置表格的标题
        Table1.GridLines = GridLines.Both;           //设置单元格的框线
        Table1.CellPadding = 1;                      //设置单元格内间距
        Table1.CellSpacing = 3;                      //设置单元格之间的距离
        while (dr.Read())                            //逐条读取数据记录
        {
            TableRow TabRow = new TableRow();        //声明一个表格行对象
            for (int i = 0; i < 4; i++)              //内层循环控制每行的列数（单元格数）
            {
                TableCell TabCell = new TableCell(); //声明一个单元格对象
                if (i == 0)//设置行的第 1 列
                {
                    HyperLink LinkFilm = new HyperLink();      //声明一个 HyperLink 对象
                    //设置 HyperLink 中显示的文本
                    LinkFilm.Text = dr["filmname"].ToString();
                    if ((bool)dr["isvip"])
                    {
                        LinkFilm.Text = "★ " + LinkFilm.Text;
                    }
                    //设置 HyperLink 的超链接地址
                    LinkFilm.NavigateUrl = dr["filmurl"].ToString();
                    //设置 HyperLink 的目标框架（在新窗口中打开网页）
                    LinkFilm.Target = "_blank";
                    TabCell.Controls.Add(LinkFilm);        //将 HyperLink 对象添加到单元格中
                    TabRow.Cells.Add(TabCell);
                }
                if (i == 1)                                //设置行的第 2 列
                {
                //将“说明”字段值显示到单元格中
                    TabCell.Text = dr["explain"].ToString();
                    TabRow.Cells.Add(TabCell);             //添加一个新单元格（列）
                }
                if (i == 2)                                //设置行的第 3 列
                {
                    //将“日期”字段值显示到单元格中
                    TabCell.Text = dr["filmdate"].ToString();
                    TabRow.Cells.Add(TabCell);
                }
            }
            Table1.Rows.Add(TabRow);              //将设置完毕的行添加到表格
        }
    }
```

```
}
```

10. 使用 ADO.NET 对象创建一个用于学生考试成绩查询的 Web 应用程序。设已在 Access 数据库 students.mdb 中创建了 grade.mdb 表。其中包括 uid（学号）、uname（姓名）、usex（性别）、class（班级）、math（数学）、chs（语文）和 en（英语）7 个字段，数据表中的数据与本章实训相同。

要求创建一个 ASP.NET 应用程序，程序启动时显示如图 9-13 所示的页面，用于在填写了学生学号后单击“确定”按钮，将在如图 9-14 所示的页面中看到自己所有课程的成绩及总分、平均分信息。

图 9-13　输入学号

考生 200903 成绩统计

姓名	刘八	数学	83
性别	男	语文	74
班级	软件0902	英语	95

总分：252　平均分：84.00

图 9-14　查询成绩

解答：程序设计步骤如下。

（1）设计 Default.aspx 页面

新建一个 ASP.NET 网站，向 Default.aspx 页面中添加一个用于布局的 HTML 表格，添加必要的说明文件、1 个文本框控件 TextBox1 和 1 个命令按钮控件 Button1。

设置 TextBox1 的 ID 属性为 TextNo；设置 Button1 的 ID 属性为 ButtonOK，Text 属性为“确定”。

切换到 Default.aspx 的代码编辑窗口，添加对所需命名空间的引用如下：

```
using System.Data();
using System.Data.OleDb;
```

Default.aspx 页面装入时执行的事件代码如下：

```
protected void Page_Load(object sender, EventArgs e)
{
    this.Title = "学生成绩查询系统";
    TextNo.Focus();
}
```

“确定”按钮被单击时执行的事件代码如下：

```
protected void ButtonOK_Click(object sender, EventArgs e)
{
    if (TextNo.Text == "")
    {
        Response.Write("<script language=javascript>alert('必须输入学号！');</script>");
        return;
    }
    OleDbConnection conn = new OleDbConnection();
```

```
        conn.ConnectionString = "Provider=Microsoft.Jet.OleDb.4.0;Data Source=" +
                                        Server.MapPath("App_Data/student.mdb");
        conn.Open();
        string SqlSelect = "select * from grade where uid='" + TextNo.Text + "'";
        OleDbCommand com = new OleDbCommand(SqlSelect, conn);
        OleDbDataReader dr = com.ExecuteReader();
        if (!dr.Read())
        {
            Response.Write("<script language=javascript>alert('要查询的学号不存在！');</script>");
            dr.Close();
            return;
        }
        dr.Close();
        Response.Redirect("result.aspx?st=" + TextNo.Text);
    }
```

（2）设计 Result.aspx 页面

在网站中添加一个新 Web 窗体，并将其命名为 Result.aspx。在 Result.aspx 页面中添加一个用于布局的 HTML 表格，按图 9-15 所示在页面中添加必要的说明文字和 8 个标签控件 Label1～Label8，并按图 9-15 所示设置各标签控件的 ID 属性。

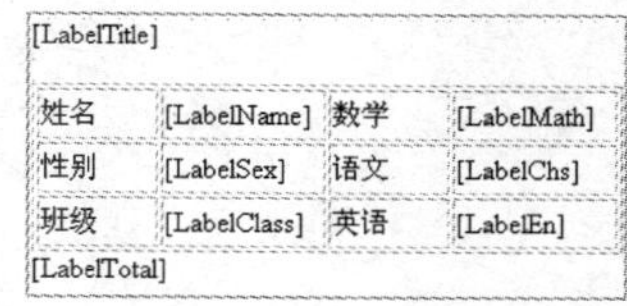

图 9-15　设计 Result.aspx 页面

切换到 Result.aspx 的代码编辑窗口，添加对所需命名空间的引用如下：

```
using System.Data();
using System.Data.OleDb;
```

Result.aspx 页面装入时执行的事件代码如下：

```
protected void Page_Load(object sender, EventArgs e)
{
    if (Request.QueryString["st"] == null)
    {
        Response.Redirect("default.aspx");
    }
    this.Title = "学生成绩统计";
    LabelTitle.Text = "<b>考生 " + Request.QueryString["st"] + " 成绩统计</b>";
    OleDbConnection conn = new OleDbConnection();
    conn.ConnectionString = "Provider=Microsoft.Jet.OleDb.4.0;Data Source=" +
                                    Server.MapPath("App_Data/students.mdb");
    conn.Open();
    string SqlSelect = "select * from grade where uid='" + Request.QueryString["st"] + "'";
    OleDbCommand com = new OleDbCommand(SqlSelect, conn);
    OleDbDataReader dr = com.ExecuteReader();
    dr.Read();
    LabelName.Text = dr["uname"].ToString();
```

```
        LabelSex.Text = dr["usex"].ToString();
        LabelClass.Text = dr["class"].ToString();
        LabelMath.Text = dr["math"].ToString();
        LabelChs.Text = dr["chs"].ToString();
        LabelEn.Text = dr["en"].ToString();
        dr.Close();
        int Total;
        float Agv;
        Total = int.Parse(LabelMath.Text) + int.Parse(LabelChs.Text) + int.Parse(LabelEn.Text);
        Agv = Total / 3;
        LabelTotal.Text = "总分：" + Total.ToString() + "    平均分：" +
                    Agv.ToString("f");
    }
```

第 10 章　使用 DataSet 访问数据库

10.1　实训　设计一个课程表管理程序

10.1.1　实训目的

1）通过本实训进一步理解使用 DataSet 配合 DataAdapter 和 DataReader 对象完成数据库常规操作的一般步骤。

2）掌握 ASP.NET 标准控件的基本使用方法和常用属性。

3）本实训除应用了 DataSet、DataAdapter、DataReader 等 ADO.NET 对象外，还涉及许多 SQL 查询语句和通过 ASP.NET 内置对象在不同页面间传递数据的技巧。这些都是开发 Web 数据库应用程序的基本手段，要求在实训中认真理解其含义及语句书写格式。

10.1.2　实训要求

在 ASP.NET 环境中使用 DataSet 配合 DataAdapter 对象，创建一个简单的学校课程表管理程序，具体功能要求如下。

1．查询某班级课程表

程序启动后显示如图 10-1 所示的页面（Default.aspx），用户可以在下拉列表框中选择希望查询课程表的班级名称。当列表框中的被选内容变化或用户单击“确定”按钮时，打开如图 10-2 所示的页面（CurriCulum.aspx），显示指定班级的课程表。单击 IE 浏览器工具栏上的“后退”按钮可返回上一页面。

图 10-1　选择班级

网络0903班课程表

	星期一	星期二	星期三	星期四	星期五
1-2节	数学	语文	数据库	计算机	数据库
3-4节	语文	语文	英语	计算机	数学
5-6节	数学	计算机	英语		数据库

图 10-2　查询课程表

2．更新或添加课程表

在 Default.aspx 页面的下拉列表框中选择“管理员”，将自动打开如图 10-3 所示的课程表管理页面（Admin.aspx），但此时课程表编辑环境中所用到的所有控件（如“班级”文本框、“提交”按钮和提供课程选项的所有下拉列表框）均不可见。

用户在“请输入密码”文本框中输入了密码“123456”后，单击“确定”按钮后这些控件方可使用，此时密码输入框自动隐藏。在如图 10-4 所示的页面中，用户可在文本框中输入班级名称，并通过表格中的相应位置上的下拉列表框选择课程名称。课程表编排完毕后单击“提交”按钮，将数据上传到数据库中。

图 10-3　输入管理员密码

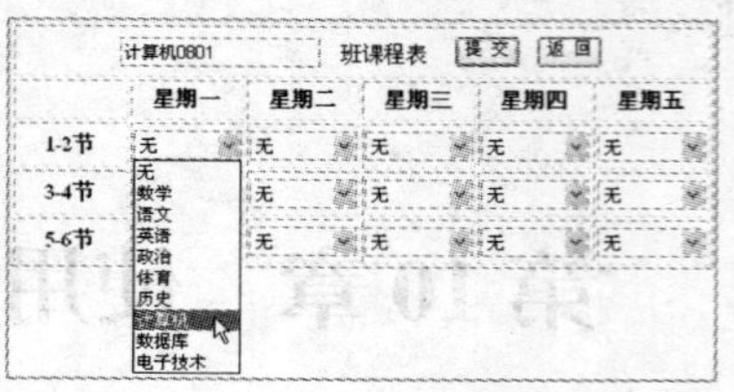

图 10-4　编辑课程表

用户单击“提交”按钮后，程序将分析用户输入的班级名称。若为新班级，执行插入记录操作；若为已存在的班级，则执行更新操作。此时如果用户忘记了输入班级名称，程序将给出提示。

10.2　程序功能的实现

10.2.1　创建数据库及表

在 Access 中创建一个名为 curriculum.mdb 的数据库，并在库中创建名为 syllabus 和 course 两个数据表，syllabus 包括如图 10-5 所示的 16 个字段，class 字段用于存放班级名称，c11 用于存放星期一的 1、2 节课，c21 用于存放星期二的 1、2 节课，c31 用于存放星期三的 1、2 节课，c12 用于存放星期一的 3、4 节课，……。注意将 class 字段设为主键。

course 表中只有一个 curriculumname 字段，用于存放课程名称。数据库创建完毕后输入一些记录，并保存。

字段名称	数据类型	说明
class	文本	
c11	文本	周一的1-2节课
c21	文本	周二的1-2节课
c31	文本	周三的1-2节课
c41	文本	周四的1-2节课
c51	文本	周五的1-2节课
c12	文本	周一的3-4节课
c22	文本	周二的3-4节课
c32	文本	周三的3-4节课
c42	文本	周四的3-4节课
c52	文本	周五的3-4节课
c13	文本	
c23	文本	
c33	文本	
c43	文本	
c53	文本	

图 10-5　syllabus 表的结构

10.2.2　设计选择班级页面

新建一个 ASP.NET 网站，将前面设计完毕的数据库文件 curriculum.mdb 复制到网站的 App_Data 文件夹中。在 Default.aspx 页面中添加必要的说明文字、1 个下拉列表框控件 DropDownList1 和 1 个命令按钮控件。

设置 DropDownList1 的 ID 属性为 DropClass；Button1 的 ID 属性为 ButtonOK，Text 属性为“确定”。

切换到 Default.aspx 页面的代码编辑窗口，添加所需命名空间的引用如下：

```
using System.Data();
```

```
using System.Data.OleDb;
```

Default.aspx 页面装入时执行的事件代码如下：

```
protected void Page_Load(object sender, EventArgs e)
{
    this.Title = "课表查询系统";
    if (!IsPostBack)
    {
        OleDbConnection conn = new OleDbConnection();
        conn.ConnectionString = "Provider=Microsoft.Jet.OleDb.4.0; Data Source=" +
                                    Server.MapPath("App_Data/curriculum.mdb");
        string SqlSelect = "select class from syllabus";
        OleDbDataAdapter da = new OleDbDataAdapter(SqlSelect, conn);
        DataSet ds = new DataSet();
        da.Fill(ds);           //填充 DataSet 对象
        //将 ds 中 syllabus 表作为下拉列表框控件的数据源
        DropClass.DataSource = ds.Tables[0].DefaultView;
        DropClass.DataTextField = "class";     //指定下拉列表框绑定到的字段
        DropClass.DataBind();
        DropClass.Items.Add("管理员");          //向下拉列表框中添加一个"管理员"项
        conn.Close();
    }
}
```

“确定”按钮被单击时执行的事件代码如下：

```
protected void ButtonOK_Click(object sender, EventArgs e)
{
    if(DropClass.SelectedItem.Text != "管理员")        //若选择的不是"管理员"
    {
        //跳转到课表查询页面
        Response.Redirect("curriculum.aspx?st=" + DropClass.SelectedItem.Text);
    }
    else                                               //否则，跳转到管理页面
    {
        Response.Redirect("admin.aspx");
    }
}
```

10.2.3 设计课表查询页面

在网站中添加一个新 Web 窗体，并将其命名为 curriculum.aspx。在页面中添加一个运行在服务器端的 Table 控件。

切换到 curriculum.aspx 页面的代码编辑窗口，添加所需命名空间的引用如下：

```
using System.Data();
```

```
using System.Data.OleDb;
```

curriculum.aspx 页面装入时执行的事件代码如下：

```
protected void Page_Load(object sender, EventArgs e)
{
    if (Request.QueryString["st"] == null)
    {
        Response.Redirect("Default.aspx");
    }
    this.Title = Request.QueryString["st"] + "班课程表";
    OleDbConnection conn = new OleDbConnection();
    conn.ConnectionString = "Provider=Microsoft.Jet.OleDb.4.0; Data Source=" +
                            Server.MapPath("App_Data/curriculum.mdb");
    conn.Open();
    //返回课程表中指定班级的记录
    string SqlSelect = "select * from syllabus where class='" + Request.QueryString["st"] + "'";
    OleDbCommand com = new OleDbCommand(SqlSelect, conn);
    OleDbDataReader dr = com.ExecuteReader();
    dr.Read();
    Table1.Width = 450;
    Table1.Caption = "<b>" + Request.QueryString["st"] + "班课程表</b>";
    Table1.GridLines = GridLines.Both;
    Table1.HorizontalAlign = HorizontalAlign.Center;          //设置表格相对页面居中
    Table1.CellPadding = 1;                                   //设置单元格内间距
    Table1.CellSpacing = 3;                                   //设置单元格之间的距离
    int Num = 1;                                              //用于存放 dr 对象向中当前列号
    for (int i = 0; i < 4; i++)                               //外循环控制行
    {
        TableRow TabRow = new TableRow();                     //声明一个表格行对象
        for (int j = 0; j < 6; j++)                           //内循环控制列
        {
            TableCell TabCell = new TableCell();              //声明一个单元格对象
            if (j == 0)                                       //如果当前设置的是第 1 列
            {
                switch (i)                                    //设置第 1 列各行的内容
                {
                    case 0:
                        TabCell.Text = " ";
                        TabRow.Cells.Add(TabCell);
                        break;
                    case 1:
                        TabCell.Text = "<b>1-2 节</b>";
                        TabRow.Cells.Add(TabCell);
                        break;
                    case 2:
                        TabCell.Text = "<b>3-4 节</b>";
```

```
                TabRow.Cells.Add(TabCell);
                break;
            case 3:
                TabCell.Text = "<b>5-6 节</b>";
                TabRow.Cells.Add(TabCell);
                break;
        }
    }
    else                                        //其他各列的设置
    {
        if (i == 0)                             //如果当前设置的是第 1 行
        {
            switch(j)                           //第 1 行各列的设置
            {
                case 1:
                    TabCell.Text = "<b>星期一</b>";
                    TabRow.Cells.Add(TabCell);
                    break;
                case 2:
                    TabCell.Text = "<b>星期二</b>";
                    TabRow.Cells.Add(TabCell);
                    break;
                case 3:
                    TabCell.Text = "<b>星期三</b>";
                    TabRow.Cells.Add(TabCell);
                    break;
                case 4:
                    TabCell.Text = "<b>星期四</b>";
                    TabRow.Cells.Add(TabCell);
                    break;
                case 5:
                    TabCell.Text = "<b>星期五</b>";
                    TabRow.Cells.Add(TabCell);
                    break;
            }
        }
        if (i != 0 && j != 0)                          //如果既不是第 1 行，也不是第 1 列
        {
            if (dr.GetValue(Num).ToString() != "")
            {
                //读取 dr 对象中当前列的数据填写到单元格中
                TabCell.Text = dr.GetValue(Num).ToString();
                TabRow.Cells.Add(TabCell);
                Num = Num + 1;                  //定位到下一列
            }
```

```
                else
                {
                    TabCell.Text = " ";
                    TabRow.Cells.Add(TabCell);
                    Num = Num + 1;
                }
            }
        }
        Table1.Rows.Add(TabRow);
    }
    dr.Close();
    conn.Close();
}
```

10.2.4 设计编辑课程表页面

在网站中添加一个新 Web 窗体，并将其命名为 Admin.aspx。按图 10-6 所示在页面中添加两个容器控件 Panel1 和 Panel2。向 Panel1 中添加一个文本框 TextBox1 和一个命令按钮控件 Button1。向 Panel2 中添加一个用于布局的 HTML 表格，按图 10-6 所示添加 1 个文本框 TextBox2、2 个命令按钮控件 Button2 和 Button3、15 个用于提供供选课程名称的下拉列表框 DropDownList1～DropDownList15（注意，添加控件时应按编号横向排布）。

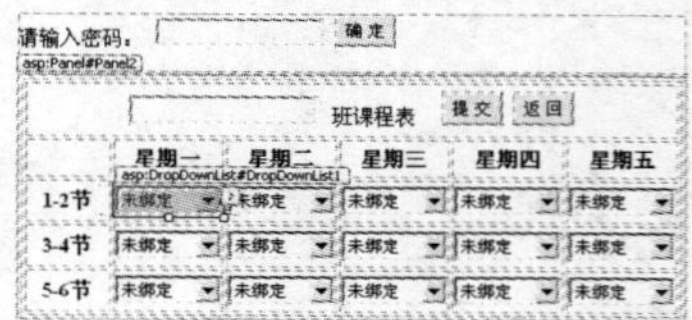

图 10-6　设计 Admin.aspx 页面

设置 TextBox1 的 ID 属性为 TextPwd；设置 Button1 的 ID 属性为 ButtonOK，Text 属性为“确定”；设置 TextBox2 的 ID 属性为 TextClass；设置 Button2 和 Button3 的 ID 属性分别为 ButtonSubmit 和 ButtonBack，Text 属性分别为“提交”和“返回”，设置 Button3 的 PostBackUrl 属性为 Default.aspx，使用户单击按钮时能返回到指定的页面。

为了统一处理所有下拉列表框的 SelectedIndexChanged 事件，需要切换到 Admin.aspx 的源视图，为所有下拉列表框的定义添加下列用于创建控件共享事件的代码：

```
OnSelectedIndexChanged="DropDownList_SelectedIndexChanged"
```

切换到 Admin.aspx 页面的代码编辑窗口，添加对所需命名空间的引用如下：

```
using System.Data;
using System.Data.OleDb;
```

在所有事件处理程序之外声明用于存放下拉列表框中用户选项的静态数组：

```
static string[] DropText = new string[16];      //声明静态字符串型数组，存放下拉列表框中的选项
```

Admin.aspx 页面装入时执行的事件代码如下：

```
protected void Page_Load(object sender, EventArgs e)
{
    this.Title = "课程表管理";
```

```
        TextPwd.Focus();
        if (!IsPostBack)
        {
            Panel2.Visible = false;   //Panel2 不可见时，其中所有控件均不可见
        }
    }
```

“确定”按钮被单击时执行的事件代码如下：

```
    protected void ButtonOK_Click(object sender, EventArgs e)
    {
        if (TextPwd.Text != "123456")
        {
            Response.Write("<script language=javascript>alert('密码错！');</script>");
            return;
        }
        Panel2.Visible = true;          //用于编排课表的部分可见
        Panel1.Visible = false;         //输入密码部分隐藏
        OleDbConnection conn = new OleDbConnection();
        conn.ConnectionString = "Provider=Microsoft.Jet.OleDb.4.0; Data Source=" +
                                   Server.MapPath("App_Data/curriculum.mdb");
        string SqlSelect = "select * from course";
        OleDbDataAdapter da = new OleDbDataAdapter(SqlSelect, conn);
        DataSet ds = new DataSet();              //创建 DataSet 对象
        da.Fill(ds);
        DropDownList[] drop = new DropDownList[16];               //创建控件数组
        drop[1] = DropDownList1; drop[2] = DropDownList2; drop[3] = DropDownList3;
        drop[4] = DropDownList4; drop[5] = DropDownList5; drop[6] = DropDownList6;
        drop[7] = DropDownList7; drop[8] = DropDownList8; drop[9] = DropDownList9;
        drop[10] = DropDownList10; drop[11] = DropDownList11; drop[12] = DropDownList12;
        drop[13] = DropDownList13; drop[14] = DropDownList14; drop[15] = DropDownList15;
        for (int i = 1; i < 16; i++)
        {
            drop[i].DataSource = ds.Tables[0].DefaultView;
            drop[i].DataTextField = "curriculumname";          //设置下拉列表框的绑定字段
            drop[i].DataBind();                                //填充所有下拉列表框中的选项内容（绑定）
        }
        conn.Close();
    }
```

“提交”按钮被单击时执行的事件代码如下：

```
    protected void ButtonSubmit_Click(object sender, EventArgs e)
    {
        if (TextClass.Text == "")
        {
            Response.Write("<script language=javascript>alert('班级名称不能为空！');</script>");
            return;
```

```
    }
    OleDbConnection conn = new OleDbConnection();
    conn.ConnectionString = "Provider=Microsoft.Jet.OleDb.4.0; Data Source=" +
                            Server.MapPath("App_Data/curriculum.mdb");
    conn.Open();
    //返回课程表中指定班级的记录
    string SqlSelect = "select * from syllabus where class='" + TextClass.Text + "'";
    OleDbCommand com = new OleDbCommand(SqlSelect, conn);
    OleDbDataReader dr = com.ExecuteReader();
    if (dr.Read())              //如果指定班级已存在，执行更新操作
    {
        dr.Close();
        conn.Close();
        OleDbConnection conn1 = new OleDbConnection();
        conn1.ConnectionString = "Provider=Microsoft.Jet.OleDb.4.0; Data Source=" +
                                 Server.MapPath("App_Data/curriculum.mdb");
        string SqlStr = "select * from syllabus where class='" + TextClass.Text + "'";
        OleDbDataAdapter da = new OleDbDataAdapter(SqlStr, conn1);
        DataSet = new DataSet();
        OleDbCommandBuilder builder = new OleDbCommandBuilder(da);
        da.Fill(ds);
        DataRow MyRow = ds.Tables[0].Rows[0];       //从数据表中提取第 1 行（第 1 条记录）
        for (int i = 1; i < 16; i++)
        {
            if (DropText[i] == "无")
            {
                MyRow[i] = "";
            }
            else
            {
                MyRow[i] = DropText[i];
            }
        }
      da.Update(ds);
      Response.Write("<script language=javascript>alert('课程表更新完成！');</script>");
      conn1.Close();
    }
    else                                                  //班级名称不存在时执行插入记录操作
    {
        dr.Close();
        conn.Close();
        OleDbConnection conn1 = new OleDbConnection();
        conn1.ConnectionString = "Provider=Microsoft.Jet.OleDb.4.0; Data Source=" +
                                 Server.MapPath("App_Data/curriculum.mdb");
        string SqlStr = "select * from syllabus where class='" + TextClass.Text + "'";
        OleDbDataAdapter da = new OleDbDataAdapter(SqlStr, conn1);
```

```
            DataSet ds = new DataSet();
            OleDbCommandBuilder builder = new OleDbCommandBuilder(da);
            da.Fill(ds);
            DataRow MyRow = ds.Tables[0].NewRow();          //创建一个新行对象
            MyRow[0] = TextClass.Text;                      //为新行的第 1 列字段赋值
            for (int i = 1; i < 16; i++)                    //为新行的其他列字段赋值
            {
                if (DropText[i] == "无")
                {
                    MyRow[i] = "";
                }
                else
                {
                    MyRow[i] = DropText[i];
                }
            }
            ds.Tables[0].Rows.Add(MyRow);     //将赋值完成的新行添加到 DataSet 对象中
            da.Update(ds);                    //调用 DataAdapter 对象的 Update 方法更新数据库
            Response.Write("<script language=javascript>alert('课程表创建完成！');</script>");
            conn1.Close();
        }
    }
```

下拉列表框控件组的共享 SelectedIndexChanged 事件代码如下：

```
    protected void DropDownList_SelectedIndexChanged(object sender, EventArgs e)
    {
        DropDownList[] drop = new DropDownList[16];
        drop[1] = DropDownList1; drop[2] = DropDownList2; drop[3] = DropDownList3;
        drop[4] = DropDownList4; drop[5] = DropDownList5; drop[6] = DropDownList6;
        drop[7] = DropDownList7; drop[8] = DropDownList8; drop[9] = DropDownList9;
        drop[10] = DropDownList10; drop[11] = DropDownList11; drop[12] = DropDownList12;
        drop[13] = DropDownList13; drop[14] = DropDownList14; drop[15] = DropDownList15;
        for (int i = 1; i < 16; i++)
        {
            DropText[i] = drop[i].SelectedItem.Text;   //通过循环保存用户在下拉列表框中的选择
        }
    }
```

10.3　习题解答

1．简述 DataSet、DataAdapter 和数据源三者之间的关系。

解答：DataSet 是实现 ADO.NET 断开式连接的核心，它通过 DataAdapter 从数据源获得数据后就断开了与数据源之间的连接（这一点与前面介绍过的 DataReader 对象完全不同），此后应用程序所有对数据源的操作（如定义约束和关系、添加、删除、修改、查询、排序、统计等）均转向到 DataSet。当所有这些操作完成后，可以通过 DataAdapter 提供的数据源更新方法将修改后的数据写入数据库。

图 10-7 表示了 DataSet、DataAdapter 和数据源之间的关系，从图中可以看到 DataSet 对象并没有直接连接数据源，它与数据源之间的连接是通过 DataAdapter 对象来完成的。

图 10-7　DataSet、DataAdapter 和数据源三者之间的关系

2．简述 DataSet 的三大基本组成对象 DataRelationCollection、DataTableCollection 和 ExtendedProperties 的概念及作用。

解答：

1）DataRelationCollection：该对象用于表示 DataSet 中两个 DataTable 对象之间的父子关系，它使一个 DataTable 中的行与另一个 DataTable 中的行相关联，这种关联类似于关系数据库中数据表之间的主键列和外键列之间的关联。DataRelationCollection 对象管理 DataSet 中所有 DataTable 之间的 DataRelation 关系。

2）DataTableCollection：在每一个 DataSet 对象中可以包含由 DataTable（数据表）对象表示的若干个数据表的集合。而 DataTableCollection 对象则包含了 DataSet 对象中的所有 DataTable 对象。

DataTable 在 System.Data 命名空间中定义，表示内存驻留数据的单个表。其中包含由 DataColumnCollection（数据列集合）表示的数据列集合以及由 ConstraintCollection 表示的约束集合，这两个集合共同定义表的架构。隶属于 DataColumnCollection 对象的 DataColumn（数据列）对象则表示了数据表中某一列的数据。

此外，DataTable 对象还包含由 DataRowCollection 所表示的数据行集合，而 DataRow（数据行）对象则表示数据表中某行的数据。除了反应当前数据状态之外，DataRow 还会保留数据的当前版本和初始版本，以标识数据是否曾被修改过。

隶属于 DataTable 对象的 DataView（数据视图）对象创建存储在 DataTable 中的数据的不同视图。通过使用 DataView，可以使用不同的排序顺序公开表中的数据，并且可以按行状态或基于过滤器表达式来过滤数据。

3）ExtendedProperties：ExtendedProperties 对象其实是一个属性集合（PropertyCollection），用户可以在其中放入自定义的信息，如用于产生结果集的 Select 语句，或生成数据的时间/日期标志。

因为 ExtendedProperties 可以包含自定义信息，所以在其中可以存储额外的、用户定义的 DataSet（DataTable 或 DataColumn）数据。

3．如何在应用程序中使用 DataSet 对象？

解答：在应用程序中使用 DataSet 的方法有很多，但最常用的应用形式有以下 3 种。

1）以编程方式在 DataSet 中创建 DataTable、DataRelation 和 Constraint，并使用数据填充表。

2）通过 DataAdapter 用现有关系数据源中的数据表填充 DataSet。

3）使用 XML 加载和保持 DataSet 内容。

4．简述 DataSet 的基本工作过程。

解答：DataSet 的基本工作过程为，首先完成与数据库的连接，DataSet 在存放 ASP.NET

网站的服务器上为每一个用户开辟一块内存，通过 DataAdapter（数据适配器），将得到的数据填充到 DataSet 中，然后把 DataSet 中的数据发送给客户端。

ASP.NET 网站服务器中的 DataSet 使用完以后，将释放 DataSet 所占用的内存。客户端读入数据后，在内存中保存一份 DataSet 的副本，随后断开与数据库的连接。

在这种方式下，应用程序所有针对数据库的操作都是指向 DataSet 的，并不会立即引起数据库的更新。待数据库操作完毕后，可通过 DataSet、DataAdapter 提供的方法将更新后的数据一次性保存到数据库中。

5．简述使用 DataSet 向数据库中添加或修改记录的程序设计步骤。

解答：

（1）向数据库添加新记录

通过 DataSet 向数据表添加新记录的一般方法如下：

1）建立与数据库的连接。

2）通过 DataAdapter 对象从数据库中取出需要的数据。

3）实例化一个 SqlCommandBuilder 类对象，并为 DataAdapter 自动生成更新命令。

4）使用 DataAdapter 对象的 Fill 方法填充 DataSet。

5）使用 NewRow()方法向 DataSet 中填充的表对象中添加一个新行。

6）为新行中各字段赋值。

7）将新行添加到 DataSet 填充的表对象中。

8）调用 DataAdapter 对象的 Update()方法将数据保存到数据库。

（2）修改数据库中现有记录

通过 DataSet 修改现有数据表记录的操作方法与添加新记录非常相似，唯一不同的是，无需使用 NewRow()添加新行，而是创建一个 DataRow 对象后，从表对象中获得需要修改的行并赋给新建的 DataRow 对象，根据需要修改各列的值（为各字段赋以新值）。最后仍需要调用 DataAdapter 对象的 Update()方法将更新提交到数据库。

第 11 章　使用 LINQ to SQL 访问数据库

11.1　实训　使用 LINQ to SQL 操作数据库

11.1.1　实训目的

1）进一步理解创建和使用 DataContext 类的基本方法。

2）掌握常用 LINQ to SQL 语句和方法；掌握通过 LINQ to SQL 语句或方法实现常规数据库操作的基本步骤。

11.1.2　实训要求

使用 LINQ to SQL 语句和方法，配合 GridView、LinqDataSource 等控件，设计一个能对 SQL Server 数据库 StudentDB 中的 StudentInfo 表进行查询、添加、修改或删除操作的 ASP.NET 应用程序。程序启动后显示如图 11-1 所示的界面。用户在下拉列表框中选择查询关键字的类型（如全部、学号、姓名、专业），在文本框中输入查询关键字后单击“查询”按钮可得到如图 11-2 所示的结果。

全部　查询　修改　添加　删除

学号	姓名	性别	出生日期	专业	电子邮件
200902601100	张三丰	男	1992-2-6	软件技术	zsf@163.com
200902601102	张顺利	男	1993-12-8	软件技术	zsl@126.com
200902602018	陈奇峰	女	1992-3-23	网络技术	cqf@163.com
200902602019	赵六萍	女	1991-1-25	软件技术	zhaolp@163.com
200902603006	李四慧	女	1991-2-9	网络技术	lsh@163.com
200902603110	陈其中	男	1992-6-17	网络技术	cqz@126.com

图 11-1　程序初始界面

姓名　张　查询　修改　添加　删除

学号	姓名	性别	出生日期	专业	电子邮件
200902601100	张三丰	男	1992-2-6	软件技术	zsf@163.com
200902601102	张顺利	男	1993-12-8	软件技术	zsl@126.com

图 11-2　按姓名查询记录

在文本框中输入所需修改记录的学号，单击“修改”按钮，屏幕显示如图 11-3 所示的界面。用户在修改了记录数据后，单击“提交”按钮可将修改结果提交到数据库，并在 GridView 控件中立即显示出来。如果用户在没有输入学号的情况下直接单击“修改”按钮，程序将弹出信息框给予出错提示。此外，从图 11-3 中可以看到修改记录时学号字段是不能修改的，“学号”文本框呈灰色显示。

用户单击“添加”按钮时，屏幕显示如图 11-4 所示的界面，用户在空白文本框中输入各字段值后，单击“提交”按钮可将新记录添加到数据库中，并立即在 GridView 中显示出来。如果用户没有输入或输入的“学号”字段值已被他人使用，将弹出信息框给予出错提示。

全部　200902602018　查询　修改　添加　删除

学号	姓名	性别	出生日期	专业	电子邮件
200902601100	张三丰	男	1992-2-6	软件技术	zsf@163.com
200902601102	张顺利	男	1993-12-8	软件技术	zsl@126.com
200902602018	陈奇峰	女	1992-3-23	网络技术	cqf@163.com
200902602019	赵六萍	女	1991-1-25	软件技术	zhaolp@163.com
200902603006	李四慧	女	1991-2-9	网络技术	lsh@163.com
200902603110	陈其中	男	1992-6-17	网络技术	cqz@126.com

请输入各字段新的值：

200902602018　陈奇峰　女　1992-3-23　网络技术　cqf@163.com

提交

图 11-3　修改记录界面

全部　查询　修改　添加　删除

学号	姓名	性别	出生日期	专业	电子邮件
200902601100	张三丰	男	1992-2-6	软件技术	zsf@163.com
200902601102	张顺利	男	1993-12-8	软件技术	zsl@126.com
200902602018	陈奇峰	女	1992-3-23	网络技术	cqf@163.com
200902602019	赵六萍	女	1991-1-25	软件技术	zhaolp@163.com
200902603006	李四慧	女	1991-2-9	网络技术	lsh@163.com
200902603110	陈其中	男	1992-6-17	网络技术	cqz@126.com

请输入新记录各字段的值：

200902601103　赵大伟　男　1992-12-30　计算机应用　zdw@sohu.com

提交

图 11-4　添加新记录界面

用户通过在下拉列表框中选择删除关键字类型后，在文本框中输入删除关键字并单击“删除”按钮可将符合条件的记录全部删除。图 11-5 所示的选择和输入表示的是删除“专业”字段中包含“网络”的所有记录。在删除记录时，如果下拉列表框中显示的是“全部”，程序将弹出信息框提示“不要删除全部记录！”。

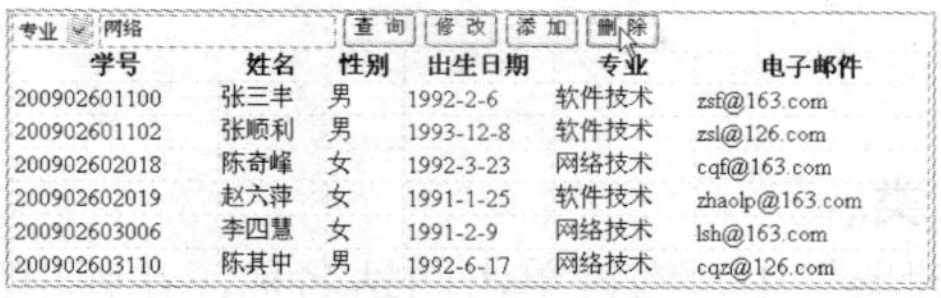
专业
网络
查 询
修 改
添 加
删除
学号 姓名 性别 出生日期 专业 电子邮件
200902601100 张三丰 男 1992-2-6 软件技术 zsf@163.com
200902601102 张顺利 男 1993-12-8 软件技术 zsl@126.com
200902602018 陈奇峰 女 1992-3-23 网络技术 cqf@163.com
200902602019 赵六萍 女 1991-1-25 软件技术 zhaolp@163.com
200902603006 李四慧 女 1991-2-9 网络技术 lsh@163.com
200902603110 陈其中 男 1992-6-17 网络技术 cqz@126.com

图 11-5　删除记录的操作

11.1.3　实训步骤

1．设计 Web 界面

新建一个 ASP.NET 网站，如图 11-6 所示，在 Default.aspx 页面中添加 1 个下拉列表框控件 DropDownList1、1 个文本框控件 TextBox1、4 个命令按钮控件 Button1～Button4、1 个 GridView 控件和 1 个 LinqDataSource 控件。添加 1 个 Panel 控件，并向其中添加 1 个标签控件 Label1、6 个文本框控件 TextBox2～TextBox7 和 1 一个命令按钮控件 Button2。

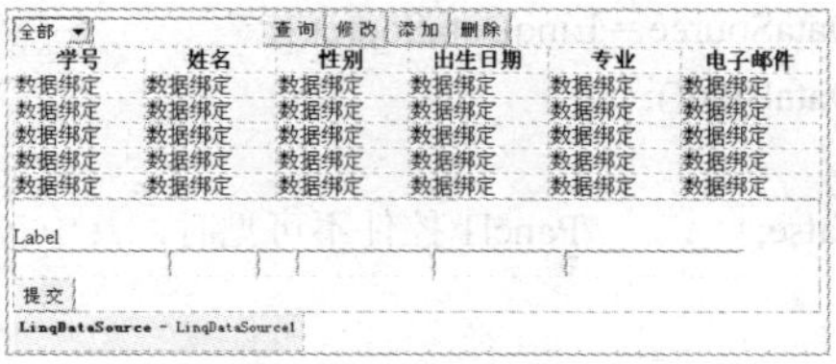
全部
查 询
修 改
添 加
删除
学号 姓名 性别 出生日期 专业 电子邮件
数据绑定
Label
提交
LinqDataSource - LinqDataSource1

图 11-6　设计 Web 界面

2．设置对象属性

设置 DropDownList1 的 ID 属性为 DropSelect，并添加“全部”、“学号”、“姓名”和“专业”4 个选项；设置 TextBox1 的 ID 属性为 TextKey；设置 4 个按钮控件的 ID 属性分别为 ButtonSearch、ButtonEdit、ButtonAdd 和 ButtonDel，设置它们的 Text 属性分别为“查询”、“修改”、“添加”和“删除”。

Panel1 容器控件中各控件的属性设置如下：

设置 Label1 的 ID 属性为 LabelTip；6 个文本框的 ID 属性分别为 TextNo、TextName、TextSex、TextBirthday、TextSpecialty 和 TextEmail；设置 Button2 的 ID 属性为 ButtonOK，Text 属性为“提交”。

为了使 GridView 控件中能显示中文列标题及适当的日期格式，需要切换到 Default.aspx 页面的源视图，按如下所示修改 GridView 控件的描述代码：

```
<asp:GridView ID="GridView1" runat="server" AutoGenerateColumns="False">
    <Columns>
        <asp:BoundField DataField="StudentID" HeaderText="学号" />
        <asp:BoundField DataField="StudentName" HeaderText="姓名" />
```

```
        <asp:BoundField DataField="Sex" HeaderText="性别" />
        <asp:BoundField DataField="DateOfBirth" HeaderText="出生日期"
                 DataFormatString="{0:yyyy-M-d}" HtmlEncode="False" />
        <asp:BoundField DataField="Specialty" HeaderText="专业" />
        <asp:BoundField DataField="Email" HeaderText="电子邮件" />
    </Columns>
</asp:GridView>
```

3．创建 DataContext 类

在“解决方案资源管理器”中，右键单击网站名称，在弹出的快捷菜单中执行“添加新项”命令，在打开的对话框中选择“LINQ to SQL 类”后单击“添加”按钮。从服务器的“资源管理器”中将 StudentInfo 表拖放到 O/R 设计器的左窗格中，单击工具栏中的“保存全部”按钮，完成 DataContext 类的创建。

4．编写程序代码

页面装入时执行的事件代码如下：

```
protected void Page_Load(object sender, EventArgs e)
{
    if (!IsPostBack)
    {
        GridView1.DataSource = LinqDataSource1;
        GridView1.DataBind();
    }
    Panel1.Visible = false;          //Panel1 控件不可见时，其中包含的所有控件均不可见
}
```

“查询”按钮被单击时执行的事件代码如下：

```
protected void ButtonSearch_Click(object sender, EventArgs e)
{
    DataClassesDataContext db = new DataClassesDataContext();
    v
        case "学 ar StuInfo = from StuTable in db.StudentInfo
                 select StuTable;
    switch (DropSelect.Text)        //根据用户选择的关键字类型返回不同的结果集
    {号":
            StuInfo = from StuTable in db.StudentInfo
                      where StuTable.StudentID == TextKey.Text
                      select StuTable;
            break;
        case "姓名":        //使用 Contains()方法表示"包含"（"姓名"包含文本框中的内容）
            StuInfo = db.StudentInfo.Where(m => m.StudentName.Contains(TextKey.Text));
            break;
        case "专业":        //"专业"包含文本框中的内容（模糊查询）
            StuInfo = db.StudentInfo.Where(m => m.Specialty.Contains(TextKey.Text));
```

```
                break;
            case "全部":
                TextKey.Text = "";
                TextKey.Focus();
                break;
        }
        GridView1.DataSource = StuInfo;
        GridView1.DataBind();
    }
```

“修改”按钮被单击时执行的事件代码如下：

```
    protected void ButtonEdit_Click(object sender, EventArgs e)
    {
        if (TextKey.Text == "")
        {
            Response.Write("<script language=javascript>alert('请输入要修改记录的学号！');</script>");
            return;
        }
        Panel1.Visible = true;                          //使编辑区显示出来
        TextNo.Enabled = false;                         //"学号"文本框不可用（呈灰色显示）
        LabelTip.Text = "请输入各字段新的值：";
        DataClassesDataContext db = new DataClassesDataContext();    //创建 Context 对象 db
        //查询单条记录
        StudentInfo StuTab = db.StudentInfo.Single(m => m.StudentID == TextKey.Text);
        TextNo.Text = StuTab.StudentID;                 //将各字段值输入到文本框中供用户修改
        TextName.Text = StuTab.StudentName;
        TextSex.Text = StuTab.Sex.ToString();
        //将“出生日期”中表示时间的部分用空字符串替换（调整显示格式）
        TextBirthday.Text = StuTab.DateOfBirth.ToString().Replace(" 0:00:00","");
        TextSpecialty.Text = StuTab.Specialty;
        TextEmail.Text = StuTab.Email;
    }
```

“提交”按钮被单击时执行的事件代码如下：

```
    protected void ButtonOK_Click(object sender, EventArgs e)
    {
        DataClassesDataContext db = new DataClassesDataContext();    //创建 Context 对象 db
        StudentInfo StuTab = new StudentInfo();
        if (TextNo.Enabled == false)          //"学号"文本框不可用，说明当前为"修改"状态
        {
            StuTab = db.StudentInfo.Single(m => m.StudentID == TextKey.Text);
        }
        StuTab.StudentID = TextNo.Text;   //将各文本框中的数据保存到表对象中
        StuTab.StudentName = TextName.Text;
        StuTab.Sex = char.Parse(TextSex.Text);
```

```
        StuTab.DateOfBirth = DateTime.Parse(TextBirthday.Text);
        StuTab.Specialty = TextSpecialty.Text;
        StuTab.Email = TextEmail.Text;
        if (TextNo.Enabled == true)          //"学号"文本框可用，表示当前为“添加”状态
        {
            if (TextNo.Text == "")
            {
                Response.Write("<script language=javascript>alert('学号字段不能为空！');</script>");
                return;
            }
            else
            {
                db.StudentInfo.InsertOnSubmit(StuTab);          //调用 InsertOnSubmit()方法添加记录
            }
        }
        db.SubmitChanges();                                     //向数据库提交更新
        //跳转回 Default.aspx，为的是对用 Page_Load 事件过程，在 GridView 控件中显示新数据
        Response.Redirect("default.aspx");
    }
```

“添加”按钮被单击时执行的事件代码如下：

```
    protected void ButtonAdd_Click(object sender, EventArgs e)
    {
        Panel1.Visible = true;
        LabelTip.Text = "请输入新记录各字段的值：";
    }
```

“删除”按钮被单击时执行的事件代码如下：

```
    protected void ButtonDel_Click(object sender, EventArgs e)
    {
        DataClassesDataContext db = new DataClassesDataContext();   //创建 Context 对象 db
        switch (DropSelect.Text)
        {
            case "学号":
                //直接执行 SQL 语句，删除以文本框中内容开头的所有记录（注意只有一个"%"）
                db.ExecuteCommand("delete from [StudentInfo] where [StudentID] like '" +
                                        TextKey.Text + "%'");
                break;
            case "姓名":
                //删除包含文本框内容的所有记录，"%"表示通配符
                db.ExecuteCommand("delete from [StudentInfo] where [StudentName] like '%" +
                                        TextKey.Text + "%'");
                break;
            case "专业":
```

```
                db.ExecuteCommand("delete from [StudentInfo] where [Specialty] like '%" +
                                    TextKey.Text + "%'");
                break;
            case "全部":
                Response.Write("<script language=javascript>alert('请不要删除全部记录！');</script>");
                return;
                break;
        }
        Response.Redirect("default.aspx");
    }
}
```

11.2 习题解答

1. 根据使用数据源类型的不同，可以将 LINQ 技术分为 4 个组成部分，即 LINQ to Object、LINQ to ADO.NET、LINQ to XML 和第三方 LINQ 支持，简述它们的概念及作用。

解答：根据数据源类型，可以将 LINQ 技术分成 4 个主要技术方向。

LINQ to Object：数据源为实现了接口 IEnumerable<T>或 IQeryable<T>的内存数据集合，这也是 LINQ 的基础。

LINQ to ADO.NET：数据源为 ADO.NET 数据集，这里将数据库中的表结构映射到类结构，并通过 ADO.NET 从数据库中获取数据集到内存中，通过 LINQ 进行数据查询。

LINQ to XML：数据源为 XML 文档，这里通过 XElement、XAttribute 等类将 XML 文档数据加载到内存中，通过 LINQ 进行数据查询。

除了以上 3 种常见的数据类型外，.NET 3.5 还为用户扩展 LINQ 提供了支持，用户可以根据需要实现第三方的 LINQ 支持程序，然后通过 LINQ 获取自定义的数据源。

2．什么是扩展方法？在使用扩展方法时应注意哪些方面？

解答：所谓扩展方法是为现有类添加的，用于实现新功能的静态方法（注意必须是静态的）。创建扩展方法的语法格式为

```
public static class 静态类名称
{
    public static 返回值类型 方法名称(this 作用类型 形参 1 [, 形参 2] …)
    {
        扩展方法的方法体语句
    }
}
```

其中，this 关键字后面的“作用类型”表示该方法对哪种类型有效。此外，扩展方法必须在顶级静态类中定义，也就是说，方法定义代码必须书写在页面 public partial class 的声明之外。

使用扩展方法时应注意以下 4 个方面：

1）扩展方法是一种特殊的静态方法。

2）扩展方法必须在静态类中进行定义。

3）扩展方法的优先级低于同名的类方法。

4）扩展方法只能在特定的命名空间中使用。

3．简述 Lamda 表达式的一般规则。

解答：Lambda 表达式的一般规则如下：

1）Lambda 表达式所包含的参数数量必须与委托类型包含的参数数量相同。

2）Lambda 表达式中的每个输入参数必须都能够隐式转换为其对应的委托参数。

3）Lambda 表达式的返回值（如果有的话）必须能够隐式的转换为委托的返回类型。

需要说明的是，Lambda 表达式本身没有类型，因为通用类型系统中没有“Lambda 表达式”这一内部概念。通常所说的 Lambda 表达式的“类型”，是指委托类型或 Lambda 表达式所转换成的 Expression 类型。

4．在 DataContext 类中直接执行 SQL 语句的方法有哪些，并简述其作用。

解答：在 DataContext 类中，直接执行 SQL 语句的方法有 GetCommand()、ExecuteCommand()和 ExecuteQuery()方法。

其中，GetCommand()方法用于提供有关由 LINQ to SQL 生成的 SQL 命令的信息。使用该方法可以帮助程序员了解 LINQ to SQL 在后台具体的执行情况，这对程序查错是很有帮助的。

ExecuteCommand()方法用于直接对数据库执行一个没有返回值的 SQL 命令。注意，在书写 SQL 语句时，表名称、字段名需要用方括号“[]”将其括起来。

ExecuteQuery()方法用于直接执行一个 SQL 查询，该方法返回一个 IEnumerable<T>类型的泛型集合。

5．为 string 类型添加一个用于将阿拉伯字符序列，转换成中文数字大写序列（壹、贰、叁、……）的扩展方法。如图 11-7 所示，程序运行时页面中显示一个文本框和一个命令按钮，用户在文本框中输入一个阿拉伯字符序列后单击命令按钮，转换后的结果能正确地显示在标签控件中。

图 11-7　程序运行结果

解答：程序设计步骤如下。

（1）设计 Web 界面

新建一个 ASP.NET 网站，向 Default.aspx 页面中添加必要的说明文字，添加 1 个文本框控件 TextBox1、1 个命令按钮控件 Button1 和 1 个标签控件 Label1。

（2）设置对象属性

设置 TextBox1 的 ID 属性为 TextNum；设置 Button1 的 ID 属性为 ButtonConver，Text 属性为“转换”。

（3）编写程序代码

创建静态扩展类 ExtraClass 和扩展方法 ToTran()。需要注意的是，下列代码必须书写在页面 public partial class 的声明之外。

```
public static class ExtraClass          //创建一个名为"ExtraClass"的静态扩展类
{
    //新建扩展方法名称为 ToTran()，带有一个用于接收方法调用语句传递过来的字符串的形参 s
    public static string ToTran(this string s)
```

```
{
    //扩展方法的方法体语句
    string Temp = "", StringNum = "";
    for (int i = 0; i <= s.Length - 1; i++)          //依次从用户输入中截取单个字符
    {
        switch (s.Substring(i, 1))
        {
            case "1":
                Temp = "壹";
                break;
            case "2":
                Temp = "贰";
                break;
            case "3":
                Temp = "叁";
                break;
            case "4":
                Temp = "肆";
                break;
            case "5":
                Temp = "伍";
                break;
            case "6":
                Temp = "陸";
                break;
            case "7":
                Temp = "柒";
                break;
            case "8":
                Temp = "捌";
                break;
            case "9":
                Temp = "玖";
                break;
            case "0":
                Temp = "零";
                break;
        }
        StringNum = StringNum + Temp;
    }
    return StringNum;
}
}
```

“转换”按钮被单击时执行的事件代码如下：

```
protected void ButtonConver_Click(object sender, EventArgs e)
```

```
{
    Label1.Text = TextNum.Text.ToTran();            //调用 ToTran()方法
}
```

6．设计一个使用 FormView 和 LinqDataSource 控件配合，实现对 SQL Server 数据库 StudentDB 中 user 表进行常规操作（如增、删、改、查）的应用程序。程序运行后，首先显示如图 11-8 所示的“浏览记录”界面，单击分页按钮（1、2、……）可逐一查询所有记录数据。单击“编辑”链接按钮，可打开如图 11-9 所示的“修改记录“界面，用户在修改了“用户名”或“密码”的值后，单击“更新”链接按钮可将结果提交到数据库；单击“取消”链接按钮可返回“浏览记录”界面。由于“编号”字段为数据表的主键故不允许修改。此外，“密码”文本框要求使用密码框模式。

图 11-8　浏览记录

图 11-9　修改记录

在“浏览记录”界面中单击“删除”链接按钮，可将当前记录从数据库中删除；单击“新建”链接按钮，可打开如图 11-10 所示的“添加新用户”界面，用户在输入了“编号”、“用户名”、“密码”和“确认密码”的值后单击“插入”链接按钮，可将新记录添加到数据库中。

如果输入的“编号”已存在、有漏填数据，或两次输入的密码不相同，程序将给出相应的提示，如图 11-11 所示。添加数据不成功时，要求 FormView 控件能保持在插入记录状态，而不是自动返回浏览状态。

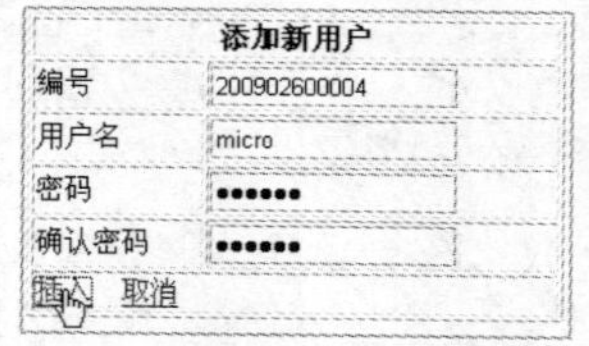

图 11-10　添加新用户记录

图 11-11　添加记录出错提示信息

解答：程序设计步骤如下。

（1）设计 Web 界面

新建一个 ASP.NET 网站，在页面中添加 LINQ to SQL 类，并通过 O/R 设计器创建包含 SQL Server 数据库 StudentDB 中 user 表的 DataContext 类。在页面中添加 1 个 FormView 控件和 1 个 LinqDataSource 控件。设置 LinqDataSource 控件能通过 DataContext 类返回 user 表中所有的记录。

通过 FormView 控件的任务菜单按如图 11-12 所示编辑 FormView 控件的各个模板样式。

在 ItemTemplate 模板中，将用于显示密码的标签删除，替换为一串“*”号。在 EditTemplate 模板中，将用于显示密码的文本框的 TextMode 属性设置为 Password。在 InsertTemplate 模板中，为最后一行添加一个新的用于输入“确认密码”的文本框。

为了方便编写代码，设置 InsertTemplate 模板中各文本框的 ID 属性分别为 TextUID、

TextUName、TextUPwd 和 TextURePwd，设置所有用于显示密码的文本框的 TextMode 属性为 Password。

图 11-12　编辑 FormView 的各模板

（2）编写程序代码

LinqDataSource 控件在进行插入操作前执行的事件代码如下：

```
protected void LinqDataSource1_Inserting(object sender, LinqDataSourceInsertEventArgs e)
{
    //查找 FormView 控件中名为"TextUID"的控件，并将其赋值给文本框对象 TextUserID
    TextBox TextUserID = (TextBox)FormView1.FindControl("TextUID");
    TextBox TextUserPwd = (TextBox)FormView1.FindControl("TextUPwd");
    TextBox TextUserRePwd = (TextBox)FormView1.FindControl("TextReUPwd");
    TextBox TextUserName = (TextBox)FormView1.FindControl("TextUName");
    DataClassesDataContext db = new DataClassesDataContext();
    //查询用户输入的"编号"是否已存在
    user Result = db.user.SingleOrDefault(m => m.userid == TextUserID.Text);
    if (Result != null)         //如果编号已存在
    {
        Response.Write("<script language=javascript>alert('编号已存在，请更改！');</script>");
        e.Cancel = true;    //放弃执行插入操作
        IsPass = "no";      //记录未执行插入操作状态
        return;
    }
    //如果有任何一个文本框中的数据为空
    if (TextUserID.Text == "" || TextUserName.Text == "" || TextUserPwd.Text == "" ||
                        TextUserRePwd.Text == "")
    {
        Response.Write("<script language=javascript>alert('必须填写完整数据！');</script>");
        e.Cancel = true;
        IsPass = "no";
        return;
    }
    //如果两次输入的密码不相同
    if (TextUserPwd.Text != TextUserRePwd.Text)
    {
        Response.Write("<script language=javascript>alert('两次密码输入不相同！');</script>");
        e.Cancel = true;
        IsPass = "no";
```

```
            return;
        }
        IsPass = "yes";              //记录插入操作执行成功的状态
    }
```

FormView 控件执行插入操作后执行的事件代码如下：

```
    protected void FormView1_ItemInserted(object sender, FormViewInsertedEventArgs e)
    {
        if (IsPass == "no")                      //如果插入操作未被执行
        {
            e.KeepInInsertMode = true;     //保持控件为插入模式
        }
    }
```

7. 使用 SQL Server 数据库 StudentDB 中的 StudentInfo 表，设计一个使用 LinqDataSource 控件、GridView 控件和 LINQ to SQL 对象及方法来实现从 Excel 工作表中批量导入数据的应用程序。具体要求如下：

1）参照 StudentInfo 表结构，在 Excel 中按图 11-13 所示录入一些数据。

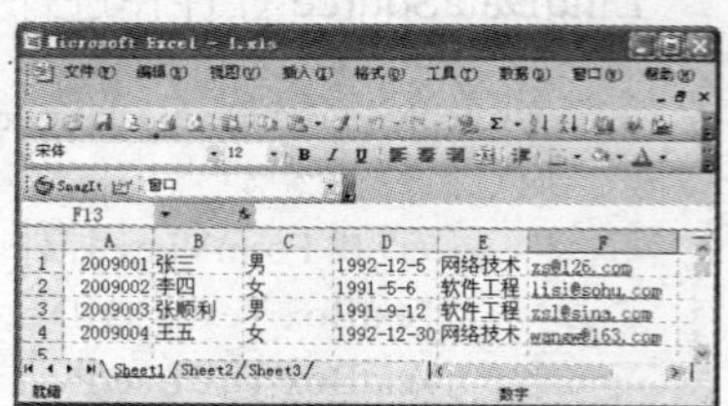

图 11-13　Excel 中的数据

2）程序启动后能在 GridView 控件中显示如图 11-14 所示的 StudentInfo 表中所有的记录。

3）通过 FileUpload 控件选择 Excel 文件，并单击“导入数据库”按钮完成导入操作。如图 11-15 所示，导入的新记录能立即显示到 GridView 控件中。

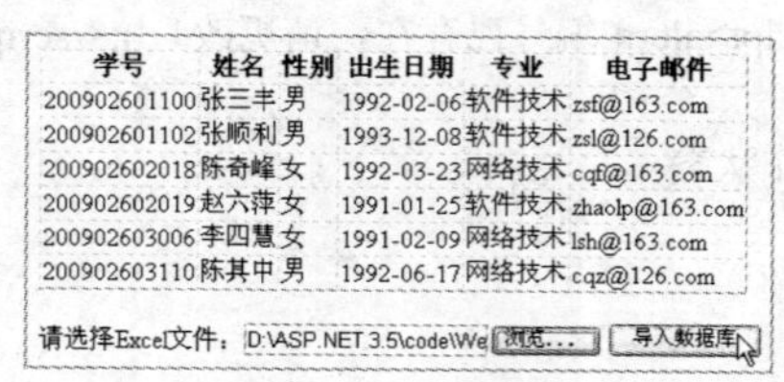

图 11-14　显示所有记录

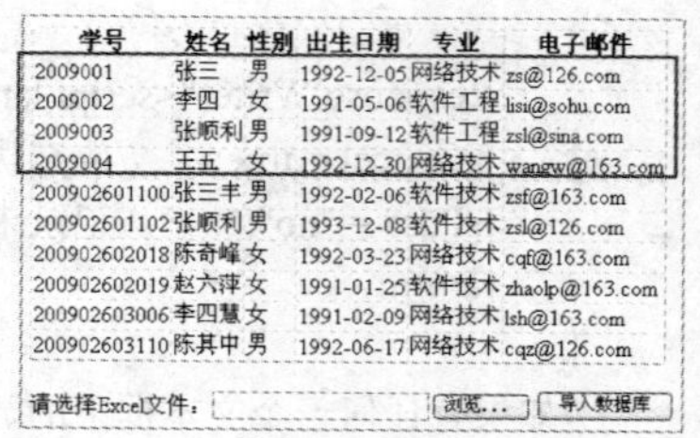

图 11-15　批量导入到数据库中的新记录

解答： 程序设计步骤如下。

（1）设计 Web 界面

新建一个 ASP.NET 网站，按图 11-16 所示在页面中添加 1 个用于显示数据的 GridView1 控件、1 个用于上传 Excel 文件的 FileUpload 控件、1 个 LinqDataSource 控件和 1 个命令按钮控件 Button1。

配置 LinqDataSource1，使之能支持 GridView 控件显示 StudentInfo 表中的所有记录。

设置 Button1 的 ID 属性为 ButtonImport，Text 属性为“导入数据库”。为了能在 GridView 显示中文列标题和适当的日期格式，需要切换到 Default.aspx 页面的源视图中修改控件的描述代码。

为了能在应用程序中调用有关 Excel 文件操作的对象和方法，需要在“解决方案资源管理器”中，右键单击网站名称，在弹出的快捷菜单中执行“添加引用”命令，在如图 11-17 所示的对话框中的“COM”选项卡中选择“Microsoft Excel 12.0 Object Library”（Excel 对象库），单击“确定”按钮。

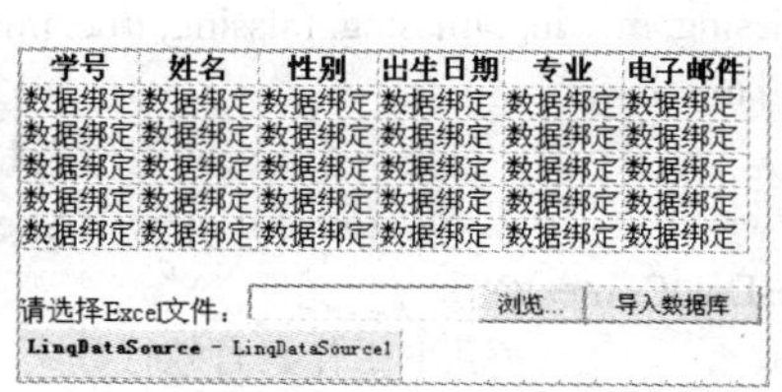

图 11-16　设计 Web 界面

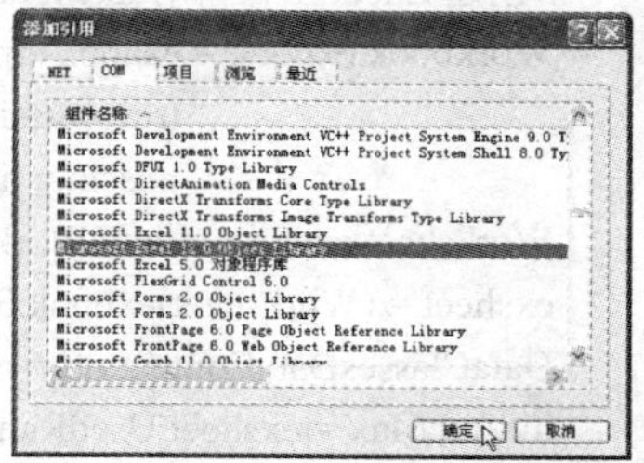

图 11-17　添加对 Excel 对象库的引用

（2）编写程序代码

添加对所需命名空间的引用如下：

```
using Microsoft.Office.Interop.Excel;    //支持对 Excel 文件的操作
using System.Diagnostics;                //支持进程管理
using System.IO;                         //支持文件操作
```

页面装入时执行的事件代码如下：

```
protected void Page_Load(object sender, EventArgs e)
{
    GridView1.DataSource = LinqDataSource1;
    GridView1.DataBind();
}
```

“导入数据库”按钮被单击时执行的事件代码如下：

```
protected void ButtonImport_Click(object sender, EventArgs e)
{
    if (!FileUpload1.HasFile)                                    //如果用户没有选择文件
    {
        Response.Write("<script language=javascript>alert('请选择 Excel 文件！');</script>");
        return;
    }
    string FileType = FileUpload1.PostedFile.ContentType;       //获取用户选择文件的类型
    if (FileType != "application/vnd.ms-excel")                  //如果不是 Excel 文件
    {
        Response.Write("<script language=javascript>alert('只能选择 Excel 文件！');</script>");
        return;
    }
    if(File.Exists(Server.MapPath("upload/1.xls")))              //如果文件已存在
    {
        File.Delete(Server.MapPath("upload/1.xls"));             //删除文件
    }
    FileUpload1.SaveAs(Server.MapPath("upload/1.xls"));          //上传并保存文件
```

```
    object missing = System.Reflection.Missing.Value;    //表示缺少的 object 对象
    Application exapp = new Application();
    //创建 Excel 工作簿对象 exbook，并将指定 Excel 文件保存在其中，并用 missing 替代默认参数
    Workbook exbook = exapp.Application.Workbooks.Open(Server.MapPath("upload/1.xls"), missing,
                true, missing, missing, missing, missing, missing, missing, true, missing,
                missing, missing, missing, missing);
    Worksheet exsheet = new Worksheet();                  //创建一个 Excel 工作表对象
    exsheet = (Worksheet)exbook.Sheets[1];                //获取 Excel 工作簿中 Sheet1 工作表
    DataClassesDataContext db = new DataClassesDataContext();
    int RecMax = exsheet.UsedRange.Rows.Count;            //获取工作表有效行数
    for (int i = 1; i <= RecMax; i++)
    {
        StudentInfo NewRec = new StudentInfo();
        //将工作表中第 i 行第 1 列数据存放到新记录的 StudentID 字段中
        NewRec.StudentID = ((Range)exsheet.Cells[i, 1]).Value2.ToString();
        //将工作表中第 i 行第 2 列数据存放到新记录的 StudentName 字段中
        NewRec.StudentName = ((Range)exsheet.Cells[i, 2]).Value2.ToString();
        NewRec.Sex = char.Parse(((Range)exsheet.Cells[i, 3]).Value2.ToString());
        NewRec.DateOfBirth = DateTime.Parse(((Range)exsheet.Cells[i, 4]).Value2.ToString());
        NewRec.Specialty = ((Range)exsheet.Cells[i, 5]).Value2.ToString();
        NewRec.Email = ((Range)exsheet.Cells[i, 6]).Value2.ToString();
        //将赋值完成的新记录插入到 StudentInfo 对象中
        db.StudentInfo.InsertOnSubmit(NewRec);
    }
    db.SubmitChanges();                                   //将表对象中的改变提交到数据库
    exbook.Close(missing, missing, missing);              //关闭 Excel 工作簿
    exapp.Quit();                                         //关闭 Excel 应用程序
    exapp = null;                                         //释放对象占用的系统资源
    Process[] procs = Process.GetProcessesByName("excel");   //查找内存中的 Excel 进程
    foreach (Process pro in procs)
    {
        pro.Kill();                                       //杀掉所有 Excel 进程
    }
    GC.Collect();                                         //强制进行垃圾回收，释放程序占用的系统资源
    Response.Redirect("default.aspx");                    //返回首页显示添加结果
}
```

需要说明的是，上述应用程序在本机上可以正常运行，但如果发布到远程 IIS 服务器后可能会出现权限不足的问题。需要在服务器中执行“开始”→“运行”→“dcomcnfg.exe”，在打开的对话框中对“组件配置”下的“DCOM”进行适当的配置，并在服务器中安装 Microsoft Excel 2003 以上版本等操作。由于篇幅所限，这里不再详细介绍，需要时可参阅相关资料。

此外，程序运行成功后已将 Excel 中的记录添加到 SQL Server 数据库中，如果再次运行程序，需要将上次添加的数据删除，或修改 Excel 中的记录值（特别是“学号”主键字段值）。

第 12 章　ASP.NET 的安全管理

12.1　实训　使用 Membership 创建用户管理系统

12.1.1　实训目的

1）掌握使用 ASP.NET SQL Server 注册工具建立与外部 SQL Server 数据库连接的方法。

2）掌握 ASP.NET 网站管理工具的使用方法，能正确创建用户、角色，并完成 ASP.NET 访问授权的相关设置。

3）掌握 Membership 类、Roles 类中常用方法的语法格式及使用技巧；掌握通过编程的方式完成 ASP.NET 网站用户管理任务。

12.1.2　实训要求

设计一个 ASP.NET 网站，要求通过 Membership 类提供的各种方法实现所有用户的管理功能（如查询/添加/删除/修改用户密码、电子邮件地址、安全问题答案或角色）。

程序运行后显示如图 12-1 所示的首页界面，用户单击相应的链接按钮可进入指定的功能页面。

1．查询和删除用户

单击首页中“查询和删除用户”链接按钮，打开如图 12-2 所示的页面。用户可在下拉列表框中选择希望查询或删除的用户名，选择后表格中将自动显示该用户的电子邮件和角色信息。单击“删除用户”按钮，可将当前用户名代表的用户从数据库中删除；单击“返回”按钮，可跳转到网站首页。

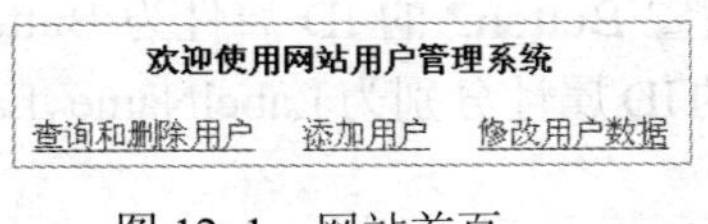

图 12-1　网站首页

图 12-2　查询和删除用户

2．添加用户

在首页中单击“添加用户”链接按钮，打开如图 12-3 所示的页面。在填写了所有项目并选择了用户角色后单击“确定”按钮，可在数据库中创建一个新用户。

3．修改用户数据

在首页中单击“修改用户数据”链接按钮，打开如图 12-4 所示的页面。用户通过“用户名”下拉列表框选择了某用户时，页面中的“电子邮件”、“安全问题”和“用户角色”文本框会自动发生变化，其他数据留空。通过该页面，可以修改用户密码、电子邮件、安全问题的答案及用户角色（“安全问题”文本框中的数据呈灰色显示，不能修改）。不需要修改的项可以留空或不更改原有数据。

设置完毕后，单击“更新”按钮，可将修改后的数据提交到数据库。

图 12-3　添加新用户　　图 12-4　修改用户信息

12.1.3　实训步骤

假设已通过 ASP.NET 网站配置工具创建了所需的数据库，并指定网站采用“通过 Internet”进行用户身份验证，且启用了角色管理功能。

1．设计网站首页（Default.aspx）

在 Default.aspx 页面中添加必要的说明文字和 3 个链接按钮控件。设置链接按钮的 Text 属性分别为“查询和删除用户”、“添加用户”和“修改用户数据”，设置它们的 PostBackUrl 属性分别指向 Query.aspx、AddUser.aspx 和 Edit.aspx。

2．设计查询和删除用户页面（Query.aspx）

（1）设计 Web 页面

在页面中添加一个新 Web 窗体，并命名为 Query.aspx。切换到设计视图，按图 12-5 所示，在页面中添加必要的说明文字，添加 1 个下拉列表框 DropDownList1、2 个命令按钮 Button1 和 Button2、1 个用于布局的 HTML 表格，向表格第 2 行的各列添加 1 个标签控件。

图 12-5　设计 Query.aspx 页面

（2）设置对象属性

设置 DropDownList1 的 ID 属性为 DropName，AutoPostBack 属性为 True；设置 Button1 的 ID 属性为 ButtonDel，Text 属性为“删除用户”，设置 Button2 的 ID 属性为 ButtonBack，PostBackUrl 属性指向 Default.aspx。设置 3 个标签控件的 ID 属性分别为 LabelName、LabelEmail 和 LabelRoles，设置它们的 Text 属性均为空。

（3）编写程序代码

Query.aspx 页面装入时执行的事件代码如下：

```
protected void Page_Load(object sender, EventArgs e)
{
    if (!IsPostBack)
    {
        //返回所有用户名，并填充到"选择用户名"下拉列表框
        DropName.DataSource = Membership.FindUsersByName("%");
        DropName.DataBind();
    }
    LabelName.Text = Membership.GetUser(DropName.Text).ToString();
    //查询指定用户的电子邮件地址，并显示到标签控件中
```

```
        LabelEmail.Text = Membership.GetUser(DropName.Text).Email.ToString();
        //返回指定用户拥有的所有角色，并赋值给 AllRoles 数组
        string[] AllRoles = Roles.GetRolesForUser(DropName.Text);
        //将用户的第 1 个角色（在本题中也是唯一的一个角色）显示到标签控件中
        LabelRoles.Text = AllRoles[0].ToString();
    }
```

“删除用户”按钮被单击时执行的事件代码如下：

```
    protected void ButtonDel_Click(object sender, EventArgs e)
    {
        Membership.DeleteUser(LabelName.Text);
        Response.Write("<script language=javascript>alert('删除用户成功！');</script>");
        //删除用户后更新下拉列表框中的选项
        DropName.DataSource = Membership.FindUsersByName("%");
        DropName.DataBind();
        LabelName.Text = "";            //清除上次查询遗留的数据
        LabelRoles.Text = "";
        LabelEmail.Text = "";
    }
```

“选择用户名”下拉列表框中被选择项变化时执行的事件代码如下：

```
    protected void DropName_SelectedIndexChanged(object sender, EventArgs e)
    {
        //自动更新 3 个标签中显示的数据，实现查询功能
        LabelName.Text = Membership.GetUser(DropName.Text).ToString();
        LabelEmail.Text = Membership.GetUser(DropName.Text).Email.ToString();
        string[] AllRoles = Roles.GetRolesForUser(DropName.Text);
        LabelRoles.Text = AllRoles[0].ToString();
    }
```

3. 设计添加新用户页面（AddUser.aspx）

（1）设计 Web 页面

在网站中添加一个新 Web 窗体，并命名为 AddUser.aspx。切换到设计视图，按图 12-6 所示在页面中添加 1 个用于布局的 HTML 表格、6 个文本框 TextBox1～TextBox6、1 个下拉列表框和两个命令按钮 Button1 和 Button2。

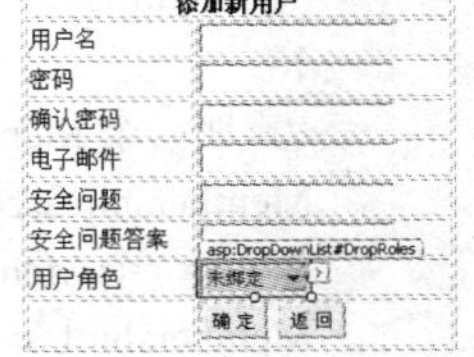

图 12-6　设计 AddUser.asp 页面

（2）设置对象属性

设置各文本框的 ID 属性分别为 TextName、TextPwd、TextRePwd、TextEmail、TextQuestion 和 TextAnswer，设置 TextPwd 和 TextRePwd 的 TextMode 属性为 Password；设置下拉列表框的 ID 属性为 DropRoles；设置两个按钮控件的 ID 属性分别为 ButtonOK 和 ButtonBack，Text 属性分别为“确定”和“返回”，设置 ButtonBack 的 PostBackUrl 指向 Default.aspx。

（3）编写程序代码

AddUser.aspx 页面装入时执行的事件代码如下：

```
protected void Page_Load(object sender, EventArgs e)
{
    if (!IsPostBack)
    {
        string[] AllRoles = Roles.GetAllRoles();    //声明一个字符串数组，得到所有角色
        foreach (string r in AllRoles)              //遍历返回结果
        {
            DropRoles.Items.Add(r);                 //将角色名称显示到下拉列表框
        }
    }
}
```

“确定”按钮被单击时执行的事件代码如下：

```
protected void ButtonOK_Click(object sender, EventArgs e)
{
    //所有文本框中数据都不能为空
    if (TextName.Text == "" || TextPwd.Text == "" || TextRePwd.Text == "" ||
      TextEmail.Text == "" || TextQuestion.Text == "" || TextAnswer.Text == "")
    {
        Response.Write("<script language=javascript>alert('请填写完整信息！');</script>");
        return;
    }
    if (TextPwd.Text != TextRePwd.Text)             //如果两次输入的密码不同
    {
        Response.Write("<script language=javascript>alert('两次输入的密码不相同！');</script>");
        return;
    }
    if (Membership.GetUser(TextName.Text) != null)    //如果用户已存在
    {
        Response.Write("<script language=javascript>alert('用户名已存在，
                                    请重新输入！');</script>");
        return;
    }
    //声明一个 MembershipCreateStatus 类型对象 Status
    MembershipCreateStatus Status;
    //声明一个 MembershipUser 类型的对象 NewUser，并将创建的新用户赋值给该对象
    MembershipUser NewUser =
                    Membership.CreateUser(TextName.Text, TextPwd.Text,TextEmail.Text,
                    TextQuestion.Text, TextAnswer.Text,true,out Status);
    string[] NewName = {TextName.Text};
    //为指定用户分配角色
    Roles.AddUsersToRole(NewName ,DropRoles.Text);
    Response.Write("<script language=javascript>alert('新用户创建成功！');</script>");
```

```
}
```

4．设计修改用户信息页面（Edit.aspx）

（1）设计 Edit.aspx 页面

在网站中添加一个新 Web 窗体，并命名为 Edit.aspx。切换到设计视图，按图 12-7 所示，在页面中一个用于布局的 HTML 表格，在表格中添加 6 个文本框、两个下拉列表框和两个命令按钮控件。

图 12-7　设计 Edit.aspx 页面

（2）设置对象属性

设置 6 个文本框的 ID 属性分别为 TextPwd、TextNewPwd、TextReNewPwd、TextEmail、TextQuestion 和 TextAnswer，设置 TextPwd、TextNewPwd 和 TextReNewPwd 的 TextMode 属性均为 Password，设置 TextQuestion 的 Enable 属性为 False。

设置两个下拉列表框的 ID 属性分别为 DropName 和 DropRoles，设置 DropName 的 AutoPostBack 属性设置为 True。

设置两个按钮控件的 ID 属性分别为 ButtonEdit 和 ButtonBack，Text 属性分别为“更新”和“返回”，设置 ButtonBack 的 PostBackUrl 属性指向 Default.aspx。

（3）编写程序代码

Edit.aspx 页面装入时执行的事件代码如下：

```
protected void Page_Load(object sender, EventArgs e)
{
    if (!IsPostBack)
    {
        DropName.DataSource = Membership.FindUsersByName("%");
        DropName.DataBind();
        MembershipUser u = Membership.GetUser(DropName.Text);
        TextEmail.Text = u.Email;                //填写选择用户的电子邮件信息到文本框
        //填写选择用户的“安全问题”到文本框
        TextQuestion.Text = u.PasswordQuestion;
        //声明一个字符串数组，并取得所有角色的名称
        string[] AllRoles = Roles.GetAllRoles();
        foreach (string r in AllRoles)           //遍历返回结果
        {
            DropRoles.Items.Add(r);              //将角色名称显示到下拉列表框
        }
        //按选择的用户名设置角色文本框中被选择的角色项
        string[] UserRoles = Roles.GetRolesForUser(DropName.Text);
        DropRoles.SelectedValue = UserRoles[0].ToString();
    }
}
```

“更新”按钮被单击时执行的事件代码如下：

```
protected void ButtonEdit_Click(object sender, EventArgs e)
{
```

```
        if (TextPwd.Text == "")
        {
            Response.Write("<script language=javascript>alert('必须填写用户密码！');</script>");
            return;
        }
        MembershipUser EditUser = Membership.GetUser(DropName.Text);    //查找用户
        if (TextAnswer.Text != "")                    //如果用户填写了"安全问题答案"
        {
            //更新"安全问题"和"安全问题答案"
            EditUser.ChangePasswordQuestionAndAnswer(TextPwd.Text, TextQuestion.Text,
                                                       TextAnswer.Text);
        }
        if (TextNewPwd.Text != "")                    //如果用户填写了新密码
        {
            EditUser.ChangePassword(TextPwd.Text, TextNewPwd.Text);          //修改用户密码
        }
        EditUser.Email = TextEmail.Text;              //修改用户邮箱地址
        Membership.UpdateUser(EditUser);              //更新数据库
        string[] UserRoles = Roles.GetRolesForUser(DropName.Text);
        string OldRoles = UserRoles[0].ToString();
        Roles.RemoveUserFromRole(DropName.Text, OldRoles);          //移除用户原有角色
        string[] Username = { DropName.Text };                       //声明一个字符串数组，并赋值
        //将数组中各项添加到指定角色中
        Roles.AddUsersToRole(Username, DropRoles.Text);
        Response.Write("<script language=javascript>alert('用户数据修改成功！');</script>");
    }
```

12.2 习题解答

1．ASP.NET 提供的“基于角色的安全管理技术”主要包含哪些内容？

解答： 基于角色的安全管理技术主要包括以下两个方面的内容。

1）用户身份认证：主要包括新用户注册、用户登录、修改密码、遗忘密码处理、显示状态和其他有关信息等。这些操作基本上都可以通过工具箱的“登录”选项卡中的 7 个控件来完成。

2）用户权限管理：主要包括为用户分配角色和为角色分配可访问资源等。

使用基于角色的安全管理技术需要开发人员创建 ASP.NET 网站时，根据资源的级别不同，使用树形目录的方式进行组织。

2．Visual Studio 提供了一个 ASP.NET 网站管理工具，用来帮助用户在可视化环境中创建用户、角色、访问策略等。使用该工具前需要进行哪些准备工作？

解答： 使用 ASP.NET 网站管理工具前，需要进行的准备工作主要有创建相关数据表和修改配置文件两项。

（1）创建相关数据库表

在使用 ASP.NET 网站管理工具前，首先需要建立与 Microsoft SQL Server 数据库的连接，

并创建用于存放用户信息、角色信息、安全规则等信息的数据表。

如果使用外部 SQL Server 数据库，则需要运行 Asp.net SQL Server 注册工具（aspnet_regsql.exe），并通过向导完成相应的操作。该工具作为一个单独的工具程序，默认存放在“C:\Windows\Microsoft.NET\Framework\v2.0.50727”中。

执行 Windows 的“开始”菜单中的“运行”命令，输入“cmd”后单击“确定”按钮，进入命令提示符窗口，在其中输入“cd \windows\microsoft.net\framework\v2.0.50727”，按〈Enter〉键，将当前目录切换到 Asp.net SQL Server 注册工具所在的位置。

输入“aspnet_regsql”后按〈Enter〉键，启动 ASP.NET SQL Server 安装向导，在“欢迎”对话框中直接单击“下一步”按钮。

在打开的“选择服务器和数据库”对话框中输入 SQL Server 服务的计算机名称或 IP 地址，填写对数据库有管理权限的用户名和密码，并在下拉列表框中选择希望将由向导自动创建的，用于存放有关安全设置信息的数据表存放到的数据库名称（如本例的“StudentDB”）后，单击“下一步”按钮。

在打开的对话框中核对前面输入和选择的项目后，单击“下一步”按钮，在最后出现的对话框中单击“完成”按钮，结束连接数据库的操作。操作完成后，在“服务器资源管理器”窗口中可以看到由向导自动创建的相关数据表。

（2）修改配置文件

数据表创建后还需要在“C:\Windows\Microsoft.NET\Framework\v2.0.50727\CONFIG”处双击在 VS 2008 中打开“machine.config”文件，找到如下所示的代码：

```
<add name="LocalSqlServer" connectionString="data source=.\SQLEXPRESS;
 Integrated Security=SSPI;AttachDBFilename=|DataDirectory|aspnetdb.mdf;User Instance=true"
 providerName="System.Data.SqlClient"/>
```

按如下所示对代码进行修改，以保证应用程序能正常链接到 SQL 数据库。

```
<connectionStrings>
     <add name="LocalSqlServer" connectionString="Server=vm2k3s; Database=StudentDB;
                                   User ID=sa;Password=aaa-123;Trusted_Connection=False" />
</connectionStrings>
```

其中，vm2k3s 为数据库服务器的计算机名称，也可以输入服务器的 IP 地址（运行程序时，需要将这些数据改为本机的实际数据）。StudentDB 为指定存放安全设置相关数据表的数据库名称。User ID 和 Password 为登录 SQL Server 服务器，且具有足够权限的用户名和密码（如本例的“sa”和“abc-123”）。修改完毕后关闭窗口，并按照系统提示保存文件。

（3）规划网站文件夹

上述两步工作完成后，还需要对网站内部文件夹进行权限区域规划（根据用户权限级别创建若干个文件夹），以便将来在设计网站时将不同访问权限的文件放在相应级别的文件夹中。

3．使用 ASP.NET SQL Server 注册工具建立与外部 SQL Server 数据库的连接。打开 SQL Server 数据库可以看到注册工具在数据库中建立了 11 个数据表和众多存储过程。用户的敏感信息（如用户名、密码、安全问题、角色等）存放在哪里，能直接从数据库中看到吗？

解答：用户的敏感信息主要存放在 aspnet_Membership、aspnet_Users 和

apsnet_UsersInRo 表中。在 Visual Studito 的“服务器资源管理器”窗口中打开数据表，可以看到所有敏感信息都是加密存储的。也就是说，即便是系统管理员（拥有直接操作服务器的最高权限），也无法轻易获取用户的敏感信息。

4．Visual Studio 提供的“登录”控件有哪些，并简述其功能。

解答：Visual Studio 提供的“登录”控件有以下 7 个。

1）Login 控件：该控件是基于角色安全管理的核心控件，提供基于 Internet 身份验证方式下用户的登录界面，并指示与“登录”选项卡中其他控件的连接方式。其他 6 个登录控件可以说都是 Login 控件的辅助控件。

2）LoginView：使用该控件可使程序员几乎不必编写任何代码，即可实现根据用户角色的不同返回不同的页面的功能。

3）PasswordRecovery：该控件可根据用户注册时提供的“安全问题”、“安全问题答案”来确定遗忘密码的用户的合法身份，正确回答了安全问题后，能自动修改用户密码为一个随机字符串，并使用指定的 SMTP 服务器向用户电子邮箱发送新密码。

4）LoginStatus 控件：该控件能根据当前用户的验证状态显示为一个登录（Login）或注销（Logout）链接按钮。当用户单击“登录”链接按钮后，默认会跳转到页面 Login.aspx 中；单击“注销”链接按钮，将会从该网站中注销当前用户的登录。

5）LoginName：该控件用于显示登录用户的用户名信息，通过该控件的 FormatString 属性可以设置输出信息的内容和格式。FormatString 属性的默认值为“{0}”，表示登录用户的用户名，在属性窗口或代码中可使用 HTML 标记重新设置。例如，下列代码表示在页面中使用粗体显示“欢迎用户 XXX 登录本站”。

```
LoginName1.FormatString = "<b>欢迎用户{0}登录本站！ </b>";
```

6）CreateUserWizard：该控件用于向数据库中添加新用户的相关记录。使用时需要新建一个 Web 窗体，并将控件从工具箱中添加到页面中。需要设置 Login 控件的 CreateUserText 和 CreateUserUrl 属性值，以显示用于跳转到添加新用户页面的链接文本和目标 URL。

7）ChangePassword 控件：该控件用于修改用户密码。ChangePassword 控件有两种不同的用法，一种是在用户登录后通过登录时使用的用户名进行密码修改，在这种方式下，控件中不显示“用户名”文本框；另一种是无论登录与否，用户可以在控件中输入用户名、密码、新密码、确认新密码后进行密码修改。是否显示“用户名”文本框由控件的 DisplayUserName 属性决定，默认值为 false，即不显示用户名栏。

5．什么是 Members API，简述其主要功能。

解答：Members API 是 Membership 类中公有方法的集合，使用 Members API 能够实现用户、角色的常规管理，如创建新用户、更改密码、检索用户、创建和删除角色、为用户分配角色、查询某角色包含的用户、查询某用户具有的角色等。实际上，前面介绍的 Login 登录控件能实现的功能，通过 Members API 都能以编程的方式来实现。也就是说，Members API 实际上是 Login 控件的底层框架。由于 Membership 类中包含的方法都是静态方法，故在使用前无需实例化即可直接使用。

注意，Membership 类包含于 System.Web.Security 命名空间，使用前应通过 using 命令在应用程序中引用该命名空间。

6．在完成了外部SQL Server数据库连接的网站中，使用ASP.NET网站管理工具添加用户、角色，并为网站中的内部文件夹分配用户或角色的访问权限。设网站中有manager、user和guest 3个文件夹，要求具有admin角色的用户可以访问所有内容，具有user角色的用户可以访问站点根目录及user、guest文件夹，未通过登录的访问者只能访问根站点和guest文件夹。

解答： 程序设计步骤如下。

（1）规划网站文件夹

新建一个ASP.NET网站，在“解决方案资源管理器”窗口中右键单击网站名称，在弹出的快捷菜单中执行“新建文件夹”命令，依次创建名为“manager”、“user”和“guest”的3个文件夹。将整个网站规划为4个区域（根站点及3个文件夹）。

（2）创建用户

执行“网站”菜单下的“ASP.NET”配置命令，在打开的对话框中单击“安全”选项卡。在打开的对话框的“用户”栏中单击“选择身份验证类型”链接按钮，选择“通过Internet”为用户访问网站的方式，单击 “完成”按钮返回到“安全”选项卡。

在“用户”栏中单击“创建用户”链接按钮，在如图12-8所示的页面中填写新用户的相关数据，填写完毕后单击“创建用户”按钮。

默认情况下，系统要求用户填写的密码至少有7位以上的长度，且至少包含1个数字和1个符号字符。

重复上述操作共创建至少3个用户，以满足测试网站的需要。

（3）创建角色

按照题目要求，需要创建两个角色用于为不同网站文件夹分配相应的权限。在“安全”选项卡的“角色”栏中单击“启用角色”链接按钮，栏目中自动出现了一个名为“创建和管理角色”的链接按钮，单击该按钮并在如图12-9所示的“新角色名称”文本框中填写了新角色名称后，单击“添加角色”按钮。

重复上述操作，依次创建admin和user两个角色。

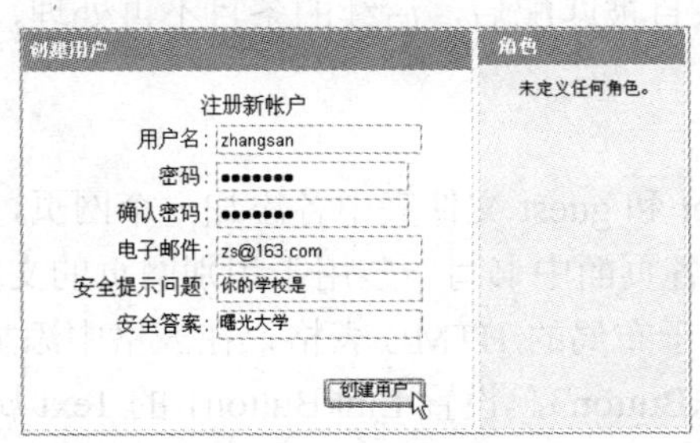

图12-8　创建新用户

图12-9　创建角色

（4）为用户分配角色

在“安全”选项卡的“用户”栏中单击“管理用户”链接按钮，在如图12-10所示的页面中单击“编辑角色”链接按钮，在右侧出现的“角色”列表中选择某角色名称，完成角色分配操作。重复执行上述操作，为其他用户分配相应的角色。本题中为用户lisi分配了user角色；为zhangsan分配了admin角色；用户wangwu未分配任何角色，使该用户和其他未注册的用户一样只能以“所有用户”身份访问网站。

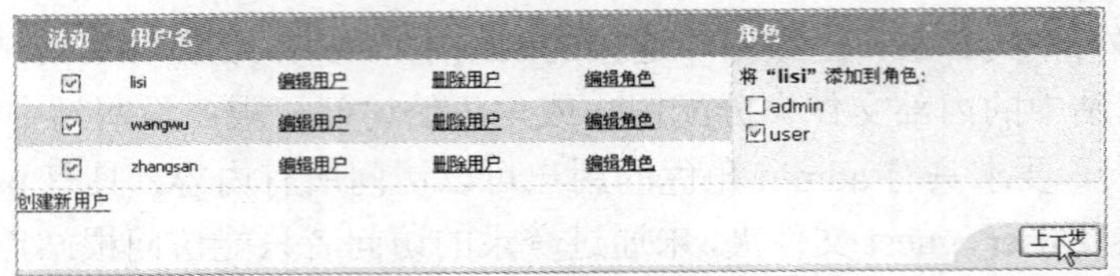

图 12-10 为用户分配角色

（5）创建网站访问规则

在“安全”选项卡的首页，单击“访问规则”栏中“创建访问规则”链接按钮，打开如图 12-11 所示的对话框，设置一个规则的操作步骤如下：

选择一个目录→选择角色或用户→设置权限（允许或拒绝）→单击“确定”按钮。

图 12-11 所示的是设置一条“网站根目录允许被所有用户访问”的规则。为实现题目的要求，还需要设置 manager 文件夹只能被具有 admin 角色的用户访问，user 文件夹只能被 admin 和 user 角色的用户访问，网站根目录和 guest 文件夹可以被所有用户访问。

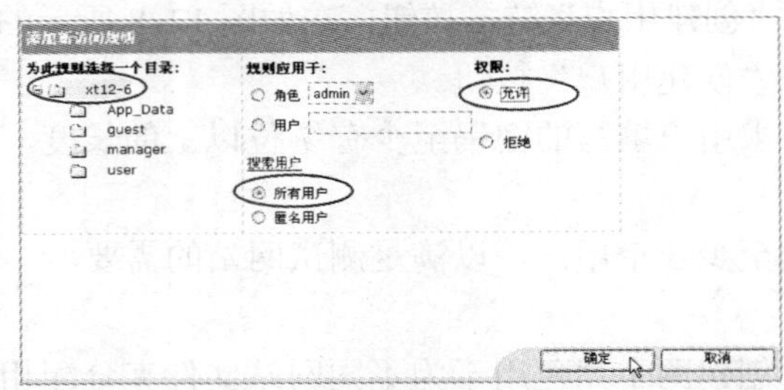

图 12-11 创建网站访问规则

设置完毕后单击“确定”按钮。在“安全”选项卡的“访问规则”栏中，单击“管理访问规则”，可在打开的页面中查看或修改管理规则项目。需要注意的是，一条访问规则可以由若干条目组成，但执行的顺序为自上而下。当某一条目被匹配后，后续的条目不再处理，所以设置规则时条目的排列顺序十分重要。

（6）创建测试程序

在“解决方案资源管理器”中，向 manager、user 和 guest 文件夹中各添加一个网页，分别命名为 manage.aspx、user.aspx 和 guest.aspx，并向各页面中书写一些用于识别网页的文字。如图 12-12 所示，在 Default.aspx 页面中添加一个用于布局的 HTML 表格，在表格中添加 1 个 Login 控件和 3 个链接按钮控件 LinkButton1～LinkButton3。设置 LinkButton1 的 Text 属性为“访问 guest 文件夹”，PostBackUrl 属性指向 guest.aspx；设置 LinkButton2 的 Text 属性为“访问 manager 文件夹”，PostBackUrl 属性指向 manager.aspx；设置 LinkButton3 Text 属性为“访问 user 文件夹”，PostBackUrl 属性指向 user.aspx。

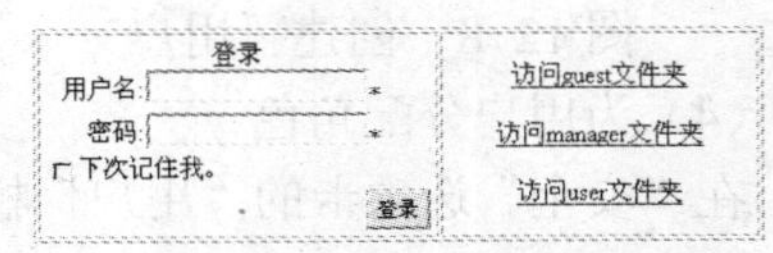

图 12-12 设计 Web 页面

设置完毕后，按〈F5〉键运行程序。由于根站点被设置为允许所有用户访问，故无需任何身份认证即可打开页面看到 Login 控件和 3 个链接按钮控件。

无需登录而直接单击“访问 guest 文件夹”链接，能打开允许所有用户访问的 guest.aspx

页面。单击“访问 manager 文件夹”或“访问 user 文件夹”链接会由于权限不足而出现错误。分别以 admin 和 user 角色登录后再依次单击各链接按钮，可以看到预期的访问规则效果。

7．新建一个 ASP.NET 网站，在网站中添加若干新页面（Web 窗体），使用 Login 控件、LoginName 控件、LoginStatus 控件、LoginView 控件、ChangePassword 控件、PasswordRecovery 控件和 CreateUserWizard 控件构建一个完整的用户登录系统。

解答：程序设计步骤如下。

（1）添加用户和角色

新建一个 ASP.NET 网站，执行“网站”菜单下的“ASP.NET 设置”命令，在打开的页面中单击“安全”选项卡，选择身份认证类型为“通过 Internet”，并启用角色。参照第 6 题的介绍创建 admin 和 user 两个角色，添加若干具有不同角色的用户。

（2）设计登录页面（Default.aspx）

在“解决方案资源管理器”中，向网站中添加 Welcome.aspx、ChangePassword.aspx、PasswordRecovery.aspx 和 Register.aspx 4 个 Web 窗体。

切换到 Default.aspx 页面的设计视图，在页面中添加一个 Login 控件。设置 Login 控件的 DestinationPageUrl 属性为 Welcome.aspx，PasswordRecoveryText 属性为“忘记密码？”，PasswordRecoveryUrl 为 PasswordRecovery.aspx，设置 CreateUserText 属性为“新用户注册”，CreateUserUrl 属性为 Register.aspx。

（3）设计 Welcome.aspx 页面

切换到 Welcome.aspx 页面的设计视图，在页面中添加 1 个 LoginName 控件、1 个 LoginStatus 控件、1 个 LoginView 控件和 2 个 LinkButton 控件。设置链接按钮的 Text 属性分别为“修改密码”和“返回首页”，PostBackUrl 属性分别指向 ChangePassword.aspx 和 Default.aspx。

为了使用户在未登录状态单击 LoginStatus 控件中的“登录”按钮，能跳转到 Default.aspx 页面而不是系统默认的 Login.aspx 页面，需要在 web.config 文件中添加如下配置（在原有 authentication 节的位置进行修改）：

```
<authentication mode="Forms">
    <forms loginUrl="Default.aspx"/>
</authentication>
```

为了使不同角色的用户在 Welcome.aspx 页面中看到不同的信息，需要在 LoginView 控件的任务菜单中执行“RoleGroups”命令，在打开的对话框中添加 admin 和 user 两个角色。在 LoginView 控件的任务菜单中分别选择 AnonymousTemplate、admin 和 user 视图，并向控件中输入一些表示区别的文字。Welcome.aspx 页面设计如图 12-13 和图 12-14 所示。

图 12-13　设计 AnonymousTemplate 模板

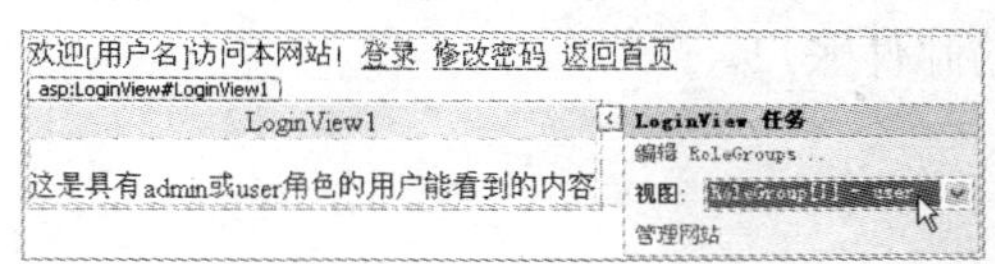

图 12-14　设计 User 模板

（4）设计修改密码页面（ChangePassword.aspx）

切换到 ChangePassword.aspx 页面的设计视图，在页面中添加一个 ChangePassword 控件。为了能使用户不登录也能修改自己的密码，需要将 DisplayUserName 属性设置为 True。

（5）设计找回密码页面（PasswordRecovery.aspx）

切换到 PasswordRecovery.aspx 页面的设计视图，在页面中添加一个 PasswordRecovery 控件。执行“网站”菜单下的“ASP.NET 配置”命令，在“主页”选项卡中单击“应用程序配置”，在打开的页面中单击“配置 SMTP 设置”，在弹出的如图 12-15 所示的对话框中填写相关数据后单击“保存”按钮。

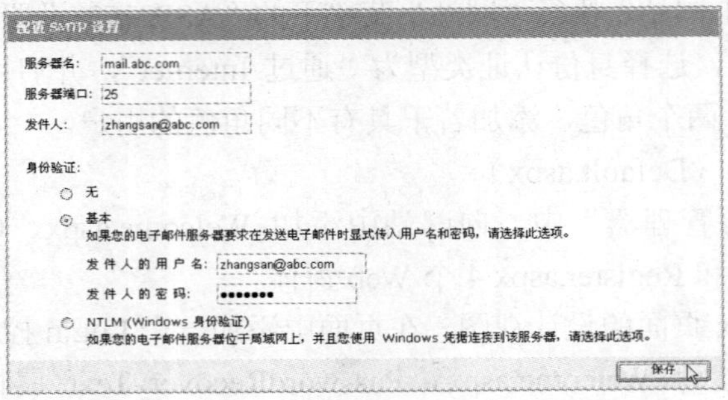

配置 SMTP 设置

服务器名: mail.abc.com

服务器端口: 25

发件人: zhangsan@abc.com

身份验证:

无

基本

如果您的电子邮件服务器要求在发送电子邮件时显式传入用户名和密码，请选择此选项。

发件人的用户名: zhangsan@abc.com

发件人的密码: ●●●●●●●

NTLM (Windows 身份验证)

如果您的电子邮件服务器位于局域网上，并且您使用 Windows 凭据连接到该服务器，请选择此选项。

保存

图 12-15 “配置 SMTP 设置”对话框

（6）设计新用户注册页面

切换到 Register.aspx 页面的设计视图，在页面中添加一个 CreateUserWizard 控件，设置 ContinueDestinationPageUrl 属性为 Default.aspx，使用新用户注册成功后单击“继续”按钮能返回登录界面。

为了使所有新注册的用户都自动具有 user 角色功能，需要切换到 Register.aspx 页面的代码视图，添加对 System.Web.Security 命名空间的引用如下：

```
using System.Web.Security;
```

添加创建用户事件代码如下：

```
protected void CreateUserWizard1_CreatedUser(object sender, EventArgs e)
{
    Roles.AddUserToRole(this.CreateUserWizard1.UserName, "user");
}
```

所有设置完成后，按〈F5〉键运行程序逐一检测各项设置的执行情况。

需要注意的是，本例使用了一个在 Windows Server 2003 中创建的，名为 mail.abc.com 的电子邮件服务器。运行本题找回密码功能时，需要单独配置该服务器，并在服务器中创建相应的邮件账户。

第 13 章　三层架构程序设计实例

13.1　面向对象的程序设计方法

所谓面向对象的程序设计是指将所有问题都看成“对象”，每个对象根据其性质不同又属于不同的“类”。在程序设计时，开发人员可通过“事件驱动机制”调用对象的“属性”、“方法”和“事件”来实现设计目标。

13.1.1　类和对象的概念

现实生活中的类是人们对客观对象不断认识而产生的抽象的概念，而对象则是现实生活中的一个个实体。例如，人们在现实生活中接触了大量的汽车、摩托车、自行车等实体，从而产生了交通工具的概念。交通工具就是一个类，而现实生活中具体的汽车、摩托车、自行车等，则是该类的对象。

面向对象程序设计的类概念从本质上和人们现实生活中的类概念是相同的。例如，在编程实践中，人们经常使用按钮（Button）控件，每一个具体的按钮是一个按钮对象，而按钮类则是按钮对象的抽象，并且人们把这一抽象用计算机编程语言表示为数据集合与方法集合的统一体，然后再用这个类创建一个个具体的按钮对象。

可以把类比作一种蓝图，而对象则是根据蓝图所创建的实例；可以把类比作生产模具，而对象则是由这种模具产生的产品（实例）。所以人们又把对象叫做类的实例。类是对事物的定义，而对象则是该事物本身。

在 Visual Studio 集成开发环境的工具箱中，所有的控件都是被图形文字化的、可视的类，而把这些控件添加到窗体设计器中后，窗体设计器中的控件则是对象，即由工具箱中的类创建的对象。在 Visual Studio 中，类以图标表示，普通对象以图标表示。

类是一种数据类型，这种数据类型将数据与对数据的操作作为一个统一的整体来定义，类的这种特点叫封装性。类这种数据类型可以分为两种：一种是由系统提供的预先定义的，这些类在.NET 框架类库中；一种是用户定义数据类型。在创建对象之前必须先定义该对象所属的类，然后由类声明对象。

对象通过类进行声明，由于类本质上是一种数据类型，所以用类声明对象的方法与用基本数据类型声明变量的方法基本相同。事实上，像 int、float 等基本数据类型也是特殊的类。那么，用基本数据类型可以声明变量，用类也可以声明变量，只不过用类声明的变量叫类的对象或类的实例。用同一个类可以声明无数个该类的对象，这些对象具有相同的数据，相同的数据操作方法，所不同的仅仅是数据的具体值。正如只要是人，就具有人所具备的共同特点，如身高、体型等，不同的仅仅是高、矮、胖、瘦等个体数据而已。

13.1.2 类成员

在类的定义中，包含有各种类成员，概括起来类的成员有两种：存储数据的成员与操作数据的成员。存储数据的成员叫“字段”；操作数据的成员又有很多种，这里仅简单介绍属性、方法、构造函数和析构函数的基本概念。

字段：是类定义中的数据，也叫类的变量。类的字段可以是基本数据类型，也可以是由其他类类型声明的对象。例如，创建一个 ASP.NET 网站时，向 Web 窗体中添加的各种控件就是控件类对象，这些对象就是窗体类的字段。

属性：用于读取和写入“字段”值。“属性”是字段的自然扩展，对用户而言，“属性”等同于“字段”本身；对程序员而言，属性是一种读写“字段”的特殊方法。例如，在 Web 窗体设计器中选中某一控件时，在属性窗口就会显示该控件的各种属性。在 C#中，属性以图标表示。

方法：实质上就是一种函数，通常用于对字段进行计算和操作，即对类中的数据进行操作以实现特定的功能。

在 Visual Studio 内置的 Web 窗体及控件类定义中，常用的有以下两类方法：

1）用于响应特定事件的方法，这类方法的名称与参数无法由用户定义，但用户可以定义方法中的代码，以完成特定的功能，如按钮的 Click 事件方法。

2）用于实现某一特定功能的方法，这类方法的名称与代码已经确定，用户可以直接使用以完成特定的功能，如整型（int）变量的 ToString()方法，其特定功能就是将整型变量的值转换成字符串型（string）。在创建的 ASP.NET 应用程序中，用户可以自定义类及类中的方法成员，也可以在自动生成的类定义中声明自定义的方法成员。在 Visual Studio 中，方法以图标表示，事件方法以图标表示。

在 Visual Studio 中一个对象的初始化工作被放在“构造函数”中，而对象的清除工作被放在“析构函数”中。对象被创建时，构造函数被自动执行。当对象离开自己的作用范围，或被赋值为“null”后，该对象的生命周期结束，此时析构函数将被自动执行。这样就不用担心忘记对象的初始化和清除工作，较好地减轻了程序员的工作量。

13.1.3 创建自定义类

Visual Studio 给开发人员提供了大量预设的类，使用时只需使用 new 关键字将其实例化即可。例如：

```
Button MyButton = new Button();        //实例化一个命令按钮对象 MyButton
MyButton.Text = "OK";                  //设置对象的属性
```

同时，为了满足特殊需要，Visual Studio 还允许开发人员自定义需要的类。如果程序中有些功能代码需要反复使用，就可以考虑将其定义为自定义类。

1．创建类

但在某些情况下，开发人员可能希望能根据需要定义一些特殊的类，此时就要使用到关键字 class，其简单的定义格式为

```
class 类名
```

```
{
    类体代码
}
```

“类名”是一个合法的C#标识符，表示数据类型（类类型）名称，“类体”以一对大括号开始和结束，在一对大括号后面可以跟一个分号，也可以省略分号。类的所有成员均在类体内声明。

2．声明类字段

字段的声明格式与普通变量的声明格式相同。在类体中，字段声明的位置没有特殊要求，习惯上将字段声明在类体中的最前面，以便于阅读。

例如：

```
class Student                    //定义一个 Student 类
{
    private string stuname;      //定义类的 3 个字段（类变量）
    private string stuclass;
    private float stugrade;
}
```

3．声明类属性

属性是类定义中的字段读写器，在类定义中声明属性的语法格式为

```
访问修饰符 类型 属性名
{
    get
        {
            ……;
            return 类变量;
        }
    set
        {
            ……;
            类变量 = value;
        }
}
```

在属性声明中，get 与 set 叫做属性访问器。get 完成对数据值的读取，代码中使用 return 语句返回读取的值；set 完成对数据值的设置修改，value 是一个关键字，表示要写入字段的值。

在属性声明中，如果只有 get 访问器，则该属性为只读属性，表示数据成员的值是不能被修改的。在属性声明中，如果只有 set 访问器，则该属性为只写属性。只写属性在程序设计中不常使用。在 C#中，当选中窗体或控件时，在属性窗口中显示的均为读写属性。

一般情况下，为了便于理解和阅读，可将属性名用首字母大写表示，而字段名可用同名全部小写的形式表示。

4．使用访问修饰符

声明类中的成员时，使用不同的访问修饰符，表示对类成员的访问权限不同，或者说访

问修饰符确定了在什么范围可以访问类成员。

C#中最常用的访问修饰符及其意义见表 13-1。

表 13-1　访问修饰符

访问修饰符	说　明
public（公有）	访问不受限制，可以被任何其他类访问
private（私有）	访问只限于含该成员的类，即只有该类的其他成员能访问
protected（保护）	访问只限于含该成员的类、及该类的派生类

在类定义中，如果声明的成员没有使用任何访问修饰符，则该成员被认为是私有的（private）。如果不涉及继承，private 与 protected 没有什么区别。如果成员被声明为 private 或 protected，则不允许在类定义外使用点运算符访问，即在输入了类对象名称后，键入“.”号，类成员名称不会出现在成员列表中。在一个类定义中，通常字段被声明为 private 或 protected，这样在类定义外将无法看到字段成员，这就是所谓“数据隐藏”。

在类定义中，其他成员则被声明为 public，以便通过这些成员实现对类的字段成员的操作，类定义中的属性用于完成最基本的，对字段的读写操作。

5．创建类的方法

类的方法实际上是实现某功能的程序块，在类中创建方法的语法格式为

```
访问修饰符 返回值类型 方法名(传递参数列表)
{
    ……          //方法体语句块
    return 变量;
}
```

例如，下列代码创建了一个名为 Agv()的方法，其返回值为 float 类型。Agv()方法从调用它的语句处得到传递来的两个整型参数，分别保存在 int 类型的形参 var1 和 var2 中，方法返回两个参数的平均值。

需要注意的是，代码中“Avg”表示方法名，而“avg”则表示类字段（变量）。

```
public float Agv(int var1, int var2)
{
    float agv = (var1 + var2)/2;
    return agv;
}
```

13.1.4　在应用程序中使用自定义类

定义类之后，可以用定义的类声明对象，声明对象后可以访问对象成员（如属性、方法等）。每一个类对象均具有该类定义中的所有成员，正如每一个整型变量均可以表示同样的数值范围一样。

1．声明类的对象

声明类的对象，也称为“类的实例化”，其声明方法与声明基本数据类型的方法基本相同，某语法格式为

```
类名 对象名 = new 类名();
```

例如：

```
Student stu = new Student();          //声明一个 Student 类的 stu 对象
```

2．访问对象

访问对象就是访问对象成员，即在应用程序中使用由类创建的对象，其代码编写格式与访问一般常用对象的代码格式完全相同。

例如：

```
Student stu = new Student();
stu.StuName ="张三";          //访问对象的属性
stu.StuClass = "网络 0901";
int var1 = 78;
int var2 =66;
//调用对象的 GradeSum 方法，并传递两个参数，返回结果保存在 sum 中
int sum = stu.GradeSum(var1, var2)
```

上面的代码通过属性为对象 stu 的字段赋值，并调用对象的 GradeSum()方法返回需要的数据。调用方法时传递 var1 和 var2 两个参数。

【例 13-1】 创建一个 Student 类，要求该类拥有 StuName（姓名）、StuClass（班级）2 个属性和 1 个用于计算并返回总分的 GradeSum()方法。设计一个使用 Student 类的应用程序，程序运行时显示如图 13-1 所示的界面，用户在输入了姓名、班级、语文成绩和数学成绩后单击“确定”按钮，能在标签中显示学生的姓名、班级和总分。

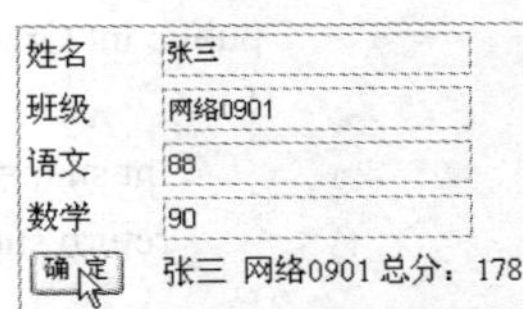

图 13-1　程序运行效果

程序设计步骤如下：

（1）设计 Web 界面

新建一个 ASP.NET 网站，在页面中添加必要的说明文字，添加 4 个文本框 TextBox1～TextBox4 和 1 个命令按钮 Button1。

设置 4 个文本框的 ID 属性分别为 TextName、TextClass、TextChs 和 TextMath；设置 Button1 的 ID 属性为 ButtonOK，Text 属性为“确定”。

（2）编写程序代码

“确定”按钮被单击时执行的事件代码如下：

```
protected void ButtonOK_Click(object sender, EventArgs e)
{
    Student stu = new Student();                    //实例化一个 Student 类对象 stu
    stu.StuName =TextName.Text;                     //为 stu 对象的属性赋值
    stu.StuClass = TextClass.Text;
    int var1 = int.Parse(TextChs.Text);             //转换数据类型
    int var2 = int.Parse(TextMath.Text)
    //调用 stu 对象的属性和方法显示输出结果
    LabelMsg.Text = stu.StuName + "  " + stu.StuClass + " 总分：" +
```

```
            stu.GradeSum(var1, var2); //将用户输入的两门成绩作为方法的参数传递
    }
```

创建 Student 类的相关代码如下：

```
class Student                          //创建 Student 类
{
    private string stuname;            //声明字段变量
    private string stuclass;
    public string StuName              //定义类的 StuName 属性
    {
        get { return stuname; }
        set { stuname = value; }
    }
    public string StuClass             //定义类的 StuClass 属性
    {
        get { return stuclass; }
        set { stuclass = value; }
    }
    //创建类的 GradeSum()方法
    public int GradeSum(int chs, int math) //形参 chs 和 math 用于接收调用语句传递来的 var1 和 var2
    {
        int sum = chs + math;          //将调用语句传递来的两个参数求和
        return sum;                    //将求和结果作为方法的返回值
    }
}
```

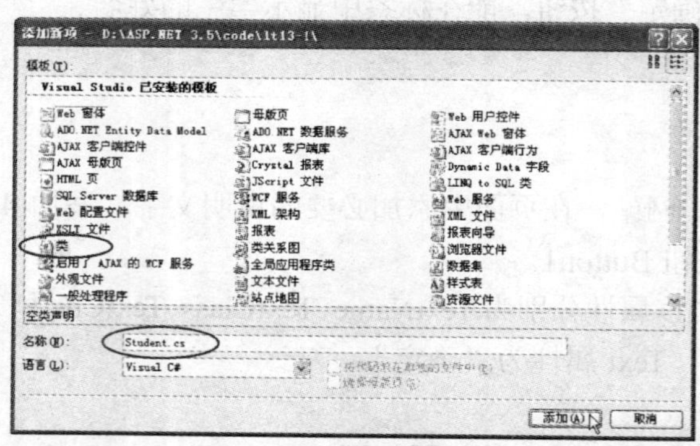

图 13-2 向网站中添加类项

13.1.5 创建类项和类库

例 13-1 中的自定义类，创建在 Default.aspx 页面的程序文件 Default.aspx.cs 中，这种定义方法使类只能在当前页面中使用。如果希望整个网站所有页面都可以使用自定义类，则需要向网站中添加一个类项或类库，而后在其中编写类定义代码。

1. 向网站中添加类项

在网站中添加类项的方法与添加 Web 窗体的方法十分相似。在“解决方案资源管理器”中，

右键单击网站名称，在弹出的快捷菜单中执行“添加新项”命令，在如图 13-2 所示的对话框中选择“类”模板，并为类文件命名后单击“添加”按钮。如果是首次向网站添加类项，Visual Studio 将弹出信息框提示用户是否将类文件存放在 App_Code 专用文件夹中，一般单击应“是”按钮。

2．向解决方案中添加类库

如果项目中需要使用大量的自定义类，而且这些自定义类还可能需要在不同的网站中重复使用，就可以考虑在解决方案中（注意不是网站中）添加一个“类库”。类库与网站一样，都是应用程序解决方案中一个独立的项目，两者的级别是相同的。类库可以方便地添加到其他 Web 应用程序中。

在 Visual Studio 2008 环境中添加类库的操作方法如下：

首先在 Visual Studio 中打开网站项目，执行“文件”菜单中“添加”项下的“新建项目”命令，在如图 13-3 所示的对话框中选择“类库”模板，并为类库指定了名称和保存位置后单击“确定”按钮。

类库的名称即为该类库命名空间（namespace）的名称，在类库中定义的所有类均属于该命名空间。如果希望在网站或其他类库中使用类库中定义的类，需要向网站项目或其他类库项目添加对该类库的引用。

例如，设已向解决方案中添加了一个名为 MyClasses 的类库，为网站添加该类库引用的操作方法如下：

1）在“解决方案资源管理器”中，右键单击类库名称，在弹出的快捷菜单中执行“生成”命令，将类库编译成相应的.dll 文件。

2）右键单击网站名称，在弹出的快捷菜单中执行“添加引用”命令，在如图 13-4 所示的对话框的“项目”选项卡中选择类库项目名称后，单击“确定”按钮。用户也可以在“浏览”选项卡中选择已编译的类库.dll 文件。编译后的类库文件默认存放在，项目保存在“\类库名称\bin\Debug”文件夹下。

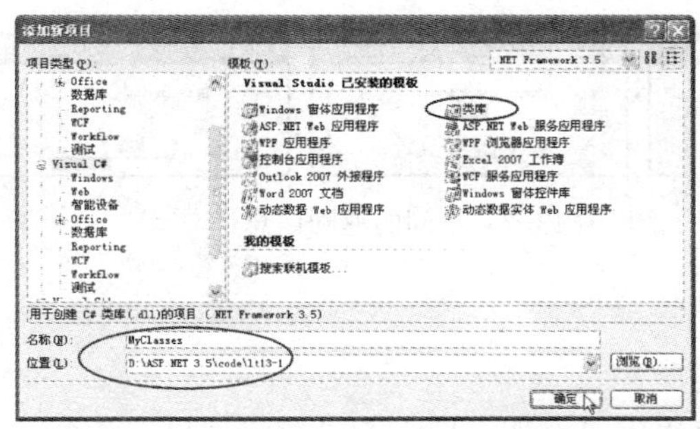

图 13-3　向项目中添加类库

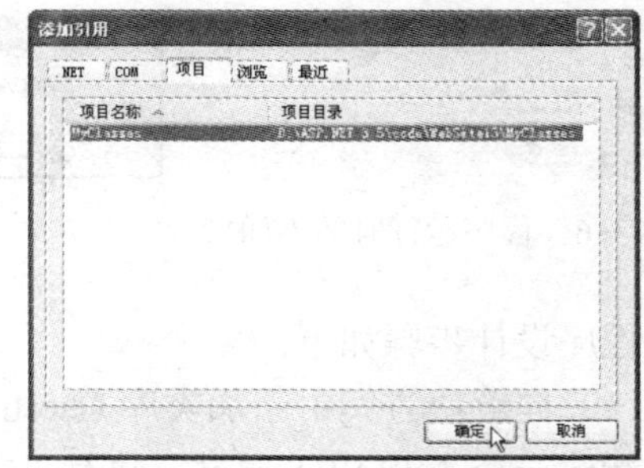

图 13-4　向解决方案中添加引用

例如，上例类库保存位置为“D:\ASP.NET 3.5\code\lt13-1\MyClasses\bin\Debug\MyClasses.dll”。

在网站中添加了类库引用后，可使用 using 语句添加对类库命名空间的引用，然后就可以像使用普通类一样使用类库中的自定义类了。

例如：

```
using MyClasses;        //引用类库的命名空间
```

```
protected void ButtonOK_Click(object sender, EventArgs e)
{
    ……
    Student stu = new Student();         //Student 是类库 MyClasses 中的一个自定义类
    stu.StuName = "张三";
    ……
}
```

需要注意的是，如果修改了类库中某自定义类的任何代码，都需要在“解决方案资源管理器”中右键单击类库名称，在弹出的快捷菜单中执行“重新生成”命令，以重新编译类库生成更新后的.dll 文件。

如果此时已在网站或其他项目中添加了对该类库的引用，还需要对网站或其他项目执行“重新生成”命令，以便将更新后的.dll 文件复制过来。如果执行 Visual Studio“生成”菜单下的“重新生成解决方案”命令，系统将对解决方案中所有项目进行重新编译，避免了逐个重新生成的繁琐。

【例 13-2】 向解决方案中添加一个类库 UserInfo，在类库中创建一个能访问 Access 数据库的 CheckUser 类，并为该类定义 2 个属性 UserName 和 UserPwd、1 个名为 IsPass 的方法。设计一个 ASP.NET 应用程序，使用户在文本框中输入用户名和密码后，通过调用 IsPass 方法确定用户的级别及用户是否存在。

设已在 Access 中完成了数据库 manager 的设计，图 13-5 所示的是 Admin 表中的数据。表中 uname 字段表示用户名，upwd 字段表示密码，ulevel 字段表示用户级别，其中，1 表示管理员，0 表示普通用户。

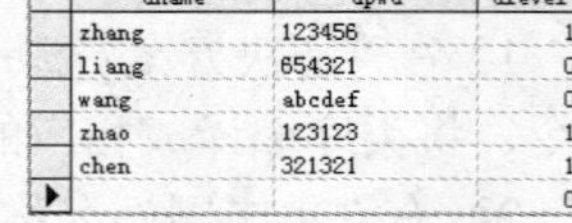

	uname	upwd	ulevel
	zhang	123456	1
	liang	654321	0
	wang	abcdef	0
	zhao	123123	1
	chen	321321	1
▶			0

图 13-5 用户信息

图 13-6 所示的是程序运行时显示的界面，图 13-7 所示的是输入不同用户数据得到的返回信息。

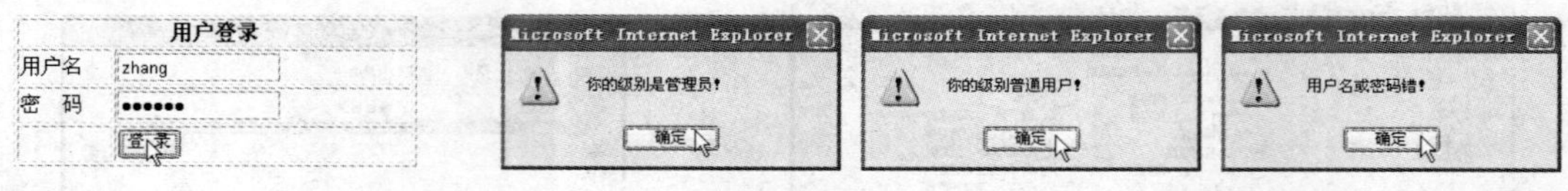

图 13-6 程序运行时的界面　　图 13-7 不同的返回信息

程序设计步骤如下：

（1）向解决方案中添加类库 UserInfo

新建一个 ASP.NET 网站，执行“文件”菜单中“添加”项下的“新建项目”命令，在打开的对话框中选择“类库”模板，指定类库的名称为 UserInfo 后单击“添加”按钮。

为了在创建 CheckUser 类时能使用 System.Configuration 命名空间，需要向类库中添加相应的引用。在“解决方案资源管理器”中，右键单击类库名称，在弹出的快捷菜单中执行“添加引用”命令，在如图 13-8 所示的对话框的“.NET”选项卡中选择“System.Configuration”组件后单击“确定”按钮。

（2）创建 CheckUser 类及其属性和方法

添加对需要的命名空间的引用如下：

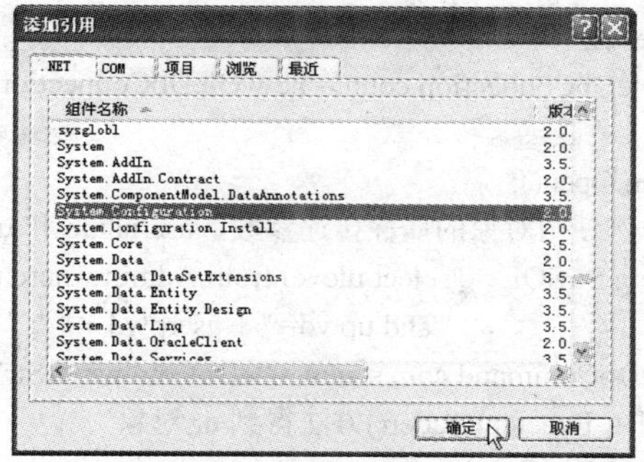

图 13-8　添加对 System.Configuration 命名空间的引用

```
using System.Data;
using System.Data.OleDb;
using System.Configuration;        //只有类库添加了对 System.Configuration 的引用，该语句才生效
```

修改 web.config 文件的操作如下：

在“解决方案资源管理器”中双击打开 web.config 文件，删除“<connectionStrings/>”一行代码，并添加如下代码：

```
<connectionStrings>
    <add name="ConnString" connectionString="Provider=Microsoft.Jet.OleDb.4.0;
                Data Source=|DataDirectory|manager.mdb"
                providerName="System.Data.OldDb"/>
</connectionStrings>
```

编写类库的相关代码如下：

```
namespace UserInfo                          //类库的名称，也是类所在命名空间的名称
{
    public class CheckUser                  //创建 CheckUser 类
    {
        private string username;            //声明字段变量
        private string userpwd;
        public string UserName              //声明 UserName 属性
        {
            get { return username; }
            set { username = value; }
        }
        public string UserPwd               //声明 UserPwd 属性
        {
            get { return userpwd; }
            set { userpwd = value; }
        }
        public int IsPass()                 //创建 IsPass()方法
        {
            string ConnStr = ConfigurationManager.ConnectionStrings["ConnString"].ToString();
```

```
                int userlevel;
                using (OleDbConnection conn = new OleDbConnection(ConnStr))
                {
                    conn.Open();
                    //本例使用对象的属性传递参数，username 和 userpwd 对应对象的两个属性
                    string StrSQL = "select ulevel from Admin where uname='" + username +
                               "'and upwd='" + userpwd + "'";
                    OleDbCommand com = new OleDbCommand(StrSQL, conn);
                    //调用 ExecuteReader()方法得到 dr 对象
                    OleDbDataReader dr = com.ExecuteReader();
                    dr.Read();                    //调用 Read()方法得到返回记录集
                    if (dr.HasRows)               //如果有返回记录存在
                    {
                        //获取返回记录中"uleverl"字段值
                        userlevel = int.Parse(dr["ulevel"].ToString());
                    }
                    else //如果 dr 中不包含任何记录，即数据库中没有符合条件的记录
                    {
                        userlevel = -1;
                    }
                }
                return userlevel;                 //返回方法值
            }
        }
    }
```

类库代码编写完毕后，需要在“解决方案资源管理器”中，右键单击类库名称，在弹出的快捷菜单中执行“生成”命令，完成对类库的编译。

（3）创建 Web 应用程序

在 Default.aspx 页面的设计视图中，向页面添加一个用于布局的 HTML 表格，在表格中添加必要的说明文字，添加 2 个文本框 TextBox1 和 TextBox2 控件、1 个命令按钮控件 Button1。将 Access 数据库文件 manager.mdb 复制到网站 App_Data 文件夹下。

设置两个文本框控件的 ID 属性分别为 TextName 和 TextPwd；设置命令按钮控件的 ID 属性为 ButtonOK，Text 属性为“登录”。

在“解决方案资源管理器”中，右键单击网站名称，在弹出的快捷菜单中执行“添加引用”命令，在打开的对话框的“项目”选项卡中选择“UserInfo”后单击“确定”按钮。

切换到 Default.aspx 页面的代码编辑窗口，编写“登录”按钮被单击时执行的事件代码如下：

```
    protected void ButtonOK_Click(object sender, EventArgs e)
    {
        if (TextName.Text == "" || TextPwd.Text == "")
        {
            Response.Write("<script language=javascript>alert('用户名和密码不能为空！');</script>");
            return;
```

```
        }
        UserInfo.CheckUser user = new UserInfo.CheckUser(); //实例化一个 CheckUser 类的对象 user
        user.UserName = TextName.Text;          //为对象的属性赋值
        user.UserPwd = TextPwd.Text;
        int ulevel = user.IsPass();       //调用对象的 IsPass()方法，并将返回值保存在变量 ulevel 中
        switch (ulevel)
        {
            case 1:
                Response.Write("<script language=javascript>alert('你的级别是管理员！');</script>");
                break;
            case 0:
                Response.Write("<script language=javascript>alert('你的级别普通用户！');</script>");
                break;
            case -1:
                Response.Write("<script language=javascript>alert('用户名或密码错！');</script>");
                break;
        }
    }
```

说明：分析本例程序设计的结构不难看出，程序将要实现的功能分成了两个层次。Default.aspx 页面提供了用户的操作界面，负责对用户输入数据的合法性进行检测及输出运行结果；CheckUser 类负责操作数据库，并返回需要的分析结果。

13.2 三层架构程序设计方法

在构建大型的、复杂的企业级应用时，通常需要大量的代码。考虑到细化开发人员的分工、有利于代码维护和代码复用等因素，通常需要将整个应用分为若干个层次。这种设计方法通常被称为“多层设计”理念。

一般企业级应用系统可分为两层、三层或 N 层架构。其中，最流行的是三层架构程序设计方法。

13.2.1 三层架构程序设计方法的概念

通常意义上的三层架构就是将整个应用系统划分为表示层（UI）、业务逻辑层（BLL）和数据访问层（DAL）3 个层次。区分层次的目的主要是为了体现“高内聚，低耦合”的程序设计思想，其结构如图 13-9 所示。

需要说明的是，这里所说的三层体系，并非一定是指物理上的 3 层，不是简单地放置 3 台计算机就是三层体系结构，也不只有 B/S 应用程序才是三层架构体系。所谓三层是指逻辑上的三层，即使这 3 个层都放置在一台计算机上。

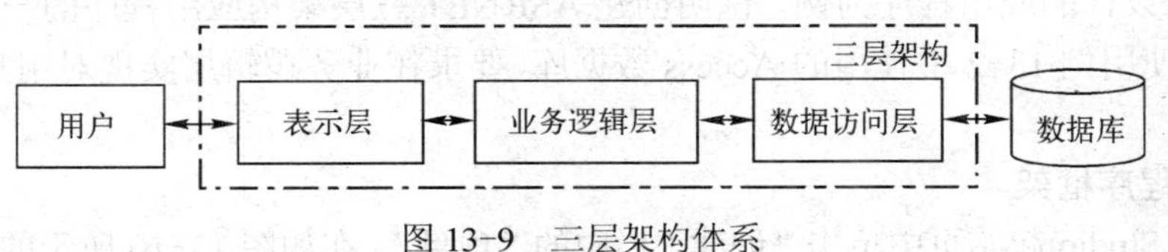

图 13-9　三层架构体系

1．表示层（UI）

通俗地讲，表示层就是展现给用户的界面，即用户在使用一个系统时的所见所得功能。表示层位于最外层，用于显示输出结果和接收用户输入的数据及对用户输入数据的合法性进行检测，为用户提供一种交互式操作的界面。

2．业务逻辑层（BLL）

业务逻辑层在三层体系架构中的位置十分重要。它位于数据访问层与表示层中间，起到在数据交换中承上启下的作用。

由于层是一种弱耦合结构，层与层之间的依赖是向下的，底层对于上层而言是“无知”的，改变上层的设计对于其调用的底层而言没有任何影响。

如果在分层设计时，遵循了面向接口设计的思想，那么这种向下的依赖也应该是一种弱依赖关系。因而在不改变接口定义的前提下，理想的分层式架构，应该是一个支持可抽取、可替换的“抽屉”式架构。正因为如此，业务逻辑层的设计对于一个支持可扩展的架构尤为关键，因为它扮演了两个不同的角色。对于数据访问层而言，它是调用者；对于表示层而言，它却是被调用者，依赖与被依赖的关系都体现在业务逻辑层上。

3．数据访问层（DAL）

该层所做事务直接操作数据库，针对数据的增添、删除、修改、更新、查找等。数据访问层也被称为“持久层”，其功能主要是负责对数据源（如数据库系统、二进制文件、文本文档或XML文档）的访问。简单地说，就是实现对数据表的Select、Insert、Update、Delete等操作。

4．三层架构的应用环境

并非在所有应用环境中都要使用三层架构的应用程序设计方法。前面介绍过，分层的目的主要是为了细化开发人员分工，利于代码维护和复用，利于应用程序的扩展、体现高内聚、低耦合的设计理念。从上述目的不难看出，三层架构主要应用于大型、复杂的企业级应用中，并不适合中小型应用。因为分层架构的程序设计方法不可避免地存在如下缺点。

1）降低了系统的性能。这是不言而喻的。如果不采用分层式结构，很多业务可以直接访问数据库，以此获取相应的数据，如今却必须通过中间层来完成。

2）有时会导致级联的修改。这种修改尤其体现在自上而下的方向。如果在表示层中需要增加一个功能，为保证其设计符合分层式结构，可能需要在相应的业务逻辑层和数据访问层中都增加相应的代码。

所以，在策划一个应用系统时千万不要“为了三层而三层”，也不要把三层架构程序设计方法理解成最先进、最高级的技术。一个应用系统的开发是否需要使用分层设计，主要应当看系统的扩展前景、团队开发的实际情况等因素。

13.2.2　一个简单的三层架构设计示例

本节将以一个能向Access数据库manager.mdb的Admin表添加新记录的，使用三层架构程序设计方法设计的应用程序为例，说明创建ASP.NET三层架构应用程序的一般步骤和常用技巧。本例仍使用例13-2中使用的Access数据库，要求在业务逻辑层实现对用户密码的MD5加密。

1．创建程序框架

在Visual Studio起始页中单击“创建”栏中的“项目”，在如图13-10所示的对话框中选择

“项目类型”为“Visual Studio 解决方案”，选择模板为“空白解决方案”，在指定了方案名称和保存位置后单击“确定”按钮。

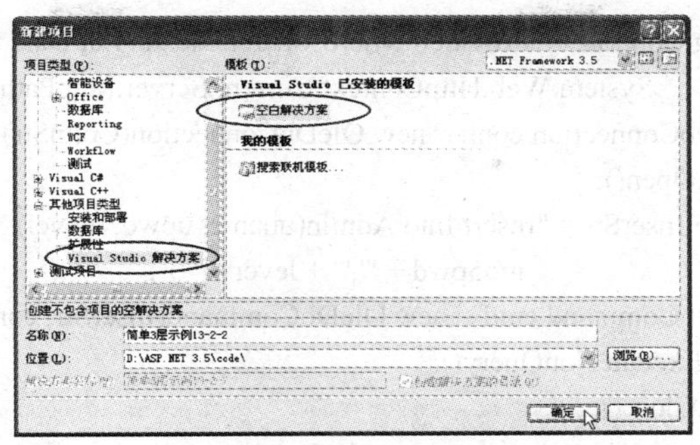

图 13-10　创建空白解决方案

在“解决方案资源管理器”中，右键单击解决方案名称，在弹出的快捷菜单中执行“添加”项下的“新建项目”命令，在打开的对话框中选择项目类型为 Visual C#，模板类型为“类库”，指定其名称为 BLL 后单击“确定”按钮。重复上述操作，再向解决方案中添加一个名为 DAL 的类库项目和一个“新建网站”项目。为了文件管理的方便，应注意将这 3 个项目保存在同一文件夹下。

将 BLL 和 DAL 项目中，由系统自动创建的类文件 Class1.cs 分别重命名为 BLLUser.cs 和 DALUser.cs。将事先设计好的 Access 数据库 manager.mdb 复制到网站项目下的 App_Data 文件夹中。

2．设计数据访问层（DAL）

数据访问层需要完成的任务是，从业务逻辑层接收用户数据（如用户名、密码和用户级别），并添加到数据库中。该层包括一个可被业务逻辑层调用的，用于向数据库添加新记录的，无返回值的 AddUser()方法。该方法可以从业务逻辑层接收表示用户数据的 3 个参数。此外，还包含一个返回值类型为 DataTable 的 ToTab()方法，用于为 Default.aspx 页面中的 GridView 控件提供数据源。设计步骤如下。

为了在代码中能使用 Server.MapPath()方法表示 Access 数据库路径，需要在“解决方案资源管理器”中右键单击 DAL 项目名称，在弹出的快捷菜单中执行“添加引用”命令，在打开的对话框的.NET 选项卡中选择 System.Web 后单击“确定”按钮。

此外，为了使用 Access 数据库及相关对象，需要添加对相应命名空间的引用如下：

```
using System.Data;
using System.Data.OleDb;
```

在“解决方案资源管理器”中，双击打开 DALUser.cs 文件，编写 DAL 类库中创建 DALUser 类、AddUser()和 ToTab()方法的相关代码如下：

```
namespace DAL
{
    public class DALUser            //创建 DALUser 类
    {
```

```
        //创建 AddUser()方法，该方法从调用处接收 3 个参数，void 表示无返回值
        public void AddUser(string name, string md5pwd, int lever)
        {
            string ConnStr = "Provider=Microsoft.Jet.OleDb.4.0; Data Source=" +
                    System.Web.HttpContext.Current.Server.MapPath("App_Data/manager.mdb");
            OleDbConnection conn = new OleDbConnection(ConnStr);
            conn.Open();
            string InserStr = "Insert Into Admin(uname, upwd, ulevel) Values('" + name + "','" +
                              md5pwd + "','" + lever + "')";
            OleDbCommand cmd = new OleDbCommand(InserStr, conn);
            cmd.ExecuteNonQuery();
            conn.Close();
        }
        public DataTable ToTab()      //创建 ToTab()方法，该方法返回一个 DataTable 对象 dt
        {
            OleDbConnection conn = new OleDbConnection();
            conn.ConnectionString = "Provider=Microsoft.Jet.OleDb.4.0; Data Source=" +
                    System.Web.HttpContext.Current.Server.MapPath("App_Data/manager.mdb");
            string SqlStr = "select * from Admin";
            OleDbDataAdapter da = new OleDbDataAdapter(SqlStr, conn);
            DataTable dt = new DataTable();                //创建 DataTable 对象
            da.Fill(dt);                                   //填充 DataTable 对象
            conn.Close();
            return dt;
        }
    }
}
```

上述代码编写完毕后，需要执行 Visual Studio 的“生成”菜单下的“生成 DAL”命令，对代码进行编译。

3．设计业务逻辑层（BLL）

业务逻辑层需要完成的任务是：通过无返回值的 UserInfo()方法从表示层接收用户通过输入界面输入或选择的数据（用户名、密码和用户级别），对用户密码进行 MD5 加密处理，调用数据访问层的 AddUser()方法，完成传递用户数据并向数据库添加记录的功能。

此外，业务逻辑层还包含一个返回 DataTable 类型对象的 DSource()方法，使用用户在表示层可以通过该方法从数据访问层得到一个 DataTable 类型的对象作为 GridView 控件的数据源。

为了在类库中使用 MD5 加密函数和使用 DAL 层中定义的类和方法，需要在“解决方案资源管理器”中右键单击 BLL 类库名称，在弹出的快捷菜单中执行“添加引用”命令，在打开的对话框的.NET 选项卡中选择 System.Web 后单击“确定”按钮。重复上述操作，在“项目”选项卡选择 DAL 后单击“确定”按钮。

此外，为了使用 MD5 加密函数和 DataTable 类型数据，还需要添加对如下命名空间的引用：

```
using System.Web.Security;
using System.Data;
```

在“解决方案资源管理器”中，双击打开 BLLUser.cs 文件，编写 BLL 类库中创建 BLLUser 类、创建 UserInfo()方法和 DSource()方法的相关代码如下：

```
namespace BLL
{
    public class BLLUser            //创建 BLLUser 类
    {
        //创建 UserInfo()方法，该方法从调用处接收 3 个参数（用户名、密码和用户级别）
        public void UserInfo(string username, string userpwd, int userlevel)
        {
            userpwd = FormsAuthentication.HashPasswordForStoringInConfigFile(userpwd,
                "MD5");                              //将接收到的用户密码进行 MD5 加密
            DAL.DALUser add = new DAL.DALUser();       //声明一个 DALUser 类的对象 add
            //调用 add 的 AddUser()方法，并传递 3 个参数，其中，userpwd 已经过 MD5 加密处理
            add.AddUser(username,userpwd,userlevel);
        }
        public DataTable DSource()    //创建 DSource()方法，该方法可返回一个 DataTable 对象
        {
            DAL.DALUser dsource = new DAL.DALUser();          //声明一个 DALLUser 类对象
            return dsource.ToTab();    //调用 DALLUser 类对象的 ToTab()方法，并返回结果
        }
    }
}
```

上述代码编写完毕后，需要执行 Visual Studio 的“生成”菜单下的“生成 BLL”命令，对代码进行编译。

4．设计表示层（UI）

表示层需要完成的任务是，提供一个与用户进行交互操作的界面。如图 13-11 所示，界面由 1 个 GridView 控件、2 个文本框控件 TextBox1 和 TextBox2、1 个命令按钮控件 Button1 和 1 个下拉列表框控件 DropDownList1 组成。

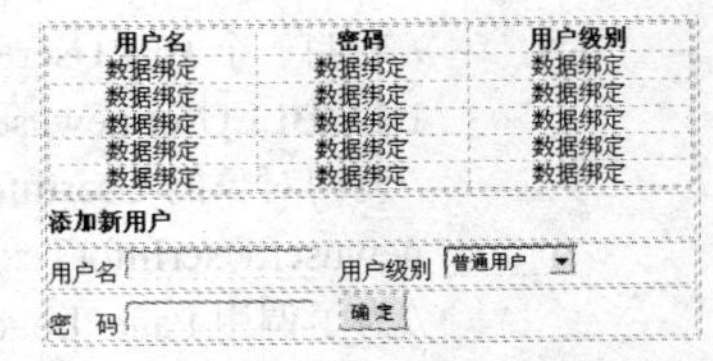

图 13-11 设计 UI 层界面

设置两个文本框控件的 ID 属性分别为 TextName 和 TextPwd；设置 Button1 的 ID 属性为 ButtonOK，Text 属性为“确定”；设置 DropDownList1 的 ID 属性为 DropLevel，并添加“普通用户”和“管理员”两个选项。注意，两个选项的次序不能颠倒，程序中需要使用被选项的 SelectedIndex 值判断用户级别。

为了在 GridView 控件中显示中文的列标题，需要切换到 Default.aspx 的源视图，按如下所示修改控件的描述代码：

```
<asp:GridView ID="GridView1" runat="server" AutoGenerateColumns="False" Width ="440px">
    <RowStyle HorizontalAlign="Center" />
    <HeaderStyle HorizontalAlign="Center" />
    <Columns>
        <asp:BoundField DataField="uname" HeaderText="用户名" />
        <asp:BoundField DataField="upwd" HeaderText="密码" />
```

```
            <asp:BoundField DataField="ulevel" HeaderText="用户级别" />
        </Columns>
    </asp:GridView>
```

为了在 UI 层使用 BLL 层中定义的类和方法，需要在“解决方案资源管理器”中右键单击网站名称，在弹出的快捷菜单中单击“添加引用”命令，在打开的对话框的“项目”选项卡中选择“BLL”后单击“确定”按钮。

切换到 Default.aspx 的代码编辑窗口，编写程序代码如下。

页面装入时执行的事件代码如下：

```
    protected void Page_Load(object sender, EventArgs e)
    {
        if (!IsPostBack)
        {
            BLL.BLLUser d = new BLL.BLLUser();            //声明一个 BLLUser 类的对象 d
            //调用 d 对象的 DSource()方法，实际上是调用 BLLUser 类的 DSource()方法
            //将 DSource()方法的 DataTable 类型返回值作为 GridView 控件的数据源
            GridView1.DataSource = d.DSource();
            GridView1.DataBind();
        }
    }
```

“确定”按钮被单击时执行的事件代码如下：

```
    protected void ButtonOK_Click(object sender, EventArgs e)
    {
        //声明一个 BLLUser 类对象 newuser
        BLL.BLLUser newuser = new BLL.BLLUser();
        //调用对象的 UserInfo()方法，并将用户名、密码、用户级别数据传递到 BLL 层
        newuser.UserInfo(TextName.Text,TextPwd.Text, DropLevel.SelectedIndex);
        //为了调用 Page_Load()事件处理代码，使添加的新记录立即显示到 GridView 控件中
        Response.Redirect("Default.aspx");
    }
```

所有代码编写完毕后，按〈F5〉键运行程序，在输入新用户名、密码并选择了用户级别后单击“确定”按钮，得到如图 13-12 所示的程序运行结果。

用户名	密码	用户级别
zhangsan	A66D92CACBCB69C63A629611A1558195	0
wangwu	57041798CEC0E9AF259CF5F1D57DBEBF	0
lisi	08EF84145B81DCD98554B70C662C41ED	1

添加新用户

用户名 ______ 用户级别 普通用户

密　码 ______ 确 定

图 13-12　程序运行结果

13.3 用三层架构实现 BBS 论坛

本节将使用三层架构程序设计方法，设计一个 BBS 论坛。通过本节的讲解和上机操作将使读者更深一层理解三层架构程序设计方法的基本概念及常用技巧。对涉及的一些新概念、新技巧将采用边讲解、边演练、边理解的方法讲授。

13.3.1 系统需求分析

在实际项目开发过程中，需求分析是一个非常重要的环节。需求分析质量的优劣将直接影响项目开发的进度和质量。这个环节不单需要系统分析师、软件工程师等计算机方面的专家，往往还需要本应用领域的相关专家和用户参与。

BBS 论坛是 Internet 中最常见的 Web 服务之一，是人们通过 Internet 交流思想、讨论问题、发表见解的主要场所。所有 Internet 用户对 BBS 系统都不陌生，故这里不再对 BBS 的各项功能进行详细地介绍。

本实例将要设计的 BBS 系统主要具有如图 13-13 所示的功能模块。在本系统中，主要包括会员登录和注册、会员及版主管理、版块管理、发帖审核、帖子置顶、黑名单、帖子搜索、十大热门帖等功能。

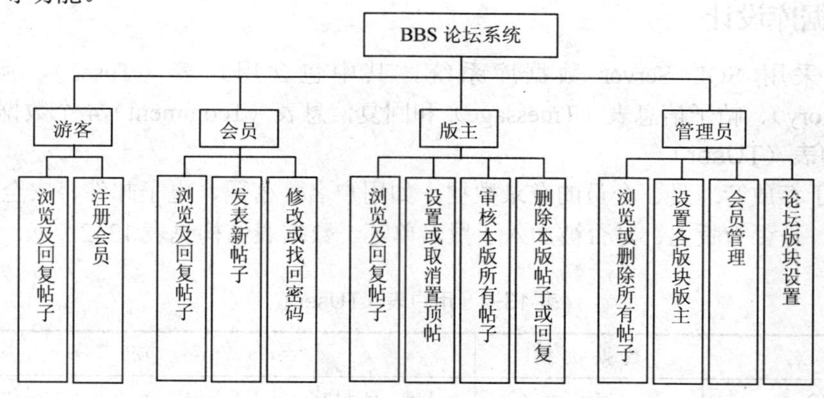

图 13-13 系统功能结构

1. 会员登录和注册

会员、版主或管理员在实行自己权限内管理操作前，需要通过“登录”进行身份验证。如果会员被列在“黑名单”中，系统将拒绝其登录。

未注册用户只能以“游客”身份访问本论坛，只能浏览论坛中的帖子，没有发表新帖的权限，但可以对现有帖子发表回复（评论）。

会员管理模块中包含有修改密码和找回密码的功能。若用户遗忘密码，可根据注册时填写的安全问题及答案找回密码。

2. 会员及版主管理

该功能是一个管理员功能，管理员登录后可删除会员、将某会员加入黑名单，也可以将某会员指定为某版块的版主。

3．版块管理

该功能是一个管理员功能，管理员登录后可对论坛中包含的版块（栏目）进行添加、删除、修改或排序操作。

4．发帖审核

该功能是一个版主功能，版主登录后可对会员在本版块中发表的新帖进行审核。只有通过版主审核的帖子才会显示在论坛中。

5．帖子置顶

该功能是一个版主功能，版主登录后可将本版块中某会员发表的帖子设置为“置顶”，或取消某帖子的“置顶”设置。所谓“置顶”是指总是将帖子排列在列表的最上方。

6．黑名单

该功能是一个管理员功能，管理员登录后可将在论坛中有违规行为的会员添加到“黑名单”中，以取消其在论坛中发帖的权限。

7．帖子搜索

任何人都可以使用该功能查找论坛中已存在的帖子。

8．十大热门帖

根据帖子的点击量自动推出排在前十位的帖子，为论坛的十大热门贴。

13.3.2 数据库设计

本实例采用 SQL Server 数据库系统，其中包含用户表（Tuser）、版块设置表（TmessCategory）、帖子信息表（Tmessage）和回复信息表（Tcomment）4 个数据表。

1．用户表（TUser）

该表用于存放管理员、会员的登录数据，如用户名、密码、电子邮件、安全问题、安全问题的答案、是否为版主、是否被加入了黑名单等。数据表结构见表 13-2。

表 13-2　用户表（TUser）

字 段 名	数 据 类 型	说　明
UserID	int	主键，自动增长，表示会员编号
UserName	varchar(20)	不允许为 null，表示会员名称
UserPwd	varchar(50)	不允许为 null，表示会员密码，使用 MD5 加密
UserEmail	varchar(100)	不允许为 null，表示会员电子邮件地址
InBlack	varchar(10)	不允许为 null，表示会员是否被加入黑名单
Question	varchar(50)	不允许为 null，表示用户找回密码的安全问题
Answer	varchar(50)	不允许为 null，表示安全问题的答案，使用 MD5 加密
IsOwner	bit	默认值为 0（False），表示会员是否为版主

2．版块设置表（TMessCategory）

该表用于存放 BBS 中版块设置信息，如版块编号、版块名称和版主名称。数据表结构见表 13-3。

表 13-3　用户表（TMessCategory）

字 段 名	数 据 类 型	说　　明
CategoryID	int	主键，自动增长，表示版块编号
Category	varchar(50)	不允许为 null，表示版块名称
CategoryOwner	varchar(50)	不允许为 null，表示版主名称

3．帖子信息表（TMessage）

该表用于存放所有帖子的相关数据，如编号、标题、内容、发帖人、所属版块、是否通过了验证、是否被置顶等。数据表结构见表 13-4。

表 13-4　用户表（TMessage）

字 段 名	数 据 类 型	说　　明
MessageID	int	主键，自动增长，表示帖子编号
GuestName	varchar(20)	不允许为 null，表示发帖人名称
MessageContent	text	不允许为 null，表示帖子内容
MessageTime	datetime	不允许为 null，表示帖子发布时间
Reply	text	表示回复内容
IsPass	varchar(10)	不允许为 null，表示帖子是否通过了验证（Yes 或 No）
MessKind	varchar(50)	不允许为 null，表示帖子所属版块
MessageTitle	varchar(20)	不允许为 null，表示帖子标题
ClickNumber	int	不允许为 null，表示帖子被查看的次数
IsTop	int	不允许为 null，表示帖子是否被置顶（0 或 1）
LastCommentTime	datatime	不允许为 null，表示最后回复时间

4．回复信息表（TComment）

该表用于存放与帖子相关的所有回复信息，如回复信息的编号、对应的帖子编号、回复内容、回复发表的时间、发表回复的会员等。数据表结构见表 13-5。

表 13-5　回复信息表（TComment）

字 段 名	数 据 类 型	说　　明
CommentID	int	主键，自动增长，表示回复信息的编号
CommentContent	text	不允许为 null，表示回复内容
CommentTime	datetime	不允许为 null，表示回复发表的时间
MessageID	int	外键，与 TMessage 表的主键建立对应关系，表示回复所属帖子的编号
CommentUser	varchar(20)	不允许为 null，表示发表回复的会员或游客 IP

13.3.3　实体类设计

实体类（Entity）是实体在计算机中的表示。它贯穿于整个架构，担负着在各层及模块间传递数据的职责。多数情况下，实体类和数据库中的表是相对应的。这里说的“表”是指数据库中的实体表，不包括表示多对多对应关系的关系表。在复杂数据库设计中，也有可能会出现一个实体类对应多个数据表，或交叉对应的情况。

在本实例中，实体类与数据表是一一对应的，并且实体类的属性与表字段也是一一对应的。

在 Visual Studio 的“起始页”中单击“创建”栏中的“项目”，在打开的对话框中选择“项目类型”为“Visual Studio 解决方案”，选择模板为“空白解决方案”，在指定了方案名称和保存位置后单击“确定”按钮。

在“解决方案资源管理器”中，右键单击解决方案名称，在弹出的快捷菜单中执行“添加”项下的“新建项目”命令，在打开的对话框中选择项目类型为 Visual C#，模板类型为“类库”，指定其名称后单击“确定”按钮。本实例中将实体类命名为 Entity。

通过“解决方案资源管理器”删除 Entity 类库项目中由系统自动创建的 Class1.cs 文件。然后在 Entity 中添加 4 个类文件，分别命名为 UserInfo.cs、CategoryInfo.cs、MessageInfo.cs 和 CommentInfo.cs。

1．设计 UserInfo 类

UserInfo 类中字段与属性对应于表 TUser 的各字段。UserInfo.cs 类文件代码如下：

```
using System;
using System.Collections.Generic;
using System.Text;
namespace BBS.Entity
{
    [Serializable]              //使类可序列化
    public class UserInfo
    {
        private int id;
        private string name;
        private string password;
        private string email;
        private string inblack;
        private string question;
        private string answer;
        private bool isowner;
        /// <summary>
        /// 是否被加入黑名单
        /// </summary>
        public string InBlack
        {
            get { return inblack; }
            set { inblack = value; }
        }
        /// <summary>
        /// 找回密码提示问题
        /// </summary>
        public string Question
        {
            get { return question; }
```

```
        set { question = value; }
    }
    /// <summary>
    /// 提示问题答案
    /// </summary>
    public string Answer
    {
        get { return answer; }
        set { answer = value; }
    }
    /// <summary>
    ///会员 id
    /// </summary>
    public int ID
    {
        get { return id; }
        set { id = value; }
    }
    /// <summary>
    ///会员名
    /// </summary>
    public string UserName
    {
        get { return name ; }
        set { name    = value; }
    }
    /// <summary>
    /// 会员密码
    /// </summary>
    public string UserPwd
    {
        get { return password ; }
        set { password    = value; }
    }
    /// <summary>
    /// 会员邮件
    /// </summary>
    public string UserEmail
    {
        get { return email ; }
        set { email    = value; }
    }
    /// <summary>
    /// 所辖版块
    /// </summary>
    public bool IsOwner
```

```
            {
                get { return isowner; }
                set { isowner = value; }
            }
        }
    }
```

说明：

1）在代码中可以看到，在类定义之前使用[Serializable]属性对类进行了标记，这样做的目的就是要告诉编译器下面定义的类可以序列化保存和传输，这对系统运行时执行数据绑定操作是十分有利的。

2）代码中使用被注释了的<summary>和</summary>标记块，这可以在编写代码时，用鼠标指向类对象名称而显示其中的提示信息。

2．设计 CategoryInfo 类

CategoryInfo 类中各字段与属性对应于表 TMessCategory 中的各字段。CategoryInfo.cs 类文件代码如下：

```
namespace BBS.Entity
{
    [Serializable]        //使类序列化
    public class CategoryInfo
    {
        private int id;
        private string category;
        private string owner;
        /// <summary>
        ///帖子版块 id
        /// </summary>
        public int ID
        {
            get { return id; }
            set { id = value; }
        }
        /// <summary>
        ///帖子版块
        /// </summary>
        public string Category
        {
            get { return category; }
            set { category = value; }
        }
        /// <summary>
        ///版主信息
        /// </summary>
        public string CategoryOwner
```

```
            {
                get { return owner;}
                set { owner    = value;}
            }
        }
    }
```

3. 设计 MessageInfo 类

MessageInfo 类中的各字段与属性对应于表 TMessage 中的各字段。MessageInfo.cs 类文件代码如下：

```
using System;
using System.Collections.Generic;
using System.Text;
namespace BBS.Entity
{
    [Serializable]
    public class MessageInfo
    {
        private int id;
        private string guestName;
        private string content;
        private DateTime time;
        private string isPass;
        private string messkind;
        private string title;
        private int clicknumber;
        private int istop;
        private DateTime lasttime;
        /// <summary>
        /// 帖子的点击量
        /// </summary>
        public int ClickNumber
        {
            get { return clicknumber; }
            set { clicknumber = value; }
        }
        /// <summary>
        /// 是否置顶
        /// </summary>
        public int IsTop
        {
            get { return istop ; }
            set { istop    = value; }
        }
        /// <summary>
        /// 最后评论时间
```

```
/// </summary>
public DateTime LastTime
{
    get { return lasttime; }
    set { lasttime = value; }
}
/// <summary>
/// 帖子的标题
/// </summary>
public string Title
{
    get { return title; }
    set { title = value; }
}
/// <summary>
/// 信息 id
/// </summary>
public int ID
{
    get { return id; }
    set { id = value; }
}
/// <summary>
/// 发帖者的昵称
/// </summary>
public string GuestName
{
    get { return guestName; }
    set { guestName = value; }
}
/// <summary>
/// 帖子内容
/// </summary>
public string Content
{
    get { return content; }
    set { content = value; }
}
/// <summary>
/// 发帖时间
/// </summary>
public DateTime Time
{
    get { return time; }
    set { time = value; }
}
```

```
        /// <summary>
        /// 是否通过验证
        /// </summary>
        public string Ispass
        {
            get { return isPass; }
            set { isPass = value; }
        }
        /// <summary>
        /// 帖子的种类
        /// </summary>
        public string MessKind
        {
            get { return messkind; }
            set { messkind = value; }
        }
    }
}
```

4．设计 CommentInfo 类

CommentInfo 类中的各字段和属性对应于表 TComment 中的各字段。CommentInfo.cs 类文件代码如下：

```
using System;
using System.Collections.Generic;
using System.Text;
namespace BBS.Entity
{
    [Serializable]
    public class CommentInfo
    {
        private int id;
        private string content;
        private DateTime time;
        private int message;
        private string user;
        /// <summary>
        /// 评论者
        /// </summary>
        public string User
        {
            get { return user; }
            set { user = value; }
        }
        /// <summary>
        /// 评论 id
        /// </summary>
```

```
        public int ID
        {
            get { return id; }
            set { id = value; }
        }
        /// <summary>
        /// 评论内容
        /// </summary>
        public string Content
        {
            get { return content; }
            set { content = value; }
        }
        /// <summary>
        /// 评论时间
        /// </summary>
        public DateTime Time
        {
            get { return time; }
            set { time = value; }
        }
        /// <summary>
        /// 所评论的信息
        /// </summary>
        public int Message
        {
            get { return message; }
            set { message = value; }
        }
    }
}
```

13.3.4 接口设计

从实体类的定义中可以看到，实体类中仅定义了字段和属性，而实现程序功能的方法则需要定义在接口中。使用接口的目的是实现上层与下层类的分离。例如，在 13.2.2 节介绍的示例中，BLL 层定义了类 A，在 DAL 层定义了类 B，在类 A 中定义了类 B 的一个对象，并通过该对象完成操作。显然，如果希望换一种数据访问方式，很有可能需要修改 BLL 层的代码，因为在类 A 中定义了类 B 的一个对象。如果使用接口，上层类就不能直接依赖下层类，而只依赖于下层提供的一个接口，这就是所谓的“松散耦合”。

既然是分层架构，那么对实体的操作自然就分为业务逻辑层操作和数据访问层操作，也就需要有业务逻辑层接口和数据访问层接口。在分层架构程序设计方法中，接口非常重要，它决定着个层中的各个操作类需要实现何种操作，决定着操作类的作用是什么。也就是说，接口是定义操作的。

1．业务逻辑层接口（IBLL）

根据 13.3.1 节中介绍的系统功能要求，可以将业务逻辑层操作分为“会员操作”、“版块操作”、“帖子操作”和 “回复操作”4 大类别。每个类别中又包含若干具体的操作方法，如会员操作中包含有“会员注册”、“删除会员”、“更改密码”、“找回密码”、“获取所有会员信息”、“验证会员登录信息”等。

为了清楚地表现上述 4 大类别，可以向解决方案中添加一个名为 IBLL 的类库项目，用于表示所有业务逻辑层接口。为了在 IBLL 项目中使用 Entity 实体类中定义的属性，需要在“解决方案资源管理器”中，右键单击 IBLL 项目名称，在弹出的快捷菜单中执行“添加引用”命令，在打开的对话框的“项目”选项卡中选择“Entity”后单击“确定”按钮，为项目添加对 Entity 实体类的引用。

在 IBLL 中添加 4 个接口文件（添加新项时选择“接口”模板），并分别将其命名为 IUserBLL.cs（包含会员操作相关方法）、ICategoryBLL.cs（包含版块操作相关方法）、IMessageBLL.cs（包含帖子操作相关方法）和 ICommentBLL.cs（包含回复操作相关方法）。

（1）IUserBLL 接口

该接口包括的方法及说明见表 13-6。

表 13-6 IUserBLL 接口中包含的方法及说明

方 法 名	说 明	方 法 名	说 明
Add()	添加会员	ChangePassword()	修改会员密码
Update()	更新会员信息	ChangeOwner()	修改会员的版主身份
Remove()	删除会员	Login()	验证会员登录信息
IsInBlack()	判断会员是被在黑名单中	GetAll()、GetByName()	返回所有会员信息或根据会员名返回会员信息

在“解决方案资源管理器”中，双击 IUserBLL.cs 进入其代码编辑窗口，编写代码如下：

```
using System;
using System.Collections.Generic;
using System.Text;
using BBS.Entity;
namespace BBS.IBLL
{
    public interface IUserBLL
    {
        /// <summary>
        /// 添加会员
        /// </summary>
        /// <param name="user">会员实体类</param>
        /// <returns>是否成功</returns>
        bool Add(UserInfo user);

        /// <summary>
        /// 更新会员
        /// </summary>
```

```
/// <param name="user"></param>
/// <returns></returns>
bool Update(UserInfo user);

/// <summary>
/// 判断会员是否被列入黑名单
/// </summary>
/// <param name="name"></param>
/// <returns></returns>
bool IsInBlack(string name);

/// <summary>
/// 删除会员
/// </summary>
/// <param name="id">欲删除的会员的 ID</param>
/// <returns>是否成功</returns>
bool Remove(int id);

/// <summary>
/// 修改会员密码
/// </summary>
/// <param name="id">欲修改密码的会员的 ID</param>
/// <param name="password">新密码</param>
/// <returns>是否成功</returns>
bool ChangePassword(string user, string password);

/// <summary>
/// 修改会员的版主身份
/// </summary>
/// <param name="user">欲修改身份的会员名</param>
/// <param name="isowner">是否为版主身份</param>
/// <returns>是否成功</returns>
bool ChangeOwner(string user, bool isowner);

/// <summary>
/// 会员登录
/// </summary>
/// <param name="name">会员登录名</param>
/// <param name="password">会员密码</param
/// <returns>是否登录成功</returns>
bool   Login(string name, string password);

/// <summary>
/// 取得全部会员信息
/// </summary>
/// <returns>会员实体类泛型集合</returns>
```

```
        IList<UserInfo > GetAll();

        /// <summary>
        ///通过会员名返回会员信息
        /// </summary>
        /// <param name="username"></param>
        /// <returns></returns>
        UserInfo GetByName(string username);
    }
}
```

（2）ICategoryBLL 接口

该接口包括的方法及说明见表 13-7。

表 13-7　ICategoryBLL 接口中包含的方法及说明

方　法　名	说　　明	方　法　名	说　　明
Add()	添加版块	GetCategoryByID()	根据帖子 ID 返回帖子信息
Del()	删除版块	ChangeCategory()	修改版块
GetAll()	返回所有版块信息	ChangeCategoryOwner()	修改版主

在“解决方案资源管理器”中，双击 ICategoryBLL.cs 进入其代码编辑窗口，编写代码如下：

```
using System;
using System.Collections.Generic;
using System.Text;
using BBS.Entity;
namespace BBS.IBLL
{
    public interface ICategoryBLL
    {
        /// <summary>
        ///  添加帖子种类
        /// </summary>
        /// <param name="category">版块实体类</param>
        /// <returns>是否成功</returns>
        bool Add(CategoryInfo category);

        /// <summary>
        ///  删除帖子种类
        /// </summary>
        /// <param name="id">版块实体类 id</param>
        /// <returns>是否成功</returns>
        bool Del(int id);

        /// <summary>
        ///  返回所有版块
```

```
        /// </summary>
        /// <returns>所有帖子</returns>
        IList<CategoryInfo > GetAll();

        /// <summary>
        /// 根据 ID 返回版块信息
        /// </summary>
        /// <param name="id"></param>
        /// <returns></returns>
        CategoryInfo GetCategoryByID(int id );
        /// <summary>
        /// 修改帖子种类
        /// </summary>
        /// <param name="oldcategory"></param>
        /// <param name="newcategory"></param>
        /// <returns></returns>
        bool ChangeCategory(string oldcategory , string newcategory );

        /// <summary>
        /// 修改版块版主
        /// </summary>
        /// <param name="category"></param>
        /// <param name="owner"></param>
        /// <returns></returns>
        bool ChangeCategoryOwner(string category, string owner);
    }
}
```

（3）IMessageBLL 接口

该接口包括的方法及说明见表 13-8。

表 13-8　IMessageBLL 接口中包含的方法及说明

方 法 名	说　明	方 法 名	说　明
Add()、Remove()	添加或删除帖子	DelMessageByCategory()	删除指定版块中所有帖子及回复
Update()	更新帖子信息	SeachMessage()	根据关键字搜索帖子
Pass()	设置帖子为通过验证	TopTenMessage()	根据单击次数返回十大热门贴
GetMessageByID()	根据 ID 返回帖子信息	GetMessageByCategory()	返回指定版块中帖子信息

在“解决方案资源管理器”中，双击 IMessageBLL.cs 进入其代码编辑窗口，编写代码如下：

```
using System;
using System.Collections.Generic;
using System.Text;
using BBS.Entity;
namespace BBS.IBLL
{
```

```
public interface IMessageBLL
{
    /// <summary>
    /// 添加帖子信息
    /// </summary>
    /// <param name="message">帖子信息</param>
    /// <returns></returns>
    bool Add(MessageInfo message);

    /// <summary>
    /// 删除帖子
    /// </summary>
    /// <param name="id">帖子的 id</param>
    /// <returns></returns>
    bool Remove(int id);

    /// <summary>
    /// 更新帖子信息
    /// </summary>
    /// <param name="message"></param>
    /// <returns></returns>
    bool Update(MessageInfo message);

    /// <summary>
    /// 验证帖子信息
    /// </summary>
    /// <param name="id">信息 id</param>
    /// <returns></returns>
    bool Pass(int id);

    /// <summary>
    /// 根据帖子的 ID 号码返回帖子
    /// </summary>
    /// <param name="id"></param>
    /// <returns></returns>
    MessageInfo GetMessageByID(int id);

    /// <summary>
    /// 根据版块名返回所属帖子，并且根据参数决定是否返回未通过验证的帖子
    /// </summary>
    /// <param name="category"></param>
    /// <param name="item"></param>
    /// <returns></returns>
    IList<MessageInfo> GetMessageByCategory(string category , int item);

    /// <summary>
```

```
        /// 删除指定版块的帖子及相关回复
        /// </summary>
        /// <param name="category"></param>
        /// <returns></returns>
        bool DelMessageByCategory(string category);
        /// <summary>
        /// 搜索帖子
        /// </summary>
        /// <returns></returns>
        IList<MessageInfo> SearchMessage(string item );

        /// <summary>
        /// 返回十大热门帖
        /// </summary>
        /// <returns></returns>
        IList<MessageInfo> TopTenMesssage();
    }
}
```

（4）ICommentBLL 接口

该接口包括的方法及说明见表 13-9。

表 13-9　ICommentBLL 接口中包含的方法及说明

方法名	说明	方法名	说明
Add()	添加回复	GetByMessage()	根据帖子 ID 返回所有回复
Remove()	删除回复	DelByMessage()	删除指定帖子的所有回复

在“解决方案资源管理器”中，双击 ICommentBLL.cs 进入其代码编辑窗口，编写代码如下：

```
using System;
using System.Collections.Generic;
using System.Text;
using BBS.Entity;
namespace BBS.IBLL
{
    public interface ICommentBLL
    {
        /// <summary>
        /// 添加回复信息
        /// </summary>
        /// <param name="comment">回复对象</param>
        /// <returns></returns>
        bool Add(CommentInfo comment);
        /// <summary>

        /// 通过帖子 ID 删除相应的回复信息
```

```
        /// </summary>
        /// <param name="id"></param>
        /// <returns></returns>
        bool Remove(int id);

        /// <summary>
        /// 通过帖子 ID 返回所有回复
        /// </summary>
        /// <param name="messageid"></param>
        /// <returns></returns>
        IList<CommentInfo> GetByMessge(int messageid);

        /// <summary>
        /// 通过帖子 ID 删除所有回复
        /// </summary>
        /// <param name="messageid"></param>
        /// <returns></returns>
        bool DeleteByMessage(int messageid);
    }
}
```

2．数据访问层接口（IDAL）

与业务逻辑层接口对应，数据访问层接口也可以被分为“会员操作”、“版块操作”、“帖子操作”和“回复操作”4 大类。

为了清楚地表现上述 4 大类别，可以向解决方案中添加一个名为 IDAL 的类库项目，用于表示所有数据访问层接口。为了在 IDAL 项目中使用 Entity 实体类中定义的属性，需要在“解决方案资源管理器”中，右键单击项目名称，在弹出的快捷菜单中执行“添加引用”命令，在打开的对话框的“项目”选项卡中选择 Entity 后单击“确定”按钮，为项目添加对 Entity 实体类的引用。

向 IDAL 中添加 4 个接口文件（添加新项时选择“接口”模板），并分别将其命名为 IUserDAL.cs（包含会员操作相关方法）、ICategoryDAL.cs（包含版块操作相关方法）、IMessageDAL.cs（包含帖子操作相关方法）和 ICommentDAL.cs（包含回复操作相关方法）。

（1）IUserDAL 接口

该接口中包含的方法名称及说明见表 13-10。

表 13-10　IUserDAL 接口中包含的方法及说明

方 法 名	说　明	方 法 名	说　明
Insert()、Delete()	插入一个新会员或删除会员	GetByName()	根据会员名返回会员信息
Update()	将会员添加到黑名单	UpdateOwner()	修改会员的版主身份
GetAll()	返回所有会员信息	InBlack()	判断会员是否在黑名单中
IsRight()	验证会员身份	UpdatePass()	修改会员密码

在“解决方案资源管理器”中，双击 IUserDAL.cs 进入其代码编辑窗口，编写代码如下：

```
using System;
using System.Collections.Generic;
using System.Text;
using BBS.Entity;

namespace BBS.IDAL
{
    public interface IUserDAL
    {
        /// <summary>
        /// 插入会员
        /// </summary>
        /// <param name="user">会员对象</param>
        /// <returns>是否成功</returns>
        bool Insert(UserInfo    user);

        /// <summary>
        /// 加入黑名单操作
        /// </summary>
        /// <param name="user">会员名</param>
        /// <returns>是否成功</returns>
        bool Update(UserInfo user);

        /// <summary>
        /// 是否在黑名单中
        /// </summary>
        /// <param name="name">会员名</param>
        /// <returns>是否成功</returns>
        bool InBlack(string name);

        /// <summary>
        /// 通过 ID 删除会员
        /// </summary>
        /// <param name="id">会员 id</param>
        /// <returns>是否成功</returns>
        bool Delete(int id);

        /// <summary>
        /// 修改密码
        /// </summary>
        /// <param name="user">会员名</param>
        /// <param name="pwd">修改后的密码</param>
        /// <returns>是否成功</returns>
        bool UpdatePass(string user, string pwd);

        // <summary>
```

```
        /// 修改会员的版主身份
        /// </summary>
        /// <param name="user">会员名</param>
        /// <param name="own">是否为版主身份</param>
        /// <returns>是否成功</returns>
        bool UpdateOwner(string user, bool own);

        /// <summary>
        /// 返回所有会员信息
        /// </summary>
        /// <returns>会员信息集合</returns>
        IList<UserInfo > GetAll();

        /// <summary>
        /// 验证会员身份
        /// </summary>
        /// <param name="name">会员名</param>
        /// <param name="pwd">密码</param>
        /// <returns>是否为合法会员</returns>
        bool IsRight(string name, string pwd);

        /// <summary>
        /// 通过会员名返回会员信息
        /// </summary>
        /// <param name="name">会员名</param>
        /// <returns>会员是否存在</returns>
        UserInfo GetByName(string name);
    }
}
```

（2）ICategoryDAL 接口

该接口中包含的方法名称及说明见表 13-11。

表 13-11　ICategoryDAL 接口中包含的方法及说明

方法名	说明	方法名	说明
Insert()	添加一个新版块	GeByID()	根据版块 ID 返回版块信息
Delete()	删除指定的版块	ChangeName()	修改版块名称
GetAll()	返回所有版块信息	ChangeOwner()	修改指定版块的版主

在“解决方案资源管理器”中，双击 ICategoryDAL.cs 进入其代码编辑窗口，. 编写代码如下：

```
using System;
using System.Collections.Generic;
using System.Text;
using BBS.Entity;
namespace BBS.IDAL
{
```

```
    public interface ICategoryDAL
    {
        /// <summary>
        /// 插入新版块
        /// </summary>
        /// <param name="category">版块名</param>
        /// <returns>是否成功</returns>
        bool Insert(CategoryInfo category);

        /// <summary>
        /// 删除版块
        /// </summary>
        /// <param name="id">版块 id</param>
        /// <returns>是否成功</returns>
        bool Delete(int id);

        /// <summary>
        /// 返回所有版块信息
        /// </summary>
        /// <returns>IList<Category></returns>
        IList<CategoryInfo > GetALL();

        /// <summary>
        /// 通过 id 返回版块信息
        /// </summary>
        /// <param name="id"></param>
        /// <returns>版块信息集合</returns>
        CategoryInfo GetByID(int id);

        /// <summary>
        /// 修改版块名称
        /// </summary>
        /// <param name="oldname">原有名称</param>
        /// <param name="newname">新名称</param>
        /// <returns>是否成功</returns>
        bool ChangeName(string oldname, string newname );

        /// <summary>
        /// 修改版块版主
        /// </summary>
        /// <param name="category">版块名</param>
        /// <param name="owner">版主名</param>
        /// <returns>是否成功</returns>
        bool ChangeOwner(string category , string owner );
    }
}
```

（3）IMessageDAL 接口

该接口中包含的方法名称及说明见表 13-12。

表 13-12　IMessageDAL 接口中包含的方法及说明

方　法　名	说　　明	方　法　名	说　　明
Insert()	添加一个新帖子	GetByCategory()	返回指定版块帖子信息，并根据参数决定是否返回未验证帖子
Delete()	删除指定帖子	DeleteByCategory()	根据版块名删除相应的帖子信息
Update()	更新帖子信息	SearchMessage()	搜索帖子信息
GetByID()	根据 ID 返回帖子信息	TopTenMessage()	返回十大热门贴

在“解决方案资源管理器”中，双击 IMessageDAL.cs 进入其代码编辑窗口，编写代码如下：

```
using System;
using System.Collections.Generic;
using System.Text;
using BBS.Entity;
namespace BBS.IDAL
{
    public interface IMessageDAL
    {
        /// <summary>
        ///  添加新帖子
        /// </summary>
        /// <param name="messge">帖子信息</param>
        /// <returns>是否成功</returns>
        bool Insert(MessageInfo messge);

        /// <summary>
        ///  根据 ID 删除帖子
        /// </summary>
        /// <param name="id">帖子 ID</param>
        /// <returns>是否成功</returns>
        bool Delete(int id);

        /// <summary>
        ///  更新帖子信息
        /// </summary>
        /// <param name="message">帖子信息</param>
        /// <returns>是否成功</returns>
        bool Update(MessageInfo message);

        /// <summary>
        ///  返回帖子信息
        /// </summary>
        /// <param name="id">帖子 ID</param>
        /// <returns>帖子信息</returns>
```

```
        MessageInfo GetByID(int id);

        /// <summary>
        /// 根据版块名称返回相应的信息，并根据参数决定是否返回未通过验证的帖子
        /// </summary>
        /// <param name="category">版块名称</param>
        /// <param name="item">是否返回未验证的帖子</param>
        /// <returns></returns>
        IList<MessageInfo> GetByCategory(string category,int item);

        /// <summary>
        /// 根据版块名删除相应的帖子信息
        /// </summary>
        /// <param name="?">版块名称</param>
        /// <returns>是否成功</returns>
        bool DeleteByCategory(string category) ;

        /// <summary>
        /// 搜索相应的帖子
        /// </summary>
        /// <param name="item">关键词</param>
        /// <returns>包含关键词的帖子集合</returns>
        IList<MessageInfo> SearchMessage(string item);

        /// <summary>
        /// 返回十大热门帖
        /// </summary>
        IList<MessageInfo> TopTenMessage();
    }
}
```

（4）ICommentDAL 接口

该接口中包含的方法名称及说明见表 13-13。

表 13-13　ICommentDAL 接口中包含的方法及说明

方 法 名	说　明	方 法 名	说　明
Insert()	添加一个新回复	GetByMessage ()	返回指定帖子的所有回复
Delete()	删除回复	DeleteByMessage()	删除指定帖子的所有回复

在“解决方案资源管理器”中，双击 ICommentDAL.cs 进入其代码编辑窗口，编写代码如下：

```
using System;
using System.Collections.Generic;
using System.Text;
using BBS.Entity;
namespace BBS.IDAL
```

```
{
    public interface ICommentDAL
    {
        /// <summary>
        /// 插入回复
        /// </summary>
        bool Insert(CommentInfo comment);

        /// <summary>
        /// 删除回复
        /// </summary>
        bool Delete(int id);

        /// <summary>
        /// 根据帖子 ID 返回相关回复
        /// </summary>
        IList<CommentInfo> GetByMessage(int messageid);

        /// <summary>
        /// 删除指定帖子相关的回复
        /// </summary>
        bool DeleteByMessage(int messageid );
    }
}
```

13.3.5 工具类设计

工具类（Utility）设计实际上与分层架构没有关系，也就是说，工具类并非分层架构的组成部分。本实例中使用工具类将一些经常使用的方法（如数据加密和缓存访问）进行封装，以方便开发人员在 UI 层代码设计中调用。

向解决方案中添加一个新类库项目，并将其命名为 Utility。向 Utility 类库项目中添加两个类项文件，并分别命名为 Encryptor.cs 和 CacheAccess.cs。

由于在数据加密类 Entityptor 类中需要使用 System.Web.Security 命名空间，CatcheAccess 类中要使用 System.Web 命名空间和 System.Web.Caching 命名空间，故应在相应的类文件中添加对上述命名空间的应用。

1．设计数据加密类（Entityptor）

Entityptor 中包含有用于 MD5 加密和 SHA1 加密的两个方法。在“解决方案资源管理器”中，双击 Encryptor.cs 切换到其代码编写窗口，编写类代码如下：

```
using System;
using System.Collections.Generic;
using System.Text;
using System.Web.Security;
namespace BBS.Utility
```

```
{
    public sealed class Encryptor           //数据加密类，使用 sealed 修饰符表示类是密封的不可继承
    {
        public static string MD5Encrypt(string text)        //使用 MD5 加密用户数据的方法
        {
            return FormsAuthentication.HashPasswordForStoringInConfigFile(text, "MD5");
        }
        public static string SHA1Encrypt(string text)       //使用 SHA1 加密用户数据的方法
        {
            return FormsAuthentication.HashPasswordForStoringInConfigFile(text, "SHA1");
        }
    }
}
```

2．设计缓存访问类（CacheAccess）

使用缓存可以提高系统的性能，ASP.NET 为开发人员提供了 3 种可由 Web 应用程序使用的缓存。

1）输出缓存：它可以缓存用户请求所生成的动态响应。

2）片段缓存：它可以缓存用户请求所生成的各个部分。

3）数据缓存：本例中使用的就是数据缓存，它能以编程的方式缓存任意对象。

```
using System;
using System.Web;
using System.Web.Caching;
namespace BBS.Utility
{
    public sealed class CacheAccess             //缓存访问类
    {
        //将数据保存到缓存中的静态方法
        //cachekey 表示用于引用该项的缓存键，cacheobject 表示要存入缓存的对象
        //dependency 表示缓存对象的文件依赖项或缓存键依赖项
        public static void SaveToCache(string cachekey,
                        object cacheobject, CacheDependency dependency)
        {
            //获取当前应用程序的 System.Web.Caching.Cache
            Cache cache = HttpRuntime.Cache;
            //将对象 cacheobject 存入缓存键为 cachekey 的缓存中
            cache.Insert(cachekey, cacheobject, dependency);
        }
        //根据缓存键从缓存中读取数据的静态方法
        public static object GetFromCache(string cachekey)
        {
            Cache cache = HttpRuntime.Cache;
            return cache[cachekey];
        }
    }
}
```

13.3.6 工厂类设计

在开始工厂类（Factory）设计前首先需要理解“工厂类”和“依赖注入”两个概念。

1．工厂类的简单概念

“工厂类”顾名思义，它是专门定义的一个类，目的是利用这个类来创建其他类的实例。该类根据传入的参数，动态决定应该创建哪个“产品类”。通常可以通过.NET 框架提供的“反射机制”来实现工厂类。

2．依赖注入的简单概念

依赖注入（Inversion of Control，IOC），也称为“控制反转”。在实际应用中，许多应用都是由两个或更多个类，通过彼此合作来实现业务逻辑的，这使得每个对象都需要对和它配合的对象添加引用。显然，如果这个过程要依靠自身来实现，那么将导致代码高度耦合且难以测试。应用依赖注入后，如果对象 A 需要调用对象 B，则在对象 B 被创建时，由依赖注入将对象 B 的引用传递给对象 A，也就是将对象 B 的接口返回给对象 A，使其可以直接通过对象 B 的接口完成相应操作。通俗地讲，依赖注入是一种机制，目的是减少耦合度，也就是避免使用 new 关键字来实现类，而是使用接口实现类。

3．创建工厂类项目

创建工厂类之前需要在解决方案中添加一个“新建网站”项目，并将其命名为 WebUI。在“解决方案资源管理器”中，双击打开 WebUI 下的 web.config 文件，在<appSettings>节点下添加如下所示的两个项，以便在后面介绍的缓存注入中使用。

```
<add key = "DAL" value="SQLServerDAL">
<add key = "BLL" value="BLL">
```

上述操作完成后，向解决方案中添加一个新类库项目，并将其命名为 Factory。由于工厂类需要使用到前面创建的接口，故需要为 Factory 项目添加对 IBLL 和 IDAL 的引用。此外，为了在 Factory 项目中使用配置文件，还添加对 System.Configuration 和 System.Web 命名空间的引用。

向 Factory 项目中添加 3 个类文件，并分别命名为 BLLFactory.cs（业务逻辑层工厂）、DALFactory.cs（数据访问层工厂）和 DependencyInjector.cs（依赖注入工厂）。

4．编写工厂类代码

（1）编写 DependencyInjector.cs 的代码

```
using System;
using System.Reflection;
using System.Collections.Generic;
using System.Text;
using System.Configuration;
using System.Web;
using System.Web.Caching;
using BBS.Utility;
namespace BBS.Factory
{
    public sealed class DependencyInjector
```

```
{
    //通过类名返回数据访问层的对应的对象
    public static object GetDALObject(string className)
    {
        //从缓存中取
        object dal = CacheAccess.GetFromCache("DAL");
        //如果不在缓存中就从配置文件中取出数据访问层的命名空间，并存入缓存中
        if (dal == null)
        {
            CacheDependency fileDependency = new
                  CacheDependency(HttpContext.Current.Server.MapPath("Web.Config"));
            dal = ConfigurationManager.AppSettings["DAL"];
            CacheAccess.SaveToCache("DAL", dal, fileDependency);
        }
        string dalName = (string)dal;
        string fullClassName = "BBS."+dalName + "." + className;
        object dalObject = CacheAccess.GetFromCache(className);
        //从程序集加载所要求的对象
        if (dalObject == null)
        {
            CacheDependency fileDependency = new
                  CacheDependency(HttpContext.Current.Server.MapPath("Web.Config"));
            dalObject = Assembly.Load(dalName).CreateInstance(fullClassName);
            CacheAccess.SaveToCache(className, dalObject, fileDependency);
        }
        return dalObject;
    }
    //通过类名返回业务逻辑层对应的对象
    public static object GetBLLObject(string className)
    {
        //从缓存中取
        object bll = CacheAccess.GetFromCache("BLL");
        //如果不在缓存就从配置文件中取出业务逻辑层的命名空间，并存入缓存
        if (bll ==null)
        {
            CacheDependency fileDependency = new
                  CacheDependency(HttpContext.Current.Server.MapPath("Web.Config"));
            bll =ConfigurationManager.AppSettings["BLL"];
            CacheAccess.SaveToCache("BLL", bll, fileDependency);
        }
        string bllName = (string)bll;
        string fullClassName = "BBS."+bllName + "." + className;
        object bllObject = CacheAccess.GetFromCache(className);
        //从程序集中加载所要求的对象
        if (bllObject == null)
        {
```

```
                CacheDependency fileDependency = new
                        CacheDependency(HttpContext.Current.Server.MapPath("Web.Config"));
                bllObject =
                    System.Reflection.Assembly.Load(bllName).CreateInstance(fullClassName);
                CacheAccess.SaveToCache(className, bllObject, fileDependency);
            }
            return bllObject;
        }
    }
}
```

在 DependencyInjector 类中，GetDALObject()方法用于实现 BLL 层的动态加载。其方法首先从缓存中取出 BLL 层的实现类，如果该类为 null，就从配置文件中取出该类（这样可以通过修改配置文件中 BLL 层的名称来更改 BLL 层的实现方法）。取出类之后，将该对象保存到缓存中。fullClassName 是要动态调用的类的全名（注意它的命名空间）。

如果缓存中存在该类，就返回该类的对象；如果不存在，就建立缓存依赖，HttpContext.Current.Server.MapPath("Web.Config")是依赖的文件依赖项。

从缓存或配置文件中得到了类对象后，利用反射 System.Reflection.Assembly.Load()加载程序集（也就是编译后的类库），其参数为 BLL 类库的名称。反射加载后面的.CreateInstance()表示从程序集中查找该类并创建它的实例，最后通过 return 语句将该实例返回给调用者。

需要说明的是，上述代码并未真正实现全自动的动态加载实现方法，变更时需要手工修改配置文件 web.config 中相应的值。

代码中：

```
bll = ConfigurationManager.AppSettings["BLL"];
```

表示缓存中不存在 BLL 类时，将从 web.config 的“<add key "BLL" value = "BLL">”项中取出 BLL 类。bll 是 BLL 层总的命名空间，只要修改了该值就可以实现 BLL 层实现方法的变更。

例如，为 BLL 层设计了两种实现方法，即（A 和 B）。如果希望通过方法 A 实现，则可将代码改为“<add key "BLL" value = "A">”。用方法 B 实现，则可将代码改为“<add key "BLL" value = "B">”。当然，这种方法对 DAL 层的缓存注入同样适用。

（2）编写 BLLFactory.cs 的代码

```
using System;
using System.Collections.Generic;
using System.Text;
using BBS.IBLL;
namespace BBS.Factory
{
    public sealed class BLLFactory
    {
        /// <summary>
        /// 返回业务逻辑层的帖子信息的逻辑接口
        /// </summary>
```

```
        public static IMessageBLL CreateMessageBLL()
        {
            return (IMessageBLL)DependencyInjector.GetBLLObject("MessageBLL");
        }

        /// <summary>
        /// 返回业务逻辑层的评论信息的逻辑接口
        /// </summary>
        public static ICommentBLL CreateCommentBLL()
        {
            return (ICommentBLL)DependencyInjector.GetBLLObject("CommentBLL");
        }

        /// <summary>
        /// 返回业务逻辑层版块的逻辑接口
        /// </summary>
        public static ICategoryBLL    CreateCategoryBLL()
        {
            return (ICategoryBLL )DependencyInjector.GetBLLObject("CategoryBLL");
        }

        /// <summary>
        /// 返回业务逻辑层的会员信息的逻辑接口
        /// </summary>
        public static IUserBLL    CreateUserBLL()
        {
            return (IUserBLL )DependencyInjector.GetBLLObject("UserBLL");
        }
    }
}
```

（3）编写 DALFactory.cs 的代码

```
using System;
using System.Collections.Generic;
using System.Text;
using BBS.IDAL;
namespace BBS.Factory
{
    public sealed class DALFactory
    {
        /// <summary>
        /// 返回数据层的帖子信息的接口
        /// </summary>
        public static IMessageDAL CreateMessageDAL()
        {
            return (IMessageDAL)DependencyInjector.GetDALObject("MessageDAL");
```

```
        }

        /// <summary>
        /// 返回数据层的评论信息的接口
        /// </summary>
        public static ICommentDAL CreateCommentDAL()
        {
            return (ICommentDAL)DependencyInjector.GetDALObject("CommentDAL");
        }

        /// <summary>
        /// 返回数据层的会员信息的接口
        /// </summary>
        public static IUserDAL   CreateUserDAL()
        {
            return (IUserDAL )DependencyInjector.GetDALObject("UserDAL");
        }

        /// <summary>
        /// 返回数据层的版块的接口
        /// </summary>
        public static ICategoryDAL   CreateCategoryDAL()
        {
            return (ICategoryDAL )DependencyInjector.GetDALObject("CategoryDAL");
        }
    }
}
```

13.3.7 数据访问层设计

在解决方案中添加一个类库项目，并将其命名为 SQLServerDAL。需要引用的项目和命名空间有 Entity、IDAL、Utility 和 System.Configuration。

此外，需要在网站项目 WebUI 中打开 web.config 文件，添加连接字符串的设置（运行程序时，需要修改斜体字部分为实际值）。

```
<connectionStrings>
    <add name="ConnectionString" connectionString="Data Source=vm2k3s;
            Initial Catalog=BBS;uid=sa ;pwd=abc-123" providerName="System.Data.SqlClient"/>
</connectionStrings>
```

在实例中数据访问层包含有 SQLServerDALHelper.cs（数据访问助手）、UserDAL.cs（会员类数据库访问）、CategoryDAL.cs（版块类数据库访问）、MessageDAL.cs（帖子类数据库访问）和 CommentDAL.cs（回复类数据库访问）5 个类项文件。

1．编写 SQLServerDALHelper.cs

```
using System;
```

```
using System.Collections.Generic;
using System.Text;
using System.Data;
using System.Data.SqlClient;
using System.Configuration;
namespace BBS.SQLServerDAL
{
    /// <summary>
    /// 封装了对数据库的操作
    /// </summary>
    public sealed class SQLServerDALHelper
    {
        private static readonly string _sqlConnectionString =
                ConfigurationManager.ConnectionStrings["ConnectionString"].ConnectionString;
        /// <summary>
        /// 执行 SQL 语句
        /// </summary>
        /// <param name="sql">SQL 语句</param>
        public static void ExecuteSQLNonQurey(string sql)
        {
            SqlConnection connection = new SqlConnection(_sqlConnectionString);
            connection.Open();
            SqlCommand command = new SqlCommand(sql, connection);
            command.ExecuteNonQuery();
            connection.Close();
        }

        /// <summary>
        /// 执行 SQL 语句返回 DATAREADER
        /// </summary>
        /// <param name="sql">sql 语句</param>
        /// <returns>datareader</returns>
        public static SqlDataReader ExecuteSQLReader(string sql)
        {
            SqlConnection connection = new SqlConnection(_sqlConnectionString);
            SqlCommand command = new SqlCommand(sql, connection);
            connection.Open();
            SqlDataReader sqlReader = command.ExecuteReader();
            return sqlReader;
        }
        /// <summary>
        /// 执行 SQL 语句
        /// </summary>
        /// <param name="sql">sql 语句</param>
        /// <returns>object 对象</returns>
```

```
public static object ExecuteSQLScalar(string sql)
{
    SqlConnection connection = new SqlConnection(_sqlConnectionString);
    connection.Open();
    SqlCommand command = new SqlCommand(sql,connection );
    command.CommandType = CommandType.Text;
    command.CommandText = sql;
    command.Connection = connection;
    return command.ExecuteScalar();
}

/// <summary>
/// 执行存储过程
/// </summary>
/// <param name="storedProcedureName">存储过程名</param>
/// <param name="parameters">参数</param>
/// <returns>object 对象</returns>
public static object ExecuteProcedureSaclar(string storedProcedureName,
                                        IDataParameter [] parameters)
{
    SqlConnection connection = new SqlConnection(_sqlConnectionString );
    connection.Open();
    SqlCommand command = new SqlCommand(storedProcedureName ,connection );
    command.CommandType = CommandType.StoredProcedure;
    command.Connection = connection;
    return command.ExecuteScalar();
}

/// <summary>
/// 执行存储过程
/// </summary>
/// <param name="storedProcedureName">存储过程名</param>
/// <param name="parameters">无返回值</param>
public static void ExecuteProcedureNonQuery(string storedProcedureName,
                                        IDataParameter[] parameters)
{
    SqlConnection connection = new SqlConnection(_sqlConnectionString);
    connection.Open();
    SqlCommand command = new SqlCommand(storedProcedureName, connection);
    command.CommandType = CommandType.StoredProcedure;
    command.Connection = connection;
    if (parameters != null)
    {
        foreach (SqlParameter parameter in parameters)
        {
            command.Parameters.Add(parameter);
```

```
            }
        }
        command.ExecuteNonQuery();
        connection.Close();
    }

    /// <summary>
    /// 执行存储过程
    /// </summary>
    /// <param name="storedProcedureName">存储过程名</param>
    /// <param name="parameters">参数</param>
    /// <returns>SQLdatareader</returns>
    public static SqlDataReader ExecuteProcedureReader(string storedProcedureName,
                                                       IDataParameter[] parameters)
    {
        SqlConnection connection = new SqlConnection(_sqlConnectionString);
        connection.Open();
        SqlCommand command = new SqlCommand(storedProcedureName, connection);
        command.CommandType = CommandType.StoredProcedure;
        command.Connection = connection;
        if (parameters != null)
        {
            foreach (SqlParameter parameter in parameters)
            {
                command.Parameters.Add(parameters);
            }
        }
        SqlDataReader sqlReader = command.ExecuteReader();
        return sqlReader;
    }
  }
}
```

数据访问助手将常用的数据库操作方法 ExecuteScalar()、ExecuteNonQuery()和 ExecuteReader()分为 SQL 语句和存储过程两种实现方式。

通过 SQL 语句实现时，可使用如下类似的代码：

```
SQLServerHelper.ExecuteSQLNonQuery(sql);        //sql 为 SQL 语句
```

通过存储过程实现时，可使用如下类似的代码：

```
SQLServerHelper.ExecuteSQLNonQuery(proname, parameters);        //存储过程名，参数
```

本实例中所有数据访问均使用 SQL 语句实现。读者可自行创建需要的存储过程，并修改后面 4 个数据访问层类文件相关语句，将数据访问改为通过储存过程来实现。

2．编写 UserDAL.cs

```
using System;
```

```
using System.Collections.Generic;
using System.Text;
using System.Data;
using System.Data.SqlClient;
using BBS.IDAL;
using BBS.Entity;
using BBS.Utility;
namespace BBS.SQLServerDAL
{
    public class UserDAL:IUserDAL
    {
        /// <summary>
        /// 插入会员
        /// </summary>
        public bool Insert(UserInfo user)
        {
            string sql = "insert into TUser (UserName,UserPwd,UserEmail , InBlack ,
                Question,Answer ) values('"+user.UserName +"','"+user.UserPwd + "','" +
                user.UserEmail+"','"+user.InBlack +"','"+user.Question +"','"+user.Answer +"')";
            try
            {
                SQLServerDALHelper.ExecuteSQLNonQurey(sql);
                return true;
            }
            catch
            {
                return false;
            }
        }

        /// <summary>
        /// 加入或取消黑名单
        /// </summary>
        public bool Update(UserInfo user)
        {
            string sql = "update TUser set InBlack= '" +user.InBlack + "' where
                                        UserName='"+user.UserName+"'" ;
            try
            {
                SQLServerDALHelper.ExecuteSQLNonQurey(sql);
                return true;
            }
            catch
            {
                return false;
            }
```

```
}
/// <summary>
/// 是否在黑名单中
/// </summary>
public bool InBlack(string name)
{
    string sql = "select UserName from TUser where UserName='" + name + "' and
            InBlack='Yes'";
    try
    {
        string username = SQLServerDALHelper.ExecuteSQLScalar(sql).ToString();
        if (username != null)
            return true;
        else
            return false;
    }
    catch
    {
        return false;
    }
}

/// <summary>
/// 通过 ID 删除会员
/// </summary>
public bool Delete(int id)
{
    string sql = "delete from TUser where UserID="+id ;
    try
    {
        SQLServerDALHelper.ExecuteSQLNonQurey(sql);
        return true;
    }
    catch
    {
        return false;
    }
}

/// <summary>
/// 修改密码
/// </summary>
public bool UpdatePass(string user, string pwd)
{
    string sql ="update TUser set UserPwd='" + pwd + "'" + "where UserName='" + user + "'";
    try
```

```
    {
        SQLServerDALHelper.ExecuteSQLReader(sql);
        return true;
    }
    catch
    {
        return false;
    }
}

/// <summary>
/// 修改用户的版主身份
/// </summary>
public bool UpdateOwner(string user, bool own)
{
    string sql = "Update TUser set IsOwner='" + own + "' where UserName='" + user + "'";
    try
    {
        SQLServerDALHelper.ExecuteSQLReader(sql);
        return true;
    }
    catch
    {
        return false;
    }
}

/// <summary>
/// 返回所有会员信息
/// </summary>
public IList<UserInfo> GetAll()
{
    SqlDataReader dataReader = null;
    string sql = "select * from TUser where UserName <> 'admin'";
    dataReader = SQLServerDALHelper.ExecuteSQLReader(sql);
    IList<UserInfo > userCollection = new List<UserInfo >();
    try
    {
        while (dataReader.Read())
        {
            UserInfo    user = new UserInfo ();
            user.ID = (int)dataReader["UserID"];
            user.UserName    = (string)dataReader["UserName"];
            user.UserPwd    = (string)dataReader["UserPwd"];
            user.UserEmail    = (string)dataReader["UserEmail"];
            user.InBlack = (string)dataReader["InBlack"];
```

```
                user.Question = (string)dataReader["Question"];
                user.Answer = (string)dataReader["Answer"];
                userCollection.Add(user);
            }
            return userCollection;
        }
        catch
        {
            return null;
        }
        finally
        {
            dataReader.Close();
        }
    }

    /// <summary>
    /// 是否是本站的会员
    /// </summary>
    public bool IsRight(string name, string pwd)
    {
        string sql = "select UserPwd from TUser where UserName='" + name + "'";
        try
        {
            string strpwd = SQLServerDALHelper.ExecuteSQLScalar(sql).ToString();
            string md = Encryptor.MD5Encrypt( pwd) ;
            if (md == strpwd)
                return true;
            else
                return false;
        }
        catch
        {
            return false;
        }
    }

    /// <summary>
    /// 通过会员名返回会员信息
    /// </summary>
    public UserInfo GetByName(string name)
    {
        string sql = "select  * from TUser where UserName='" + name + "'";
        SqlDataReader dataReader = null;
        dataReader = SQLServerDALHelper.ExecuteSQLReader(sql);
        UserInfo user = new UserInfo();
```

```
                try
                {
                    dataReader.Read();
                    user.ID = (int)dataReader["UserID"];
                    user.UserName    = (string)dataReader["UserName"];
                    user.UserPwd    = (string)dataReader["UserPwd"];
                    user.UserEmail    = (string)dataReader["UserEmail"];
                    user.InBlack = (string)dataReader["InBlack"];
                    user.Question = (string)dataReader["Question"];
                    user.Answer = (string)dataReader["Answer"];
                    user.IsOwner = (bool)dataReader["IsOwner"];
                    return user;
                }
                catch
                {
                    return null;
                }
                finally
                {
                    dataReader.Close();
                }
            }
        }
    }
```

3. 编写 CategoryDAL.cs

```
using System.Collections.Generic;
using BBS.Entity;
using BBS.IDAL;
using System.Data.SqlClient;
namespace BBS.SQLServerDAL
{
    public class CategoryDAL : ICategoryDAL
    {
        /// <summary>
        /// 添加新版块
        /// </summary>
        public bool Insert(CategoryInfo category)
        {
            string sql = "insert into TMessCategory (Category,CategoryOwner) values('" +
                                    category.Category +"','"+category.CategoryOwner +"')";
            try
            {
                SQLServerDALHelper.ExecuteSQLNonQurey(sql);
                return true;
            }
```

```
    catch
    {
        return false;
    }
}
/// <summary>
/// 删除版块
/// </summary>
public bool Delete(int id)
{
    string sql = "delete from TMessCategory where CategoryID=" + id;
    try
    {
        SQLServerDALHelper.ExecuteSQLNonQurey(sql);
        return true;
    }
    catch
    {
        return false;
    }
}

/// <summary>
/// 返回所有版块信息
/// </summary>
public IList<CategoryInfo> GetALL()
{
    SqlDataReader dataReader = null;
    string sql =   "select * from TMessCategory";
    dataReader = SQLServerDALHelper.ExecuteSQLReader(sql);
    IList<CategoryInfo > categoryCollection = new List<CategoryInfo >();
    try
    {
        while (dataReader.Read())
        {
            CategoryInfo   category = new CategoryInfo ();
            category.ID = (int)dataReader["CategoryID"];
            category.Category = (string)dataReader["Category"];
            category.CategoryOwner = (string)dataReader["CategoryOwner"];
            categoryCollection.Add(category );
        }
        return categoryCollection;
    }
    catch
    {
```

```
            return null;
        }
        finally
        {
            dataReader.Close();
        }
    }

    /// <summary>
    /// 通过版块 ID 返回版块信息
    /// </summary>
    public CategoryInfo GetByID(int id)
    {
        SqlDataReader dataReader = null;
        string sql = "select * from TMessCategory where CategoryID ="+id ;
        dataReader = SQLServerDALHelper.ExecuteSQLReader(sql);
        try
        {
            dataReader.Read();
            CategoryInfo category = new CategoryInfo();
            category.ID = (int)dataReader["CategoryID"];
            category.Category = (string)dataReader["Category"];
            category.CategoryOwner = (string)dataReader["CategoryOwner"];
            return category;
        }
        catch
        {
            return null;
        }
        finally
        {
            dataReader.Close();
        }
    }

    /// <summary>
    /// 修改版块名
    /// </summary>
    /// <param name="oldname"></param>
    public bool ChangeName(string oldname, string newname)
    {
        string sql1 = "update TMessCategory set Category='"+ newname + "' where Category='"+
                    oldname + "'";
        string sql2 = "update TMessage set MessKind ='" + newname +
                            "' where MessKind='" +oldname + "'";
        try
```

```
            {
                SQLServerDALHelper.ExecuteSQLNonQurey(sql1 );
                SQLServerDALHelper.ExecuteSQLNonQurey(sql2);
                return true;
            }
            catch
            {
                return false;
            }
        }

        /// <summary>
        /// 修改版块版主
        /// </summary>
        public bool ChangeOwner(string category, string owner)
        {
            string sql = "update TMessCategory set CategoryOwner='" + owner +
                         "'where Category ='" + category + "'";
            try
            {
                SQLServerDALHelper.ExecuteSQLNonQurey(sql);
                return true;
            }
            catch
            {
                return false;
            }
        }
    }
}
```

4. 编写 MessageDAL.cs

```
using System;
using System.Collections.Generic;
using System.Data.SqlClient;
using BBS.IDAL ;
using BBS.Entity ;
namespace BBS.SQLServerDAL
{
    public class MessageDAL:IMessageDAL
    {
        /// <summary>
        /// 插入帖子信息
        /// </summary>
        public bool Insert(MessageInfo messge)
        {
```

```
        string sql = "insert into TMessage
                (GuestName,MessageContent,MessageTime,IsPass,MessKind,MessageTitle,
                 ClickNumber,IsTop,LastCommentTime) values('" +
                 messge.GuestName + "','" + messge.Content + "','" + messge.Time + "','" +
                 messge.Ispass + "','" + messge.MessKind + "','"+messge.Title+"','" +
                 messge.ClickNumber +"','"+messge.IsTop +"','"+messge.LastTime +"')";
        try
        {
            SQLServerDALHelper.ExecuteSQLNonQurey(sql);
            return true;
        }
        catch
        {
            return false;
        }
    }

    /// <summary>
    /// 删除帖子信息
    /// </summary>
    public bool Delete(int id)
    {
        string sql ="delete from TMessage where MessageID="+ id;
        try
        {
            SQLServerDALHelper.ExecuteSQLNonQurey(sql);
            return true;
        }
        catch
        {
            return false;
        }
    }

    /// <summary>
    /// 更新帖子信息
    /// </summary>
    public bool Update(MessageInfo message)
    {
        string sql = "update TMessage set GuestName='" +
                     message.GuestName +"',MessageContent='" +
                     message.Content +"',MessageTime='"+message.Time+"',IsPass='" +
                     message.Ispass +"',MessKind='" + message.MessKind +
                     "',MessageTitle='" +message.Title+"',ClickNumber='" +
                     message.ClickNumber +"',IsTop='"+message.IsTop    +
                     "',LastCommentTime='"+message.LastTime +
```

```
                    "'where MessageID="+message.ID ;
            try
            {
                SQLServerDALHelper.ExecuteSQLNonQurey(sql);
                return true;
            }
            catch
            {
                return false;
            }
        }

        /// <summary>
        ///  返回帖子信息
        /// </summary>
        public MessageInfo GetByID(int id)
        {
            SqlDataReader datareader = null;
            string sql = "select * from TMessage where MessageID="+ id;
            try
            {
                datareader = SQLServerDALHelper.ExecuteSQLReader(sql);
                MessageInfo message = new MessageInfo();
                datareader.Read();
                message.ID = (int)datareader["MessageID"];
                message.GuestName = (string)datareader["GuestName"];
                message.Content = (string)datareader["MessageContent"];
                message.Time = (DateTime )datareader["MessageTime"];
                message.Ispass = (string)datareader["IsPass"];
                message.MessKind = (string)datareader["MessKind"];
                message.Title = (string)datareader["MessageTitle"];
                message.ClickNumber = (int)datareader["ClickNumber"];
                message.IsTop = (int)datareader["IsTop"];
                message.LastTime = (DateTime)datareader["LastCommentTime"];
                return message;
            }
            catch
            {
                return null;
            }
            finally
            {
                datareader.Close();
            }
        }
```

```
/// <summary>
/// 根据信息种类返回相应的信息，并且根据参数决定是否返回通过验证的帖子
/// </summary>
public IList<MessageInfo> GetByCategory(string category,int item)
{
    string sql = "select * from TMessage where MessKind='" + category +
            "' order by IsTop DESC,LastCommentTime DESC,MessageTime DESC";
    if( item == 0 )
        sql = "select * from TMessage where MessKind ='" + category +
            "' and IsPass='pass' order by IsTop DESC ,
            LastCommentTime DESC ,MessageTime DESC";
    SqlDataReader datareader = null;
    datareader = SQLServerDALHelper.ExecuteSQLReader(sql);
    IList<MessageInfo> messagecollection = new List<MessageInfo>();
    try
    {
        while (datareader.Read())
        {
            MessageInfo message = new MessageInfo();
            message.ID = (int)datareader["MessageID"];
            message.GuestName = (string)datareader["GuestName"];
            message.Content = (string)datareader["MessageContent"];
            message.Time = (DateTime)datareader["MessageTime"];
            message.Ispass = (string)datareader["IsPass"];
            message.MessKind = (string)datareader["MessKind"];
            message.Title = (string)datareader["MessageTitle"];
            message.ClickNumber = (int)datareader["ClickNumber"];
            message.IsTop = (int)datareader["IsTop"];
            message.LastTime = (DateTime)datareader["LastCommentTime"];
            messagecollection.Add(message);
        }
        return messagecollection;
    }
    catch
    {
        return null;
    }
    finally
    {
        datareader.Close();
    }
}

/// <summary>
/// 根据版块名称删除相应的帖子及回复信息
/// </summary>
```

```
public bool DeleteByCategory(string category)
{
    string sql1 = "select * from TMessage where MessKind='" + category + "'";
    string sql2;
    SqlDataReader datareader = null;
    datareader = SQLServerDALHelper.ExecuteSQLReader(sql1);
    IList<MessageInfo> messagecollection = new List<MessageInfo>();
    try
    {
        while (datareader.Read())
        {
            MessageInfo message = new MessageInfo();
            message.ID = (int)datareader["MessageID"];
            message.GuestName = (string)datareader["GuestName"];
            message.Content = (string)datareader["MessageContent"];
            message.Time = (DateTime)datareader["MessageTime"];
            message.Ispass = (string)datareader["IsPass"];
            message.MessKind = (string)datareader["MessKind"];
            message.Title = (string)datareader["MessageTitle"];
            message.ClickNumber = (int)datareader["ClickNumber"];
            message.IsTop = (int)datareader["IsTop"];
            message.LastTime = (DateTime)datareader["LastCommentTime"];
            messagecollection.Add(message);
        }
        datareader.Close();
        if (messagecollection != null)
        {
            //删除本版块帖子相关的回复记录
            for (int i = 0; i < messagecollection.Count; i++)
            {
                sql2 = "delete from TComment where MessageID=" +
                       messagecollection[i].ID;
                SQLServerDALHelper.ExecuteSQLNonQurey(sql2);
            }
        }
       //删除本版块所有帖子
       string sql3 = "delete from TMessage where MessKind='" + category + "'";
       SQLServerDALHelper.ExecuteSQLNonQurey(sql3);
       return true;
    }
    catch
    {
        return false;
    }
}
```

```
/// <summary>
/// 搜索相应的帖子
/// </summary>
public IList<MessageInfo> SearchMessage(string item)
{
    string sql = "select * from TMessage where MessageContent like '%" +
               item +"%' or MessageTitle like '%" +   item +"%'" ;
    SqlDataReader datareader = null;
    datareader = SQLServerDALHelper.ExecuteSQLReader(sql);
    IList<MessageInfo> messagecollection = new List<MessageInfo>();
    try
    {
        while (datareader.Read())
        {
            MessageInfo message = new MessageInfo();
            message.ID = (int)datareader["MessageID"];
            message.GuestName = (string)datareader["GuestName"];
            message.Content = (string)datareader["MessageContent"];
            message.Time = (DateTime)datareader["MessageTime"];
            message.Ispass = (string)datareader["IsPass"];
            message.MessKind = (string)datareader["MessKind"];
            message.Title = (string)datareader["MessageTitle"];
            message.ClickNumber = (int)datareader["ClickNumber"];
            message.IsTop = (int)datareader["IsTop"];
            message.LastTime = (DateTime)datareader["LastCommentTime"];
            messagecollection.Add(message);
        }
        return messagecollection;
    }
    catch
    {
        return null;
    }
    finally
    {
        datareader.Close();
    }

}

/// <summary>
/// 返回十大热门帖
/// </summary>
public IList<MessageInfo> TopTenMessage()
{
    string sql = "select top 10 *   from TMessage order by ClickNumber DESC" ;
```

```
            SqlDataReader datareader = null;
            datareader = SQLServerDALHelper.ExecuteSQLReader(sql);
            IList<MessageInfo> messagecollection = new List<MessageInfo>();
            try
            {
                while (datareader.Read())
                {
                    MessageInfo message = new MessageInfo();
                    message.ID = (int)datareader["MessageID"];
                    message.GuestName = (string)datareader["GuestName"];
                    message.Content = (string)datareader["MessageContent"];
                    message.Time = (DateTime)datareader["MessageTime"];
                    message.Ispass = (string)datareader["IsPass"];
                    message.MessKind = (string)datareader["MessKind"];
                    message.Title = (string)datareader["MessageTitle"];
                    message.ClickNumber = (int)datareader["ClickNumber"];
                    message.IsTop = (int)datareader["IsTop"];
                    message.LastTime = (DateTime)datareader["LastCommentTime"];
                    messagecollection.Add(message);
                }
                return messagecollection;
            }
            catch
            {
                return null;
            }
            finally
            {
                datareader.Close();
            }
        }
    }
}
```

5．编写 CommentDAL.cs

```
using System;
using System.Collections.Generic;
using System.Collections;
using System.Data.SqlClient;
using BBS.IDAL ;
using BBS.Entity;
namespace BBS.SQLServerDAL
{
    public class CommentDAL :ICommentDAL
    {
```

```
/// <summary>
/// 插入评论
/// </summary>
public bool Insert(CommentInfo comment)
{
    string sql = "insert into TComment (CommentContent ,CommentTime ,
                MessageID,CommentUser) values('" +
                comment.Content + "','" + comment.Time + "','" +
                comment.Message +"','"+comment.User + "')";
    try
    {
        SQLServerDALHelper.ExecuteSQLNonQurey(sql);
        return true;
    }
    catch
    {
        return false;
    }
}

/// <summary>
/// 删除评论
/// </summary>
public bool Delete(int id)
{
    string sql = "delete from TComment where CommentID="+id ;
    try
    {
        SQLServerDALHelper.ExecuteSQLNonQurey(sql);
        return true;
    }
    catch
    {
        return false;
    }
}

/// <summary>
/// 通过帖子 ID 返回评论
/// </summary>
public IList<CommentInfo> GetByMessage(int messageid)
{
    SqlDataReader dataReader = null;
    IList<CommentInfo> commentCollection = new List<CommentInfo>();
    string sql ="select * from TComment where MessageID="+ messageid;
    try
```

```
        {
            dataReader   = SQLServerDALHelper.ExecuteSQLReader(sql);
            while (dataReader.Read())
            {
                CommentInfo   comment = new CommentInfo();
                comment.ID = (int)dataReader["CommentID"];
                comment.Content = (string)dataReader["CommentContent"];
                comment.Time = (DateTime)dataReader["CommentTime"];
                comment.Message = (int)dataReader["MessageID"];
                comment.User = (string)dataReader["CommentUser"];
                commentCollection.Add(comment);
            }
            return commentCollection;
        }
        catch
        {
            return null;
        }
        finally
        {
            dataReader.Close();
        }
    }

    /// <summary>
    /// 通过帖子 ID 删除评论
    /// </summary>
    public bool DeleteByMessage(int messageid)
    {
        string sql = "delete from TComment where MessageID=" + messageid;
        try
        {
            SQLServerDALHelper.ExecuteSQLNonQurey(sql);
            return true;
        }
        catch
        {
            return false;
        }
    }
  }
}
```

13.3.8 业务逻辑层设计

业务逻辑层（BLL）是系统最重要的组成部分，是整个系统的核心。它实现了对不同数据访问层的封装，即无论数据访问层连接何种数据库，表示层都不需要知道，体现了松散耦合的分层设计思想。

在解决方案中添加一个新的类库项目，并将其命名为 BLL。需要引用的项目和命名空间有 Entity、Factory、IBLL 和 IDAL 命名空间。

在 BLL 类库项目中添加 4 个类项文件，并将其分别命名为 UserBLL.cs（会员业务逻辑操作）、CategoryBLL.cs（版块业务逻辑操作）、MessageBLL.cs（帖子业务逻辑操作）和 CommentBLL.cs（回复业务逻辑操作）。

1. 编写 UserBLL.cs

```
using System.Collections.Generic;
using BBS.Entity;
using BBS.Factory;
using BBS.IBLL;
namespace BBS.BLL
{
    public class UserBLL :IUserBLL
    {
        /// <summary>
        /// 添加会员
        /// </summary>
        public bool Add(UserInfo user)
        {
            return DALFactory.CreateUserDAL().Insert(user);
        }

        /// <summary>
        /// 更新会员
        /// </summary>
        public bool Update(UserInfo user)
        {
            return DALFactory.CreateUserDAL().Update(user);
        }

        /// <summary>
        /// 判断会员是否被列入黑名单
        /// </summary>
        public bool IsInBlack(string name)
        {
            return DALFactory.CreateUserDAL().InBlack(name);
        }

        /// <summary>
        /// 删除会员
        /// </summary>
        public bool Remove(int id)
        {
```

```
            return DALFactory.CreateUserDAL().Delete(id);
        }
        /// <summary>
        /// 修改会员密码
        /// </summary>
        public bool ChangePassword(string user, string password)
        {
            return DALFactory.CreateUserDAL().UpdatePass(user, password);
        }
        /// <summary>
        /// 修改会员版主身份
        /// </summary>
        public bool ChangeOwner(string user, bool isowner)
        {
            return DALFactory.CreateUserDAL().UpdateOwner(user, isowner);
        }

        /// <summary>
        /// 会员登录
        /// </summary>
        public bool Login(string name, string password)
        {
            return DALFactory.CreateUserDAL().IsRight(name, password);
        }

        /// <summary>
        /// 取得全部会员信息
        /// </summary>
        public IList<UserInfo> GetAll()
        {
            return DALFactory.CreateUserDAL().GetAll();
        }
        /// <summary>
        /// 通过会员名返回会员信息
        /// </summary>
        public UserInfo GetByName(string username)
        {
            return DALFactory.CreateUserDAL().GetByName(username );
        }
    }
}
```

2．编写 CategoryBLL.cs

```
using System.Collections.Generic;
using BBS.Entity;
using BBS.Factory;
```

```
using BBS.IBLL;
namespace BBS.BLL
{
    public class CategoryBLL: ICategoryBLL
    {
        /// <summary>
        /// 添加版块
        /// </summary>
        public bool Add(CategoryInfo category)
        {
            return DALFactory.CreateCategoryDAL().Insert(category);
        }

        /// <summary>
        /// 删除版块
        /// </summary>
        public bool Del(int id)
        {
            return DALFactory.CreateCategoryDAL().Delete(id);
        }

        /// <summary>
        /// 返回所有版块
        /// </summary>
        public IList<CategoryInfo> GetAll()
        {
            return DALFactory.CreateCategoryDAL().GetALL();
        }

        /// <summary>
        /// 根据 ID 返回版块信息
        /// </summary>
        public CategoryInfo GetCategoryByID(int id)
        {
            return DALFactory.CreateCategoryDAL().GetByID(id );
        }

        /// <summary>
        /// 修改版块
        /// </summary>
        public bool ChangeCategory(string oldcategory, string newcategory)
        {
            return DALFactory.CreateCategoryDAL().ChangeName(oldcategory,newcategory );
        }
        /// <summary>
        /// 修改版主
```

```
            /// </summary>
            public bool ChangeCategoryOwner(string category, string owner)
            {
                return DALFactory.CreateCategoryDAL().ChangeOwner(category , owner );
            }
        }
    }
```

3. 编写 MessageBLL.cs

```
using System.Collections.Generic;
using BBS.IBLL;
using BBS.Factory;
using BBS.Entity;
namespace BBS.BLL
{
    public class MessageBLL : IMessageBLL
    {
        /// <summary>
        /// 添加帖子信息
        /// </summary>
        public bool Add(MessageInfo message)
        {
            return Factory.DALFactory.CreateMessageDAL().Insert(message);
        }

        /// <summary>
        /// 删除帖子信息
        /// </summary>
        public bool Remove(int id)
        {
            return DALFactory.CreateMessageDAL().Delete(id);
        }

        /// <summary>
        /// 更新帖子信息
        /// </summary>
        public bool Update(MessageInfo message)
        {
            return DALFactory.CreateMessageDAL().Update(message);
        }

        /// <summary>
        /// 验证帖子信息
        /// </summary>
        public bool Pass(int id)
        {
```

```
            MessageInfo message = DALFactory.CreateMessageDAL().GetByID(id);
            message.Ispass = "pass";
            return DALFactory.CreateMessageDAL().Update(message);
        }

        /// <summary>
        /// 根据帖子信息的 ID 号码返回帖子
        /// </summary>
        public MessageInfo GetMessageByID(int id)
        {
            return DALFactory.CreateMessageDAL().GetByID(id);
        }

        /// <summary>
        /// 根据信息种类返回相应的信息，并且根据参数决定是否返回通过验证的帖子
        /// </summary>
        public IList<MessageInfo> GetMessageByCategory(string category, int item)
        {
            return DALFactory.CreateMessageDAL().GetByCategory(category, item);
        }
        /// <summary>
        /// 通过帖子信息种类删除帖子信息
        /// </summary>
        public bool DelMessageByCategory(string category)
        {
            return DALFactory.CreateMessageDAL().DeleteByCategory(category);
        }

        /// <summary>
        /// 搜索帖子
        /// </summary>
        public IList<MessageInfo> SearchMessage(string item)
        {
            return DALFactory.CreateMessageDAL().SearchMessage(item);
        }

        /// <summary>
        /// 十大热门帖
        /// </summary>
        public IList<MessageInfo> TopTenMesssage()
        {
            return DALFactory.CreateMessageDAL().TopTenMessage();
        }
    }
}
```

4．编写 CommentBLL.cs

```
using System.Collections.Generic;
using BBS.IBLL;
using BBS.Entity;
using BBS.Factory;
namespace BBS.BLL
{
    public class CommentBLL:ICommentBLL
    {
        /// <summary>
        /// 添加评论信息
        /// </summary>
        public bool Add(CommentInfo comment)
        {
            return DALFactory.CreateCommentDAL().Insert(comment);
        }

        /// <summary>
        /// 通过 ID 删除相应的评论信息
        /// </summary>
        public bool Remove(int id)
        {
            return DALFactory.CreateCommentDAL().Delete(id);
        }

        /// <summary>
        /// 通过信息 ID 返回评论
        /// </summary>
        public IList<CommentInfo> GetByMessge(int messageid)
        {
            return DALFactory.CreateCommentDAL().GetByMessage(messageid);
        }
        /// <summary>
        /// 通过 ID 删除评论
        /// </summary>
        public bool DeleteByMessage(int messageid)
        {
            return DALFactory.CreateCommentDAL().DeleteByMessage(messageid );
        }
    }
}
```

13.3.9 表示层设计

表示层（WebUI）是分层架构的最外层，它提供了用户操作系统的界面。前面在设计工厂类时，为了使用 web.config 文件，已经在解决方案中添加了一个名为 WebUI 的网站项目。

表示层需要添加的引用有 Entity、IBLL、IDAL、Factory 和 Utility。本实例中网站项目包含的网页名称及作用见表 13-14。

表 13-14　网站包含的网页及作用说明

网　页　名	说　明	网　页　名	说　明
Default.aspx	网站主页	OwnerList.aspx	版主列表页面
UserLogin.aspx	会员登录、修改密码、找回密码	UserList.aspx	会员列表页面
Register.aspx	会员注册	EditCategory.aspx	版块维护页面
DetailList.aspx	“查看更多”页面	SearchResult.aspx	搜索结果显示页面
LeaveMessage.aspx	发表帖子页面	CreateImage.aspx	生成验证码图片，不显示具体页面
ShowComment.aspx	查看评论（回复）页面	Top10.aspx	显示十大热门帖子页面

此外，WebUI 项目还使用了用于布局和统一网站风格的母版页 MasterPage.master 及级联样式表文件 StyleSheet.css，并且网站中所有页面均依托于上述母版页和级联样式表文件，即所有网页均为 MasterPage.master 的内容页。

MasterPage.master 和 StyleSheet.css 以《ASP.NET 程序设计教程（C#版）》（第 2 版）中例 3-3 为基础修改而来，它的设计方法在这里不再赘述。有兴趣的读者可参考例 3-3 附带的源代码。

1．设计网站主页（Default.aspx）

（1）主页中具有的功能

页面打开后可根据用户身份显示出不同的内容，图 13-14 所示的是以游客身份访问网页时看到的网站默认主页。

由 4 个 DataList 控件构成的 4 个板块部分为 Default.aspx 的内容，即 Logo 栏、页脚栏、导航栏及左侧欢迎信息，图片和友情链接几个部分设计在母版页 MasterPage.master 中。

以“游客”身份打开网页后（无需登录，直接访问），单击各版块中帖子标题或“查看评论”链接按钮，跳转到 ShowComment.aspx 页面查看帖子内容及相关回复信息。单击“查看更多”链接按钮，可跳转到 DetailList.aspx 页面，查看本版块中的所有帖子。

图 13-14　网站的默认主页（以“游客”身份访问网站）

以普通会员身份登录后看到的主页如图 13-15 所示。该页面与“游客”看到的页面相比，唯一不同的是，在导航栏中多出了一个“发表帖子”链接按钮。

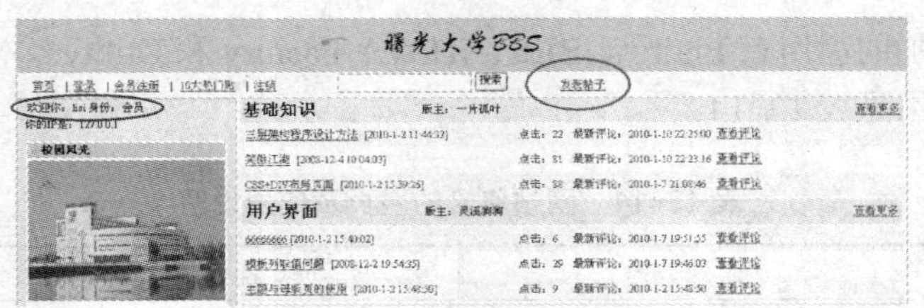

图 13-15　普通会员登录后看到的主页

如果用户为某版块的版主，则登录后将看到如图 13-16 所示的页面。在所辖版块中每个帖子在后面多出了“验证”、“置顶”、“取消置顶”和“删除”链接按钮，单击某个链接按钮即可执行相应的功能。本版块中游客或其他会员无法看到的“未验证”帖也会显示出来，单击“验证”链接按钮后，“未验证”标记消失，使帖子处于已验证状态。

图 13-17 所示的是以管理员（admin）身份登录后看到的主页。与版主页面不同的是，所有栏目中均显示有各种功能按钮，并且在导航栏中多出了“会员列表”、“版主列表”和“版块维护”3 个链接按钮，单击它们将跳转到 UserList.aspx、OwnerList.aspx 和 EditCategory.aspx 页面。

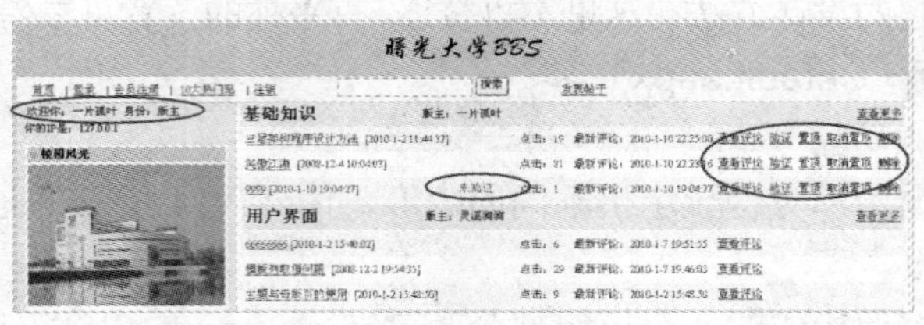

图 13-16　版主登录后看到的主页

图 13-17　管理员登录后看到的主页

（2）编写 MasterPage.master 页面程序代码（MasterPage.master.cs）

MasterPage.master 页面装入时执行的事件代码如下：

```
protected void Page_Load(object sender, EventArgs e)
{
    if (!IsPostBack)
    {
```

```
            LabelName.Text = "游客";
            HyperLeave.Visible = false;
            HyperUserList.Visible = false;
            HyperOwnerList.Visible = false;
            HyperEditCategory.Visible = false;
        }
        LabelIP.Text = Request.UserHostAddress.ToString();
      if (Session["User"] != null)
        {
            LabelName.Text = Session["User"].ToString() + "  身份：会员" ;
            HyperLeave.Visible = true;
        }
        if (Session["Admin"] != null)          //如果会员身份是版主或管理员
        {
            HyperLeave.Visible = true;
            if (Session["Admin"].ToString() == "admin")      //如果会员为管理员
            {
                LabelName.Text = Session["Admin"].ToString() + "  身份：管理员";
                HyperUserList.Visible = true;
                HyperOwnerList.Visible = true;
                HyperEditCategory.Visible = true;
            }
            else     //如果身份为版主
            {
                LabelName.Text = Session["Admin"].ToString() + "  身份：版主";
            }
        }
    }
```

单击“注销”链接按钮时执行的事件代码如下：

```
    protected void LinkExit_Click(object sender, EventArgs e)
    {
        Session["Admin"] = null;
        Session["User"] = null;
        Response.Redirect("Default.aspx");
    }
```

单击搜索栏“搜索”按钮时执行的事件代码如下：

```
    protected void ButtonSearch_Click(object sender, EventArgs e)
    {
        string searchitem = TextKey.Text;
        Response.Redirect("SearchResult.aspx?SearchItem=" + searchitem);
    }
```

（3）设置 DataList 控件的属性

在 Default.aspx 页面中，用于显示第 1 个版块信息 DataList1 控件的属性设置代码如下：

```
<asp:DataList ID="DataList1" runat="server" CellPadding="4" ForeColor="#333333"
        OnItemDataBound="DataList1_ItemDataBound" style="text-align: left"
        Width="766px">
        <FooterStyle BackColor="#507CD1" Font-Bold="True" ForeColor="White" />
        <SelectedItemStyle BackColor="#D1DDF1" Font-Bold="True" ForeColor="#333333" />
        <HeaderStyle BackColor="#507CD1" Font-Bold="True" ForeColor="White" />
        <ItemTemplate>
            <div>
            <table style="width: 759px">
            <tr>
            <td style="width:246px"><asp:HyperLink ID="HypTitle1" runat="server"
                    NavigateUrl='<%# "~/ShowComment.aspx?MessageID="+Eval("ID") %>'
                    Text='<%# Eval("Title") %>'></asp:HyperLink> [<%#Eval("time")%>]</td>
            <td style="width:60px"><asp:Label ID="lblIsPass"
                    runat="server" Text='<%# Eval("Ispass") %>' Visible="False"></asp:Label>
            </td>
            <td style="width:65px">  点击：<%#Eval("ClickNumber")%></td>
            <td style="width:164px">最新评论：<%#Eval("LastTime")%></td>
            <td style="width:214px"><asp:LinkButton ID="lbtnRComment" runat="server"
                    CommandArgument='<%#Eval("ID")%>'
                    OnCommand="lbtnRComment_Command">查看评论</asp:LinkButton>
                <asp:LinkButton ID="lbtnPass" runat="server"
                    CommandArgument='<%#Eval("ID")%>'
                    OnCommand="lbtnPass_Command" Visible="False">验证</asp:LinkButton>
                <asp:LinkButton ID="lbtnToUp" runat="server"
                    CommandArgument='<%# Eval("ID") %>'
                    OnCommand="lbtnToUp_Command" Visible="False">置顶</asp:LinkButton>
                <asp:LinkButton ID="lbtnToLower" runat="server"
                    CommandArgument='<%# Eval("ID") %>'
                    OnCommand="lbtnToLower_Command" Visible="False">取消置顶
                </asp:LinkButton>
                <asp:LinkButton ID="lbtnDelMessage" runat="server"
                    CommandArgument='<%#Eval("ID") %>'
                    OnCommand="lbtnDelMessage_Command" Visible="False">删除
                </asp:LinkButton>
            </td>
            </tr>
        </table></div>
        </ItemTemplate>
        <AlternatingItemStyle BackColor="White" />
        <ItemStyle BackColor="#EFF3FB" />
</asp:DataList>
```

DataList2～DataList4 控件的属性设置与上述基本相同，在这里不再赘述。请读者在《ASP.NET 程序设计教程（C#版）》（第 2 版）附带的源代码中，查看 Default.aspx 页面的源视图。

（4）编写 Default.aspx 页面的程序代码（Default.aspx.cs）

在所有事件过程之外声明窗体级公共变量

```
public int item1 = 0;    //Item 等于 0 表示只返回经过验证的帖子
public int item2 = 0;
public int item3 = 0;
public int item4 = 0;
```

Default.aspx 页面装入时执行的事件代码如下：

```
protected void Page_Load(object sender, EventArgs e)
{
    Session["currentpage"] = 1;
    Session["currentpage2"] = 1;
    Session["page"] = 1;
    Databind();          //调用后面的 Databind()方法，将帖子信息绑定到 DataList 控件
}
```

第 1 个版块（DataList1 控件）中发生数据绑定时执行的事件代码如下：

```
protected void DataList1_ItemDataBound(object sender, DataListItemEventArgs e)
{
    //如果是管理员或版主，则将相应的隐藏选项显示出来
    if (Session["Admin"] != null)
    {
        string Owner = Session["Admin"].ToString();
        if (Owner == lblOwner1.Text || Owner == "admin")
        {
            LinkButton lbtn = (LinkButton)e.Item.FindControl("lbtnToUp");
            if (lbtn != null)
                lbtn.Visible = true;
            LinkButton lbt = (LinkButton)e.Item.FindControl("lbtnToLower");
            if (lbt != null)
                lbt.Visible = true;
            LinkButton ltn = (LinkButton)e.Item.FindControl("lbtnPass");
            if (ltn != null)
                ltn.Visible = true;
            LinkButton lt = (LinkButton)e.Item.FindControl("lbtnDelMessage");
            if (lt != null)
                lt.Visible = true;
            Label lbl = (Label)e.Item.FindControl("lblIsPass");  //显示帖子是否通过验证
            if (lbl != null)
            {
                if (lbl.Text == "notpass")
                {
                    lbl.Text = "<font color=red>未验证</font>";
                    lbl.Visible = true;
                }
```

```
        }
    }
    LinkButton lkb = (LinkButton)(e.Item.FindControl("lbtnDelMessage"));
    if (lkb != null)            //添加确认信息属性
    {
        lkb.Attributes.Add("onclick", "return confirm('是否删除帖子及相关评论？');");
    }
    LinkButton lkbtoup = (LinkButton)(e.Item.FindControl("lbtnToUp"));
    if (lkbtoup != null)
    {
        lkbtoup.Attributes.Add("onclick", "return confirm('是否将帖子置顶？');");
    }
    LinkButton lkbtolower = (LinkButton)(e.Item.FindControl("lbtnToLower"));
    if (lkbtolower != null)
    {
        lkbtolower.Attributes.Add("onclick", "return confirm('是否取消置顶？');");
    }
  }
}
```

DataList2～DataList4 控件中发生数据绑定时执行的事件代码，与 DataList1 基本相同，在这里不再赘述。读者可参考《ASP.NET 程序设计教程（C#版）》（第 2 版）附带的程序源代码。

用于将帖子信息绑定到 DataList 控件的自定义方法 Databind()的代码如下：

```
public void Databind()
{
    IList<CategoryInfo> category = new List<CategoryInfo>();        //将版面标题和版主显示出来
    category = BLLFactory.CreateCategoryBLL().GetAll();
    if (category != null)
    {
    //忽略出现的错误，继续执行后续代码（如版块不足 4 个或超出 4 个时，将出现下标越界错误）
        try
        {
            lblTitle1.Text = category[0].Category.ToString();
            lblOwner1.Text = category[0].CategoryOwner.ToString();
            lbtnMore.CommandArgument = category[0].ID.ToString();
            lblTitle2.Text = category[1].Category.ToString();
            lblOwner2.Text = category[1].CategoryOwner.ToString();
            lbtnMore2.CommandArgument = category[1].ID.ToString();
            lblTitle3.Text = category[2].Category.ToString();
            lblOwner3.Text = category[2].CategoryOwner.ToString();
            lbtnMore3.CommandArgument = category[2].ID.ToString();
            lblTitle4.Text = category[3].Category.ToString();
            lblOwner4.Text = category[3].CategoryOwner.ToString();
            lbtnMore4.CommandArgument = category[3].ID.ToString();
        }
        catch { }
```

```
}
PagedDataSource ps1 = new PagedDataSource();        //建立 4 个 pagedatasource 实例
PagedDataSource ps2 = new PagedDataSource();
PagedDataSource ps3 = new PagedDataSource();
PagedDataSource ps4 = new PagedDataSource();
if (Session["Admin"] != null)            //设置是否取出对应的版面的全部信息
{
    string Owner = Session["Admin"].ToString();
    string Owner1 = lblOwner1.Text;
    string Owner2 = lblOwner2.Text;
    string Owner3 = lblOwner3.Text;
    string Owner4 = lblOwner4.Text;
    //根据相应的版主名设置是否取出对应的版面的全部信息
    if (Owner == Owner1)
        item1 = 1;
    if (Owner == Owner2)
        item2 = 1;
    if (Owner == Owner3)
        item3 = 1;
    if (Owner == Owner4)
        item4 = 1;
    if (Owner == "admin")    //如果是管理员就取出所有信息
    {
        item1 = item2 = item3 = item4 = 1;
    }
}
try     //将帖子信息赋给 pagedatasource
{
    ps1.DataSource =
BLLFactory.CreateMessageBLL().GetMessageByCategory(category[0].Category.ToString(), item1);
    ps2.DataSource =
BLLFactory.CreateMessageBLL().GetMessageByCategory(category[1].Category.ToString(), item2);
    ps3.DataSource =
BLLFactory.CreateMessageBLL().GetMessageByCategory(category[2].Category.ToString(), item3);
    ps4.DataSource =
BLLFactory.CreateMessageBLL().GetMessageByCategory(category[3].Category.ToString(), item4);
}
catch { }
//使 pagedatasource 支持分页功能
ps1.AllowPaging = ps2.AllowPaging = ps3.AllowPaging = ps4.AllowPaging = true;
ps1.PageSize = ps2.PageSize = ps3.PageSize = ps4.PageSize = 3;          //每页显示数据为 3 行
ps1.CurrentPageIndex = ps2.CurrentPageIndex = 0    //设置最初显示页
ps3.CurrentPageIndex = ps4.CurrentPageIndex = 0;
try     //将 ps 绑定到 datalist
{
    DataList1.DataSource = ps1;
```

```
            DataList1.DataBind();
            DataList2.DataSource = ps2;
            DataList2.DataBind();
            DataList3.DataSource = ps3;
            DataList3.DataBind();
            DataList4.DataSource = ps4;
            DataList4.DataBind();
        }
        catch { }
    }
```

“发表评论”链接按钮被单击时执行的事件代码如下：

```
    protected void lbtnWComment_Command(object sender, CommandEventArgs e)
    {
        Response.Redirect("LeaveComment.aspx?MessageID=" + e.CommandArgument);
    }
```

“查看评论”链接按钮被单击时执行的事件代码如下：

```
    protected void lbtnRComment_Command(object sender, CommandEventArgs e)
    {
        Response.Redirect("ShowComment.aspx?MessageID=" +
                                            Convert.ToInt32(e.CommandArgument));
    }
```

“删除”链接按钮被单击时执行的事件代码如下：

```
    protected void lbtnDelMessage_Command(object sender, CommandEventArgs e)
    {
        int messageid = Convert.ToInt32(e.CommandArgument);
        if (!BLLFactory.CreateCommentBLL().DeleteByMessage(messageid))
        {
            //弹出提示信息框，如果使用常用的 Response.Write()方法，会导致 CSS 失效
            ClientScript.RegisterStartupScript(GetType(), "Startup", "<script>alert('删除回复失败！')
            </script>");
        }
        if (BLLFactory.CreateMessageBLL().Remove(messageid))
        {
            Response.Redirect("Default.aspx");  //跳转到自身，是为了刷新页面显示出操作后的结果
        }
        else
        {
            ClientScript.RegisterStartupScript(GetType(), "Startup", "<script>alert('删除帖子失败！')
            </script>");
        }
    }
```

“验证”链接按钮被单击时执行的事件代码如下：

```
protected void lbtnPass_Command(object sender, CommandEventArgs e)
{
    if (BLLFactory.CreateMessageBLL().Pass(Convert.ToInt32(e.CommandArgument)))
    {
        Response.Redirect("Default.aspx");
    }
    else
    {
        ClientScript.RegisterStartupScript(GetType(), "Startup", "<script>alert('未通过验证！')
          </script>");
    }
}
```

“注销”链接按钮被单击时执行的事件代码如下：

```
protected void lbtnExit_Click(object sender, EventArgs e)
{
    Session["Admin"] = null;
    Session["User"] = null;
    Response.Redirect("Default.aspx");
}
```

“查看更多”链接按钮被单击时执行的事件代码如下：

```
protected void lbtnMore_Command(object sender, CommandEventArgs e)
{
    Response.Redirect("DetailList.aspx?CategoryID=" + e.CommandArgument.ToString());
}
```

“取消置顶”链接按钮被单击时执行的事件代码如下：

```
protected void lbtnToLower_Command(object sender, CommandEventArgs e)
{
    MessageInfo message =
            BLLFactory.CreateMessageBLL().GetMessageByID(Convert.ToInt32(
                                            e.CommandArgument.ToString()));
    message.IsTop = 0;              //表示取消置顶
    if (BLLFactory.CreateMessageBLL().Update(message))
    {
        ClientScript.RegisterStartupScript(GetType(), "Startup", "<script>alert('操作成功！')
          </script>");
    }
    else
    {
        ClientScript.RegisterStartupScript(GetType(), "Startup", "<script>alert('操作失败！')
          </script>");
```

```
        }
    }
```

“置顶”链接按钮被单击时执行的事件代码如下：

```
protected void lbtnToUp_Command(object sender, CommandEventArgs e)
{
    MessageInfo message =
                    BLLFactory.CreateMessageBLL().GetMessageByID(Convert.ToInt32(
                                                        e.CommandArgument.ToString()));
    message.IsTop = 1;
    if (BLLFactory.CreateMessageBLL().Update(message))
    {
        Response.Redirect("Default.aspx");
    }
    else
    {
        ClientScript.RegisterStartupScript(GetType(), "Startup", "<script>alert('置顶失败！')
          </script>");
    }
}
```

2．设计会员登录页面（UserLogin.aspx）

（1）页面具有的功能

用户在主页面导航栏中单击“登录”链接按钮，可打开如图 13-18 所示的用户登录页面。可以看出，该页面具有登录、找回密码和修改密码 3 个功能。登录时使用的图片验证码由 CreateImage.aspx 页面随机生成。

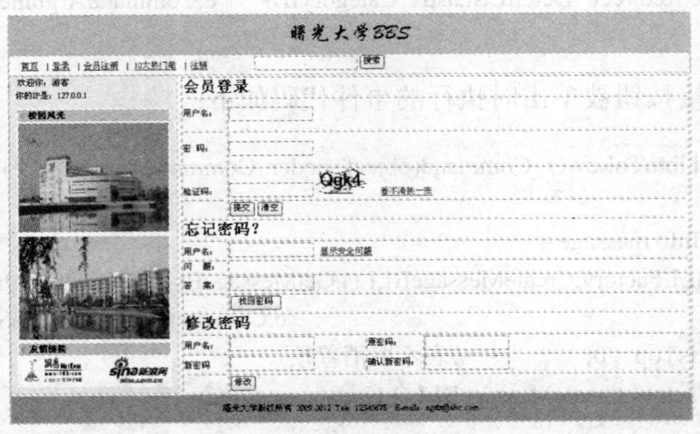

图 13-18　用户登录、找回密码、修改密码页面

（2）生成验证码及对应图片对象（CreateImage.aspx.cs）

该页面自身不显示任何页面信息，其作用仅是为登录页面提供一个随机生成的验证码图片对象，并将验证码数据保存到 Session 对象中，供程序用来验证用户输入。

在用户登录、注册等页面中使用验证码是目前比较流行的一种做法，其目的就是要避免恶意用户通过专用程序进行恶意注册、登录尝试的行为。

为了在页面中使用画图对象，需要在网页中添加对 System.Drawing;命名空间的引用。CreateImage.aspx 页面装入时执行的事件代码如下：

```
protected void Page_Load(object sender, EventArgs e)
{
    //调用 CreateImageM()方法，生成 4 为验证码及对应的图片对象
    CreateImageM(GetValidate(5));
}
```

用于产生随机验证码字符串的 GetValidate()方法的代码如下：

```
public string GetValidate(int count)
{
    //定义验证码中所有的字符
    string strchar =
                "0,1,2,3,4,5,6,7,8,9,a,b,c,d,e,f,g,h,i,j,k,l,m,n,o,p,q,r,s,t,u,v,w,x,y,z,
                 A,B,C,D,E,F,G,H,I,J,K,L,M,N,O,P,Q,R,S,T,U,V,W,X,Y,Z";
    //将验证码中所有的字符保存在一个字符串数组中
    string[] VcArray = strchar.Split(',');  //将验证码中所有的字符保存在一个字符串数组中
    string VNum = "";                       //初始化一个随机数
    int temp = -1;
    Random rand = new Random();             //生成一个随机对象
    for (int i = 1; i < count; i++)         //根据验证码的位数循环
    {
        if (temp != -1)                     //防止生成相同的验证码
        {
            //加入时间的刻度
            rand = new Random(i * temp * unchecked((int)DateTime.Now.Ticks));
        }
        int t = rand.Next(61);
        if (temp == t)
        {
            return GetValidate(count);      //如果相等的话重新生成
        }
        temp = t;
        VNum += VcArray[t];
    }
    Session["Valid"] = VNum;                //在 Session 中保留随机验证码
    return VNum;                            //返回随机字符串
}
```

生成验证码图片的 CreateImageM()方法的代码如下：

```
private void CreateImageM(string validateCode)
{
    int iwidth = (int)(validateCode.Length * 30);    //定义图像宽度，是验证码长度的 30 倍
    //创建一个长为 60，宽为 iwidth 的图像对象
    System.Drawing.Bitmap image = new System.Drawing.Bitmap(iwidth,60);
```

```
        Graphics g = Graphics.FromImage(image);                         //创建一个新绘图对象
        //绘图用的字体和字号
        Font f = new System.Drawing.Font("楷体  GB2312", 30, System.Drawing.FontStyle.Bold);
        Brush b = new System.Drawing.SolidBrush(Color.Black);           //绘图用的刷子大小
        g.Clear(Color.White);                                           //清除背景色，并以白色填充
        //格式化刷子的属性，用指定的刷子、颜色等在指定的范围内画圆
        g.DrawString(validateCode, f, b, 3, 3);
        Pen blackpen = new Pen(Color.Black, 0);                         //创建画笔对象
        Random rand = new Random();                                     //创建随机对象
        for (int i = 0; i < 20; i++)        //随机画线，每次随机找两个点，并连接两点
        {
            int y1 = rand.Next(image.Height);
            int y2 = rand.Next(image.Height);
            int x1 = rand.Next(image.Width);
            int x2 = rand.Next(image.Width);
            g.DrawLine(blackpen, x1, y1, x2, y2);
        }
        System.IO.MemoryStream ms = new System.IO.MemoryStream();       //输出绘图
        image.Save(ms, System.Drawing.Imaging.ImageFormat.Jpeg);        //将图像保存到指定的流中
        Response.ClearContent();                                        //清除缓存区的所有内容输出
        Response.ContentType = "image/Jpeg";                            //配置输出类型
        Response.BinaryWrite(ms.ToArray());                             //输入内容
        g.Dispose();                                                    //释放占用的资源
        image.Dispose();
    }
```

（3）编写用户登录页面的程序代码（UserLogin.aspx.cs）

"提交"按钮被单击时执行的事件代码如下：

```
    protected void btnSubmit_Click(object sender, EventArgs e)
    {
        if (txtValid.Text != Session["Valid"].ToString())
        {
            ClientScript.RegisterStartupScript(GetType(), "Startup", "<script>alert('验证码错误！')
              </script>");
            return;
        }
        string name = txtUser.Text;
        string pwd = txtPwd.Text;
        if (BLLFactory.CreateUserBLL().IsInBlack(name))
        {
            ClientScript.RegisterStartupScript(GetType(), "Startup", "<script>alert('该用户已被
                                          管理员列入黑名单中，无法登录！')</script>");
            return;
        }
        //如果信息符合把登录名赋给 Session
        if (BLLFactory.CreateUserBLL().Login(name,pwd))
```

```
        {
            UserInfo user = new UserInfo();
            user = BLLFactory.CreateUserBLL().GetByName(name);
            if (!user.IsOwner)
            {
                Session["User"] = name;
            }
            else
            {
                Session["Admin"] = name;
            }
            Response.Redirect("Default.aspx");
            }
            else
            {
                ClientScript.RegisterStartupScript(GetType(), "Startup", "<script>alert('用户名
                  或密码错！ ')</script>");
            }
        }
    }
```

“清空”按钮被单击时执行的事件代码如下：

```
    protected void btnClear_Click(object sender, EventArgs e)
    {
        txtPwd.Text = "";
        txtUser.Text = "";
        txtValid.Text = "";
        btnSubmit.Focus();
    }
```

“看不清换一张”链接按钮被单击时执行的事件代码如下（重新生成验证码图片）：

```
    protected void lbtnChangeValid_Click(object sender, EventArgs e)
    {
        imgValid.ImageUrl = "~/CreateImage.aspx";
    }
```

“显示安全问题”按钮被单击时执行的事件代码如下：

```
    protected void lbtnGetPwd_Click(object sender, EventArgs e)
    {
        string username = txtUserPwd.Text;
        UserInfo user = new UserInfo();
        user = BLLFactory.CreateUserBLL().GetByName(username);
        if (user == null)
        {
            ClientScript.RegisterStartupScript(GetType(), "Startup", "<script>
```

```
                </script>");
            return;
        }
        lblQuestion.Text = user.Question;
    }
```

“找回密码”链接按钮被单击时执行的事件代码如下：

```
    protected void btnOK_Click(object sender, EventArgs e)
    {
        string username = txtUserPwd.Text;
        UserInfo user = new UserInfo();
        user = BLLFactory.CreateUserBLL().GetByName(username);
        if (user == null)
        {
            ClientScript.RegisterStartupScript(GetType(), "Startup", "<script>alert('用户不存在！')
                </script>");
            return;
        }
        lblQuestion.Text = user.Question;
        if (Encryptor.MD5Encrypt(txtAnswer.Text) != user.Answer)
        {
        ClientScript.RegisterStartupScript(GetType(), "Startup", "<script>alert('安全问题答案错误！')
          </script>");
            return;
        }
        Random rand = new Random();        //生成随机密码
        string number = "0,1,2,3,4,5,6,7,8,9";
        string[] numberarray = number.Split(',');
        string newpwd = "";
        int temp = 0;
        for (int i = 0; i < 6; i++)
        {
            rand = new Random(i * unchecked((int)DateTime.Now.Ticks));
            temp = rand.Next(9);
            newpwd += numberarray[temp];
        }
        user.UserPwd = Encryptor.MD5Encrypt(newpwd);
        if (BLLFactory.CreateUserBLL().ChangePassword(user.UserName, user.UserPwd))
        {
            ClientScript.RegisterStartupScript(GetType(), "Startup", "<script>alert('你的新密码是：" +
                        newpwd + "，请及时更改！')</script>");
        }
        else
        {
            ClientScript.RegisterStartupScript(GetType(), "Startup", "<script>alert('操作失败！')
                </script>");
```

```
        }
    }
```

“修改”链接按钮被单击时执行的事件代码如下：

```
protected void ButtonUpdate_Click(object sender, EventArgs e)          //修改密码
{
    if (TextName.Text == "" || TextOldPwd.Text == "" || TextNewPwd.Text == "" ||
                                                TextReNewPwd.Text == "")
    {
        ClientScript.RegisterStartupScript(GetType(), "Startup", "<script>alert('请输入完整信息！')
          </script>");
        return;
    }
    if (TextNewPwd.Text != TextReNewPwd.Text)
    {
        ClientScript.RegisterStartupScript(GetType(), "Startup", "<script>alert('两次输入的密码
          不相同！')</script>");
        return;
    }
    string name = TextName.Text;
    string pwd = TextOldPwd.Text;
    if (BLLFactory.CreateUserBLL().IsInBlack(name))
    {
        ClientScript.RegisterStartupScript(GetType(), "Startup", "<script>alert('该用户已被管理员
          列入黑名单中，无法修改密码！')</script>");
        return;
    }
    if (BLLFactory.CreateUserBLL().Login(name, pwd))          //判断会员是否存在
    {
        string md5pwd = Encryptor.MD5Encrypt(TextNewPwd.Text);
        if (BLLFactory.CreateUserBLL().ChangePassword(TextName.Text, md5pwd))
        {
            ClientScript.RegisterStartupScript(GetType(), "Startup", "<script>alert('密码修改
              成功！')</script>");
        }
    }
    else
    {
        ClientScript.RegisterStartupScript(GetType(), "Startup", "<script>alert('用户名或
          原密码错！')</script>");
    }
}
```

3. 设计会员注册页面（Register.aspx）

（1）页面具有的功能

在网站首页 Default.aspx 中单击导航栏“会员注册”链接按钮，打开会员注册页面。该页

面由两个 Panel 控件（palFirst 和 palNext）及一些单选按钮组、按钮、文本框等组成。

页面加载时显示有填写会员信息控件（文本框）的 PalNext 不可见，页面中仅显示包含“注册须知”信息的 PalFirs 及其中所包含的文字、单选按钮组和按钮，如图 13-19 所示。

选择“同意”单选按钮后单击“下一步”按钮，palFirst 自动隐藏，显示有填写会员信息的 palNext 显示到页面中。在填写了全部注册数据后，单击“提交”按钮完成注册。

此外，会员注册时程序将对用户填写的用户名进行合理性校验，用户名不能是 admin、“尚未指派”或已存在的用户名。其中，“尚未指派”是一个版块没有指派版主时使用的替代版主名，如果这里不进行限制恶意用户即可用此名称注册，成功后可以实现对所有未指派版主的版块的管理权，这就是常说的程序“漏洞”。

图 13-19　会员注册页面（一）

图 13-20　会员注册页面（二）

（2）编写会员注册页面的程序代码（Register.aspx.cs）

```
protected void btnNext_Click(object sender, EventArgs e)
{
    //如果用户同意用户注册条款，则可以进行注册；否则，返回首页
    if (RadioAgree.SelectedValue =="同意")
    {
        palNext.Visible = true;
        palFirst.Visible = false;
    }
    else
    {
        Response.Redirect("Default.aspx");
    }
}
protected void btnSubmit_Click(object sender, EventArgs e)
{
    string valid = txtValid.Text;
    string sessionvalid = Session["Valid"].ToString();
    if (valid != sessionvalid)        //验证验证码
    {
        ClientScript.RegisterStartupScript(GetType(), "Startup", "<script>alert('验证码错误！')
          </script>");
        return;
    }
```

```
        if (txtUser.Text == "admin" || txtUser.Text == "尚未指派")
        {
            ClientScript.RegisterStartupScript(GetType(), "Startup", "<script>alert('此为系统专用，
              请选择其他用户名！')</script>");
            return;
        }
        UserInfo info = new UserInfo();
        info = BLLFactory.CreateUserBLL().GetByName(txtUser.Text);
        if (info != null)
        {
            ClientScript.RegisterStartupScript(GetType(), "Startup", "<script>alert('用户名已存在，
              请选择其他！')</script>");
            return;
        }
        UserInfo user = new UserInfo();              //声明一个会员对象
        user.UserName = txtUser.Text;
        user.UserPwd = Encryptor.MD5Encrypt(txtPwd.Text);//使用工具类 Encryptor 加密用户密码
        user.UserEmail = txtEmail.Text;
        user.InBlack = "No";
        user.Question = txtQuestion.Text.Trim();
        user.Answer = Encryptor.MD5Encrypt (txtAnswer.Text);
        //通过调用业务逻辑层工厂执行添加会员操作
        if (BLLFactory.CreateUserBLL().Add(user))
        {
            ClientScript.RegisterStartupScript(GetType(), "Startup", "<script>alert('用户注册成功！')
              </script>");
        }
        else
        {
            ClientScript.RegisterStartupScript(GetType(), "Startup", "<script>alert('用户注册失败！')
              </script>");
        }
    }
```

“清空”按钮被单击时执行的事件代码如下：

```
    protected void btnClear_Click(object sender, EventArgs e)
    {
        txtPwd.Text = "";
        txtUser.Text = "";
        txtEmail.Text = "";
        txtPwd2.Text = "";
        txtValid.Text = "";
        txtAnswer.Text = "";
        txtQuestion.Text = "";
        txtUser.Focus();
    }
```

“看不清换一张”链接按钮被单击时执行的事件代码如下：

```
protected void lbtnChangeImg_Click(object sender, EventArgs e)
{
    palNext.Visible = true;
    imgValid.ImageUrl = "~/CreateImage.aspx";
}
```

4．设计查看更多页面（DetailList.aspx）

在网站首页 Default.aspx 中单击“查看更多”链接按钮，将跳转到 DetailList.aspx 页面，并在跳转时将版块 ID 作为查询字符串通过“？”过来。

DetailList.aspx 页面根据查询字符串返回当前版块中所有帖子记录，并将其按分页方式绑定到 DataList 控件中。

需要说明的是，不同身份的用户看到的页面内容是不同的。图 13-21 所示的是本版版主或管理员看到的页面，其中包括了对帖子进行管理操作的功能，未通过验证的帖子也能显示出来。

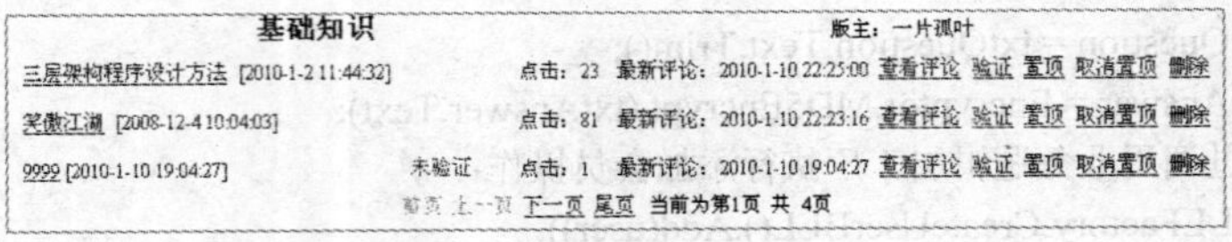

图 13-21　本版版主或管理员看到的页面

图 13-22 所示的是游客或其他会员看到的页面，其中只具有最基本的查看帖子内容和查看评论功能。

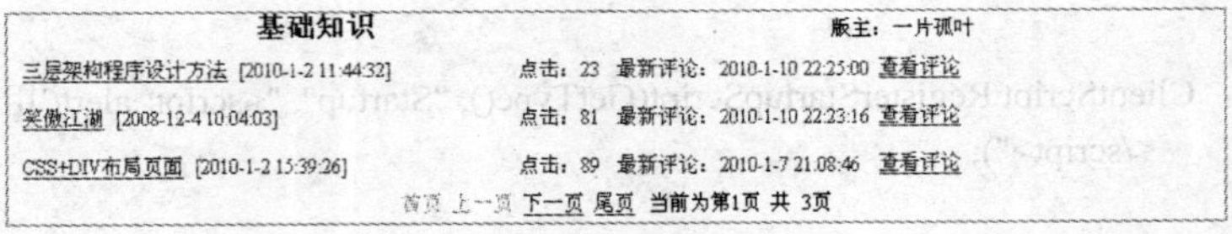

图 13-22　游客或其他会员看到的页面

页面的设计方法与 Default.aspx 的设计方法十分相似，这里不再赘述。读者可查看《ASP.NET 程序设计教程（C#版）》（第 2 版）附带的源代码进行分析、理解。

5．设计发表帖子页面（LeaveMessage.aspx）

（1）页面具有的功能

这是一个会员级页面，未注册用户不能访问本页面。会员、版主或管理员登录网站后，在 Default.asxp 页面的导航栏中将显示出一个“发表帖子”链接按钮，单击该按钮即可跳转到如图 13-23 所示的 LeaveMessage.aspx 页面。

在选择了板块名称，填写了帖子标题及内容后，单击“提交”按钮即可完成发帖操作。需要说明的是，除了管理员 admin 外，所有会员发表的贴子都必须经过版主或管理员验证后才能被游客或普通会员看到。

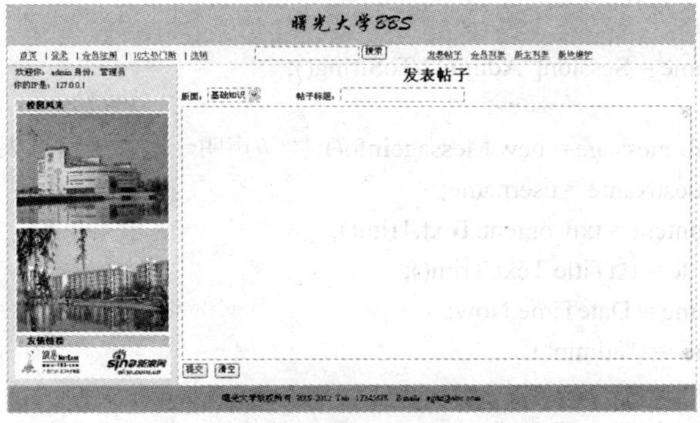

图 13-23　发表帖子页面

（2）编写发表帖子页面的程序代码（LeaveMessage.aspx.cs）

```
protected void Page_Load(object sender, EventArgs e)
{
    if (Session["User"] == null && Session["Admin"] == null)          //如果用户身份为游客
    {
        ClientScript.RegisterStartupScript(GetType(), "Startup", "<script>alert('权限不足，
          请先登录！ ')</script>");
        Panel1.Visible = false;
        return;
    }
    //声明一个 CategoryInfo 类的泛型集合对象
    IList<CategoryInfo> category = new List<CategoryInfo>();
    //返回所有版块信息
    category = BLLFactory.CreateCategoryBLL().GetAll();
    if (category != null)
    {
        for (int i = 0; i < category.Count; i++)
        {
            //将版块名称填充到下拉列表框
            ddlVersion.Items.Add(category[i].Category.ToString());
        }
    }
}
```

“提交”按钮被单击时执行的事件代码如下：

```
protected void btnSubmit_Click(object sender, EventArgs e)
{
    string username = "";
    if (Session["Admin"] == null)
    {
        username = Session["User"].ToString();
    }
    else
```

```
    {
        username = Session["Admin"].ToString();
    }
    MessageInfo message = new MessageInfo();     //声明一个帖子信息类对象
    message.GuestName = username;
    message.Content = txtContent.Text.Trim();
    message.Title = txtTitle.Text.Trim();
    message.Time = DateTime.Now;
    if (username == "admin")
    {
        message.Ispass = "pass";
    }
    else
    {
        message.Ispass = "notpass";
    }
    message.MessKind = ddlVersion.SelectedValue;
    message.IsTop = 0;
    message.ClickNumber = 0;
    message.LastTime = DateTime.Now;
    //添加信息
    if (BLLFactory.CreateMessageBLL().Add(message))
    {
        if (username == "admin")
        {
            ClientScript.RegisterStartupScript(GetType(), "Startup", "<script>alert('发表帖子成功！')
              </script>");
        }
        else
        {
            ClientScript.RegisterStartupScript(GetType(), "Startup", "<script>alert('发表帖子成功，
              但会员发帖只有通过审核后才能看到！')</script>");
        }
    }
    else
    {
        ClientScript.RegisterStartupScript(GetType(), "Startup", "<script>alert('发表帖子失败！')
          </script>");
    }
}
protected void btnClear_Click(object sender, EventArgs e)
{
    txtContent.Text = "";
    txtTitle.Text = "";
    txtTitle.Focus();
}
```

6．设计查看评论（回复）页面（ShowComment.aspx）

（1）页面具有的功能

在网站首页 Default.aspx 中，单击某帖子名称或单击“查看评论”链接按钮，可跳转到 ShowComment.aspx 页面。跳转时通过查询字符串传递了帖子的 ID，ShowComment.aspx 能根据该 ID 将帖子内容及所有相关评论（回复）绑定到 DataList 控件中。

普通会员或游客访问查看评论页面时，显示出来的页面如图 13-24 所示。用户可以直接在评论栏输入评论文本后单击“提交”按钮来对帖子内容发表评论，也可以单击某评论信息后面的“回复”链接按钮，对某评论发表自己的看法。单击“回复”按钮时能自动将发表评论人的会员名或游客的 IP 地址显示到“发表评论”栏，并作为回复内容的一部分保存到数据库中。

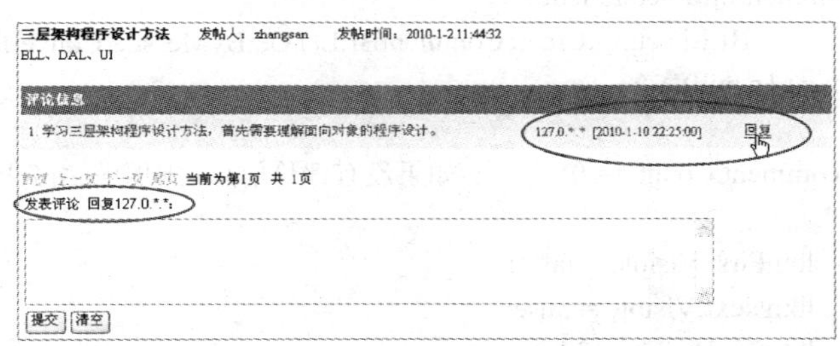

图 13-24 普通会员或游客看到的页面

如果用户是管理员或本版版主访问“查看评论”页面，在“回复”链接按钮的后面多出了一个“删除”链接按钮，单击该按钮可以删除该评论（回复）信息，如图 13-25 所示。

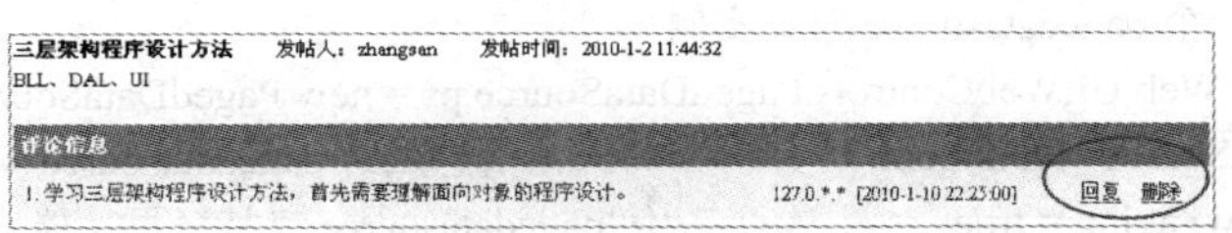

图 13-25 管理员或本版版主看到的页面

（2）编写查看评论页面的程序代码（ShowComment.aspx.cs）

在所有事件过程之外声明窗体级变量，代码如下：

```
public int i = 0;                //用于保存评论序列号
public int j = 0;
public int pagenumber = 1;   //表示评论信息有多少页
```

页面装入时执行的事件代码如下：

```
protected void Page_Load(object sender, EventArgs e)
{
    Databind();
    string msgid = Request.QueryString["MessageID"];   //从查询字符串中取出帖子 ID
    MessageInfo message =
                BLLFactory.CreateMessageBLL().GetMessageByID(Convert.ToInt32(msgid));
    lblMessage.Text = "<b>" + message.Title + "</b>   发帖人：" +
```

```
                    message.GuestName + "   发帖时间：" +
                    message.Time + "<br/>" + message.Content + "<br/> ";
    message.ClickNumber += 1;
    BLLFactory.CreateMessageBLL().Update(message);
  }
```

用于将帖子信息绑定到 DataList 控件的自定义方法，代码如下：

```
protected void Databind()
{
    //将评论信息赋给泛型集合对象 comment
    string msgid = Request.QueryString["MessageID"]
    IList<CommentInfo> comment =
                BLLFactory.CreateCommentBLL().GetByMessge(Convert.ToInt32(msgid));
    if (comment != null)
    {
        if (comment.Count == 0)          //如果没有评论信息，则隐藏相关控件
        {
            lbtnFirst.Visible = false;
            lbtnNext.Visible = false;
            lbtnPre.Visible = false;
            lbtnEnd.Visible = false;
            DataList1.Visible = false;
        }
    }
    //建立一个 pagedatasource 对象实例
    System.Web.UI.WebControls.PagedDataSource ps = new PagedDataSource();
    ps.DataSource = comment;              //将评论信息赋给 pagedatasource
    ps.AllowPaging = true;                //使 pagedatasource 支持分页功能
    ps.PageSize = 3;                      //每页显示数据为 3 行
    ps.CurrentPageIndex = Convert.ToInt32(Session["currentpage2"]) - 1;  //设置最初显示页
    //如果当前页为第一页，则首页和上一页按钮不可用；否则，可用
    if (Convert.ToInt32(Session["currentpage2"]) == 1)
    {
        lbtnFirst.Enabled = false;
        lbtnPre.Enabled = false;
    }
    else
    {
        lbtnFirst.Enabled = true;
        lbtnPre.Enabled = true;
    }
    //如果当前页为最后一页，则下一页和尾页按钮不可用；否则，可用
    if (Convert.ToInt32(Session["currentpage2"]) == ps.PageCount)
    {
        lbtnNext.Enabled = false;
        lbtnEnd.Enabled = false;
```

```
        }
        else
        {
            lbtnEnd.Enabled = true;
            lbtnNext.Enabled = true;
        }
        pagenumber = ps.PageCount;          //将显示所用项需要的总页数赋给 pagenumber
        DataList1.DataSource = ps;          //将 ps 绑定到 DataList 控件
        DataList1.DataBind();
        lblTotal.Text = pagenumber.ToString();  //显示总页数和当前页数
        lblCur.Text = Convert.ToString(ps.CurrentPageIndex + 1);
        //把当前页赋给 Session ，因为 currentpageindex 从 0 开始计，所以加上 1
        Session["currentpage2"] = ps.CurrentPageIndex + 1;
    }
```

设置评论（回复）编号的自定义方法，用于绑定到 DataList 控件的评论编号，代码如下：

```
    protected int GetNumber()    // protected 表示方法为受保护的方法，只能被本类中成员访问
    {
        return ++i;
    }
```

“提交”按钮被单击时执行的事件代码如下：

```
    protected void btnSubmit_Click(object sender, EventArgs e)
    {
        CommentInfo comment = new CommentInfo();          //声明一个评论类的对象
        string ipaddress;
        if (Session["User"] != null)
        {
            ipaddress = Session["User"].ToString();
        }
        else if (Session["Admin"] != null)
        {
            ipaddress = Session["Admin"].ToString();
        }
        else
        {
            //隐藏游客 IP 的后两段
            string item = Request.UserHostAddress.ToString();
            int last = item.LastIndexOf('.');
            string item2 = item.Substring(0, last);
            int last2 = item2.LastIndexOf('.');
            string item3 = item2.Substring(0, last2);
            ipaddress = item3 + ".*.*";
        }
        //将用户输入赋值给 comment 对象
        comment.Content = txtNumber.Text + txtComment.Text;
```

```
        comment.Time = DateTime.Now;
        comment.Message = Convert.ToInt32(Request.QueryString["MessageID"]);
        comment.User = ipaddress;
        //将 comment 中的数据对象添加到数据库
        if (BLLFactory.CreateCommentBLL().Add(comment))
        {
            //更新帖子的最新评论时间
            string msgid = Request.QueryString["MessageID"];
            MessageInfo message =
                    BLLFactory.CreateMessageBLL().GetMessageByID(Convert.ToInt32(msgid));
            message.LastTime = DateTime.Now;
            BLLFactory.CreateMessageBLL().Update(message);
            Response.Redirect("ShowComment.aspx?MessageID=" + msgid);
        }
        else
        {
            ClientScript.RegisterStartupScript(GetType(), "Startup", "<script>alert('发表评论失败！')
              </script>");
        }
    }
```

"清空"按钮被单击时执行的事件代码如下：

```
    protected void btnClear_Click(object sender, EventArgs e)
    {
        txtComment.Text = "";
        btnSubmit.Focus();
    }
```

"删除"按钮被单击时执行的事件代码如下：

```
    protected void lbtnDelComment_Command(object sender, CommandEventArgs e)
    {
        if (BLLFactory.CreateCommentBLL().Remove(Convert.ToInt32(e.CommandArgument)))
        {
            //为了初始化本页面，显示删除成功后的新评论列表
            string msgid = Request.QueryString["MessageID"];
            Response.Redirect("ShowComment.aspx?MessageID=" + msgid);
        }
        else
        {
            ClientScript.RegisterStartupScript(GetType(), "Startup", "<script>alert('删除失败！')
              </script>");
        }
    }
```

DataList 控件中发生数据绑定时执行的事件代码如下：

```
protected void DataList1_ItemDataBound(object sender, DataListItemEventArgs e)
{
    if (Session["Admin"] != null)        //如果有删除权限就把隐藏选项显示出来
    {
        string msgid = Request.QueryString["MessageID"];
        MessageInfo message =
            BLLFactory.CreateMessageBLL().GetMessageByID(Convert.ToInt32(msgid));
        string categoryname = message.MessKind;                //获取版块名称
        IList<CategoryInfo> category = new List<CategoryInfo>();
        category = BLLFactory.CreateCategoryBLL().GetAll();
        string CategoryOwner = "";
        foreach (CategoryInfo c in category)
        {
            if (c.Category == categoryname)
            {
                CategoryOwner = c.CategoryOwner;           //得到当前版块版主名
            }
        }
        if (Session["Admin"].ToString() == CategoryOwner ||
            Session["Admin"].ToString() == "admin")
        {
            LinkButton lbtn = (LinkButton)e.Item.FindControl("lbtnDelComment");
            if (lbtn != null)
            {
                lbtn.Visible = true;                           //使"删除"链接按钮可见
                lbtn.Attributes.Add("onclick", "return confirm('是否删除评论？');");
            }
        }
    }
}
```

“回复”按钮被单击时执行的事件代码如下：

```
protected void lbtnReply_Command(object sender, CommandEventArgs e)
{
    txtNumber.Text = "回复" +e.CommandArgument.ToString() + "：";
}
```

“首页”链接按钮被单击时执行的事件代码如下：

```
protected void lbtnFirst_Click(object sender, EventArgs e)
{
    Session["currentpage2"] = 1;
    Databind();
}
```

“上一页”链接按钮被单击时执行的事件代码如下：

```
protected void lbtnPre_Click(object sender, EventArgs e)
```

```
{
    Session["currentpage2"] = Convert.ToInt32(lblCur.Text);
    if (Convert.ToInt32(Session["currentpage2"]) > 1)
    {
        int temp = Convert.ToInt32(Session["currentpage2"]) - 1;
        Session["currentpage2"] = temp;
        Databind();
    }
}
```

“下一页”链接按钮被单击时执行的事件代码如下：

```
protected void lbtnNext_Click(object sender, EventArgs e)
{
    Session["currentpage2"] = Convert.ToInt32(lblCur.Text);
    if (Convert.ToInt32(Session["currentpage2"]) < pagenumber)
    {
        int temp = Convert.ToInt32(Session["currentpage2"]) + 1;
        Session["currentpage2"] = temp;
        Databind();
    }
}
```

“尾页”链接按钮被单击时执行的事件代码如下：

```
protected void lbtnEnd_Click(object sender, EventArgs e)
{
    Session["currentpage2"] = pagenumber;
    Databind();
}
```

7．设计会员列表页面（UserList.aspx）

该页面为管理员页面，管理员登录后在主页导航栏中将出现若干个用于管理的链接按钮，单击“会员列表”按钮即可打开如图 13-26 所示的页面。通过该页面可以实现对现有会员的删除、任命版主、加入或移除黑名单的操作。

在某会员所在数据行中单击“任命版主”链接按钮后，DataList 控件下方将出现一个下拉列表框和一个命令按钮。选择了版块名称并单击“确认”按钮后，即可将当前用户指定为所选版块的版主。新版主任命后，原版主自动降级为会员。

页面功能实现的程序代码，读者可参阅《ASP.NET 程序设计教程（C#版）》（第 2 版）附带的源代码。

8．设计版块维护页面（EditCategory.aspx）

（1）页面具有的功能

该页面为管理员页面，管理员登录后在主页导航栏中将出现若干个用于管理的链接按钮，单击“版块维护”按钮即可打开如图 13-27 所示的页面。通过该页面可以实现删除版块、添加版块、修改版块名称及修改版主的功能。

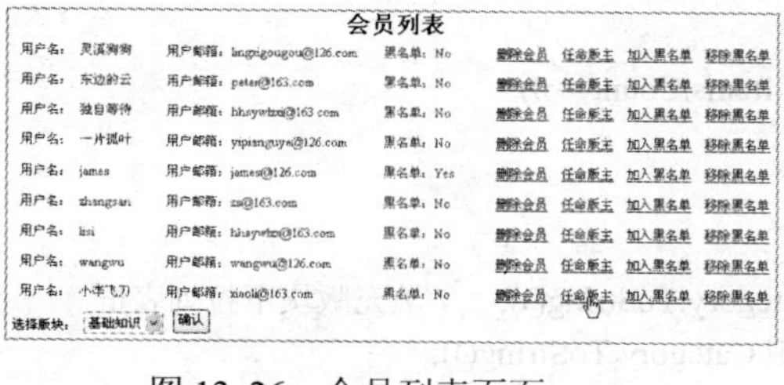

图 13-26　会员列表页面

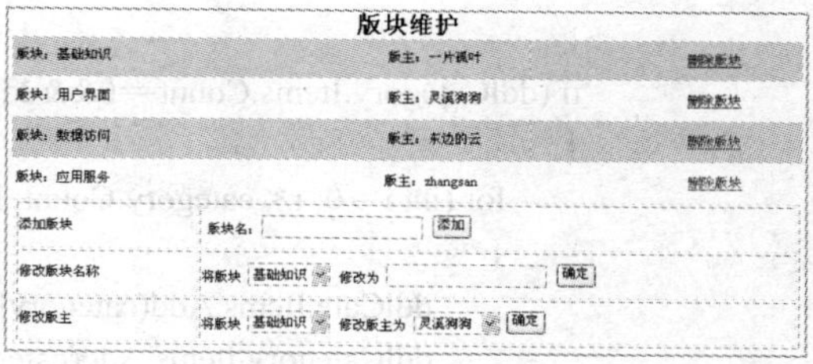

图 13-27　版块维护页面

（2）编写版块维护页面的程序代码（EditCategory.aspx.cs）

页面装入时执行的事件代码如下：

```
protected void Page_Load(object sender, EventArgs e)
{
    if (Session["Admin"] == null)
    {
        ClientScript.RegisterStartupScript(GetType(), "Startup", "<script>alert('只有管理员
            有权查看该页，请登录！')</script>");
        Panel1.Visible = false;
        return;
    }
    else
    {
        string adminname = Session["Admin"].ToString();
        if (adminname != "admin")
        {
            ClientScript.RegisterStartupScript(GetType(), "Startup", "<script>alert('只有管理员
                有权查看该页，请登录！')</script>");
            Panel1.Visible = false;
            return;
        }
    }
    Databind();          //调用用于 DataList 控件中数据绑定的自定义方法
}
```

用于在 DataList 控件中绑定数据的自定义方法，代码如下：

```
protected void Databind()
{
    IList<CategoryInfo> category = new List<CategoryInfo>();
    IList<UserInfo> user = new List<UserInfo>();
    category = BLLFactory.CreateCategoryBLL().GetAll();
    user = BLLFactory.CreateUserBLL().GetAll();
    if (category != null)
    {
        DataList1.DataSource = category;          //绑定 DataList 控件中的数据
        DataList1.DataBind();
```

```
        }
        if (ddlCategory.Items.Count==0&&ddlCate.Items.Count==0)
        {
            for (int i = 0; i < category.Count; i++)
            {
                ddlCate.Items.Add(category[i].Category.ToString());    //填充版块下拉列表框
                ddlCategory.Items.Add(category[i].Category.ToString());
            }
        }
        if (user != null&& ddlUser.Items.Count == 0 )
        {
            for (int j = 0; j < user.Count; j++)
                ddlUser.Items.Add(user[j].UserName.ToString());       //填充会员下拉列表框
        }
    }
```

DataList 控件中发生数据绑定时执行的事件代码如下：

```
protected void DataList1_ItemDataBound(object sender, DataListItemEventArgs e)
{
    LinkButton lbtn = (LinkButton)(e.Item.FindControl("lbtnChangeTitle"));
    if (lbtn != null)
        lbtn.Attributes.Add("onclick", "return confirm('是否确认修改');");
}
```

修改版块名称栏中“确定”链接按钮被单击时执行的事件代码如下：

```
protected void btnChangeTitle_Click(object sender, EventArgs e)
{
    string categoryname = ddlCate.SelectedValue.ToString();
    string newcategoryname = txtCategoryTitle.Text.Trim();
    if (BLLFactory.CreateCategoryBLL().ChangeCategory(categoryname, newcategoryname))
    {
        Response.Redirect("EditCategory.aspx");
    }
    else
    {
        ClientScript.RegisterStartupScript(GetType(), "Startup", "<script>alert('修改失败！')
          </script>");
    }
}
```

修改版主栏中“确定”链接按钮被单击时执行的事件代码如下：

```
protected void btnChangeOwner_Click(object sender, EventArgs e)
{
    string categoryname = ddlCategory.SelectedValue.ToString();
    string username = ddlUser.SelectedValue.ToString();
```

```
        IList<CategoryInfo> category = new List<CategoryInfo>();
        category = BLLFactory.CreateCategoryBLL().GetAll();
        string oldowner;
        foreach (CategoryInfo c in category)      //遍历 category 泛型集合查找原版主名
        {
            if (c.Category == categoryname)
            {
                oldowner = c.CategoryOwner;
                //在 TUser 表中取消原版主的版主身份
                BLLFactory.CreateUserBLL().ChangeOwner(oldowner, false);
                //在 TUser 表中添加新版主的版主身份
                BLLFactory.CreateUserBLL().ChangeOwner(username, true);
            }
        }
        if (BLLFactory.CreateCategoryBLL().ChangeCategoryOwner(categoryname, username))
        {
            Response.Redirect("EditCategory.aspx");        //刷新页面，使 DataList 显示更改后的数据
        }
        else
        {
            ClientScript.RegisterStartupScript(GetType(), "Startup", "<script>alert('修改失败！')
              </script>");
        }
    }
```

添加新版块栏中“添加”链接按钮被单击时执行的事件代码如下：

```
    protected void btnAdd_Click(object sender, EventArgs e)          //添加新版块
    {
        CategoryInfo category = new CategoryInfo();
        category.Category = txtVersionName.Text.Trim();
        category.CategoryOwner = "尚未指派";
        if (BLLFactory.CreateCategoryBLL().Add(category))
        {
            Response.Redirect("EditCategory.aspx");
        }
        else
        {
            ClientScript.RegisterStartupScript(GetType(), "Startup", "<script>alert('版块添加失败！')
              </script>");
        }
    }
```

DataList 控件中发生数据绑定事件时执行的代码如下：

```
    protected void DataList1_ItemDataBound1(object sender, DataListItemEventArgs e)
    {
        LinkButton lbtn = (LinkButton)e.Item.FindControl("lbtnDel");
```

```
            if (lbtn != null)
            {
                //为"删除版块"链接按钮添加一个弹出确认对话框的属性
                lbtn.Attributes.Add("onclick", "return confirm('是否删除版块？');");
            }
        }
```

DataList 控件中“删除版块”链接按钮被单击时执行的事件代码如下：

```
        protected void lbtnDel_Command(object sender, CommandEventArgs e)
        {
            CategoryInfo category =
              BLLFactory.CreateCategoryBLL().GetCategoryByID(Convert.ToInt32(e.CommandArgument));
            //如果从 TUser 表中取消会员的版主身份不成功
            if (!BLLFactory.CreateUserBLL().ChangeOwner(category.CategoryOwner, false))
            {
                ClientScript.RegisterStartupScript(GetType(), "Startup", "<script>alert('删除失败！')
                  </script>");
                return;
            }
            //如果从 TMessage 表中删除本版块所有记录不成功
            if (!BLLFactory.CreateMessageBLL().DelMessageByCategory(category.Category))
            {
                ClientScript.RegisterStartupScript(GetType(), "Startup", "<script>alert('删除失败！')
                  </script>");
                return;
            }
            //如果从 TMessCategory 表中删除本版块记录成功
            if (BLLFactory.CreateCategoryBLL().Del(Convert.ToInt32(e.CommandArgument)))
            {
                Databind();
                ClientScript.RegisterStartupScript(GetType(), "Startup", "<script>alert('删除成功！')
                  </script>");
                return;
            }
            else
            {
                ClientScript.RegisterStartupScript(GetType(), "Startup", "<script>alert('删除失败！')
                  </script>");
                return;
            }
        }
```

由于篇幅所限，其他页面的功能及程序设计方法，读者可参阅《ASP.NET 程序设计教程（C#版）》（第 2 版）中附带的源代码。